청춘 여행 버킷리스트

청춘 여행 버킷리스트

지은이 이민학 · 신유진
펴낸이 임상진
펴낸곳 플래닝북스

초판 1쇄 발행 2014년 6월 10일
초판 2쇄 발행 2014년 6월 15일

2판 1쇄 인쇄 2017년 5월 20일
2판 1쇄 발행 2017년 5월 25일

출판신고 1992년 4월 3일 제311-2002-2호
10880 경기도 파주시 지목로 5
Tel (02)330-5500 Fax (02)330-5555

ISBN 979-11-6165-009-8 13980

저자와 출판사의 허락 없이 내용의 일부를
인용하거나 발췌하는 것을 금합니다.
저자와의 협의에 따라서 인지는 붙이지 않습니다.

가격은 뒤표지에 있습니다.
잘못 만들어진 책은 구입처에서 바꾸어 드립니다.

본 책은 『청춘의 여행법』의 개정판입니다.

www.nexusbook.com
플래닝북스는 넥서스의 여행 전문 브랜드입니다.

청춘 여행 버킷 리스트

이민학 · 신유진 지음

플래닝북스

여행길에서
다른 나를 만난다

시간을 다시 되돌릴 수 있다면 우리의 삶은 달라질까?

우리는 살면서 항상 선택의 기로에 서 있다. 그 선택의 결과가 가져오는 상황에 대한 또 다른 선택의 반복이 인생인 셈이다. 예를 들어 이번 주말에 여행하기로 했다면 그 대신에 시험 공부는 할 수 없다. 이런 선택의 결과가 지금의 '나'라는 존재다. 과거로 돌아간다면? 물론 지금보다 더 나은 삶을 기대할 수도 있지만 과연 그렇게 될까? 지금 아는 것을 과거로 그대로 가져간다면 모를까, 기억을 지우고 과거로 보낸다면 같은 선택을 되풀이하고 결국은 현재의 모습과 크게 다르지 않을 것이다.

빛나는 어린 시절로 돌아간다는 가정에는 이제까지 살면서 배운 경험과 지혜를 가지고 가겠다는 뜻이 담겨 있다. 이쯤에서 자신이 바뀌지 않는 한 인생의 변화는 기대할 수 없다는 걸 깨달을 수 있다.

뜬금없이 시간 여행을 운운하는 이유가 있다. 이 책을 쓰면서 한없이 그리운 젊은 날로 돌아가면 어떤 선택을 할까 하는 생각을 자주 했기 때문이다. 과거로 돌아가도 나는 여전히 그동안 저질렀던 잘못을 되풀이하겠지만 한 가지만은 확실하다. 여행을 많이 다닐 것이다. 여행 잡지 기자를 하면서부터 '사람은 왜 여행을 하는 걸까?'라는 의문을 가졌다. 요즘에 와서 '일상에서 굳어진 뇌와 패턴화된 인식에 새로움을 불어넣음으로써 삶을 더욱 충만하게 살고자 하는 욕구'가 있다는 걸 깨달았다. 이건 새가 텅 빈 하늘을 날면서도 어디로 날아가야 하는지 아는 것과 같은 본능이다.

본능이 여행으로 이끈다고 해서 욕구가 저절로 충족되는 것은 아니다. 한 번의 여행에서 생각의 틀까지 바뀌는 운명 같은 계기를 얻는다면 그야말로 기적 같은 일이다. 깨달음은 한순간에 다가오지만 그 순간을 만나기까지 오랜 정진의 시간이 필요하다. 여행 또한 마찬가지다. 수많은 여행의 시간이 쌓였을 때 비로소 조금이나마 바뀔 수 있는 것이다. 젊은 친구들이 가끔 묻는다. "어떻게 살아야 할 지 모르겠어요." 삶은 어떻게 해야 하는 게 아니라 그냥 사는 것이다. 모르겠는 건 삶이 아니라 자신이다. 그럼 여행을 가자. 길에 서 있는 나를 만나서 물어보자. 너는 누구인가.

이민학

청춘 여행 버킷리스트
'Let it go!'

청춘들에게 버킷리스트를 작성하라고 하면 가장 많이 등장하는 것 중 하나가 여행일 것이다. 많은 사람이 떠나고 싶다는 생각을 가슴 한편에 담고 살아간다. 마음은 굴뚝 같지만 훌쩍 떠나는 것이 쉽지만은 않다. 시간이 없어서, 돈이 없어서, 두려워서 등 우리의 발목을 잡는 이유는 늘 있다.

그럼에도, 여행은 필요하다.

직접 겪어 봐야 내가 무엇을 좋아하는지, 내가 어떤 사람인지 알 수 있다. 여행도 마찬가지다. 가 보지 않고 여행지를 알 수는 없다. 아무리 다양한 매체에서 여행지를 소개해도 그곳에서 느낄 수 있는 감동까지 전할 수 있을까? 뜨거운 태양이 떠오르는 순간의 가슴 떨림을, 낯선 이의 호의에서 느껴지는 따뜻함을, 뜻밖의 우연이 안겨 주는 삶의 기쁨을, 세월에 닳고 낡아 바랜 것들이 주는 깊은 감동을, 소소한 삶이 들려주는 포근함을 알 수 없다. 이러한 감동은 여행을 떠난 사람만이 느낄 수 있는 특권이다. 자전거를 타고 역사 속 명승지를 누비거나, 선선한 가을에 음악에 취해 볼 수도 있다. 여행 속에서의 값진 경험과 여운이 삶 속에 배어들어 한 뼘씩 자유로워지고, 한 움큼 더 나를 알게 된다. 온몸으로 와 닿는 생생한 공부다.

낯선 곳으로 떠나는 설렘만큼이나 두려움도 크다는 것을 물론 알지만 거창하게 시작할 필요는 없다. 청춘들이 열광하는 유럽 여행보다 더 가슴 설레고 새로운 문화가 가득한 여행지들이 대한민국에 가득하다. 하나씩 여행 버킷리스트를 성취해 간다면 다음 여행이 궁금해지는 내 안의 변화를 느낄 수 있을 것이다.

열정 가득한 여행의 첫걸음에 이 책이 친구처럼 동행할 수 있기를 바란다.

신유진

contents

PART 1 젊음을 위한 베스트 여행

통영
전주
태안
순천
대구
군산
하동
부안
강릉
아산
경주
산청

젊음을 위한
베스트 여행

통영

벽화마을, 예술인 거리 거닐며 감성 충전하기

통영은 따뜻한 감성을 가진 마을이다. 계절마다 색을 바꾸는 바다와 활기 넘치는 삶이 있는 곳. 아름다운 바다 곁에서 꽃피운 문학인의 이야기와 오감을 만족시키는 음식이 당신을 기다린다. 볼거리, 느낄 거리, 먹거리를 모두 만족시키는 여행을 하고 싶다면 통영이 답이다.

• Point •
동피랑 벽화 속 스토리 상상하기
청마거리 걷기
케이블카 타고 한려수도 감상하기

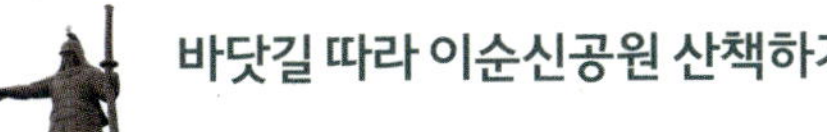

바닷길 따라 이순신공원 산책하기

통영에 왔으면 망일봉 언덕 위에 있는 이순신공원부터 찾아가자. 그 유명한 한산대첩이 통영 앞바다 한산도 주위에서 벌어졌다. 왜군을 한산도 앞바다로 유인하여 전멸시킨 것이 임진왜란 3대첩의 하나인 한산대첩인데 이를 기려 조성했던 한산대첩기념공원을 지금은 이순신공원으로 바꿔 부른다.

가파른 언덕에 오르면 통영 바다가 한눈에 들어온다. 그 언덕에 이순신 장군 동상이 우뚝 서 있는데 누군가 이 바다에서 허튼 수작을 하면 당장이라도 불호령을 내릴 듯한 위엄이 서려 있다. 그러나 장군은 좀 쉬어도 될 듯하다. 이곳에서 바라보는 통영 앞바다는 평화롭기만 하다. 통영의 들쭉날쭉한 해안선을 따라 산책로가 연결되어 있다. 오는 동안의 피로를 바닷바람에 씻으며 오늘의 일정을 챙겨 보자.

푸른 바다와 아름다운 섬들 사이로 이번 여행의 종착지인 미륵산이 보인다. 이순신 공원에서 시작해 강구안을 지나 동피랑마을과 청마거리를 둘러보고, 케이블카를 타고 미륵산으로 올라가는 여행길이 다채롭고 호젓하다.

add 경상남도 통영시 멘데해안길 205
access 통영시외버스터미널에서 121, 128, 321, 420, 428, 521, 522번 시내버스를 타고 정량동 새마을금고정류장에서 하차, 도보 15분
fee 무료
tel 055-642-4737

아름다운 항구, 강구안

강구안은 통영의 대표적 항구로 여행자들의 길잡이 역할도 톡톡히 하는 곳이다. 대부분의 통영 여행지가 강구항 가까운 곳에 위치하고 있어 어디로든 이동하기 좋기 때문이다. 강구안에 도착하면 서두르지 말고 주변을 둘러보자. 눈부시게 빛나는 바다 옆으로 소담한 남망산이 보인다. 항구 도시의 낭만과 활기 가득한 중앙시장, 언덕배기에 알록달록한 집들이 모여 있는 동피랑도 가까이 자리 잡고 있다. 잠시만 주변을 살펴도 통영의 매력을 한 번에 볼 수 있으니 통영 여행의 중심은 단연 강구안이다.

통영은 조선 시대 삼도의 수군을 통제하던 군사적 요충지로, 거북선 하면 떠오르는 고장이기도 하다. 강구안에 복원되어 있는 조선군선인 거북선 안에 들어가면 병사들의 생활과 전쟁 시의 모습을 엿볼 수 있다. 수군의 모자와 옷을 직접 입어 볼 수 있으니 사진도 찍어 보자.

add 경상남도 통영시 중앙동 236(조선군선)
access 이순신공원에서 도보 30분 / 통영 시외버스터미널에서 650, 652번을 제외한 시내 방면 시내버스를 타고 중앙시장에서 하차
open 3~10월 09:00~18:00, 11월~2월 09:00~17:00
fee 2,000원
tel 055-650-3956

1 한국의 나폴리, 강구안
2 거북선에서 수군 옷을 입고 기념 촬영을 할 수 있다

 **알록달록 벽화로 물든 동피랑마을**

강구안에서 중앙시장을 지나 언덕배기로 오르다 보면 알록달록한 집들이 다정스럽게 모여 있는 곳이 있다. 이곳이 바로 동피랑마을이다. 동피랑은 동쪽에 있는 비랑이라는 뜻을 가지고 있다. 비랑은 통영 사투리로 벼랑을 뜻한다.

동피랑은 이웃과 이웃 사이가 가깝다. 도란도란 어깨를 나란히 한 집 사이로 작은 골목길이 이어진다. 두 사람이 함께 지나기에는 비좁을 만큼 소담한 길이다. 경사가 제법 있는 골목길을 따라 저마다의 이야기가 담긴 벽화가 그려져 있다. 이 작은 마을은 통영 바다를 배경 삼아 자리한 오픈 갤러리인 셈이다. 격식을 차려야 하는 갤러리가 아닌, 만지고 느낄 수 있는 공간이다. 한때 사라질 뻔했던 동피랑에 벽화가 그려진 것은 2006년부터였다. 전국에서 모여든 미술 학도들의 손길이 낡고 볼품없던 벽에 화사한 생기를 불어넣었다. 그 후 동피랑으로 사람들이 하나둘 모여들기 시작했고, 어느새 통영의 자랑거리가 되었다. 동피랑은 2년마다 새로운 벽화로 단장하므로 이번에 보았던 벽화를 다음에는 보지 못할 수도 있다. 동화 속 한 장면을 그려 넣기도 하고, 동네 아이들의 그림을 옮겨 놓기도 하는 등 다양한 테마를 다룬다. 좁다란 골목길을 따라 구경하는 재미가 쏠쏠하다. 그림을 구경하며 오르다 보면 자연스레 맨 꼭대기에 서게 된다.

동피랑에서 놀자

동피랑에서 아쉬운 점을 꼽으라고 한다면 이미 유명해질 대로 유명해져서 많은 사람이 찾는다는 것이다. 소담한 마을의 모습과 통영 바다의 아름다움은 여전하지만 호젓하게 골목길을 걷는 즐거움을 여간해서는 누리기 힘들다. 번잡스러움을 피할 수는 없을지라도 동피랑에 앉아 통영 바다를 바라보는 호사는 꼭 누려 보자. 동피랑은 강구안과 통영 바다를 한눈에 담을 수 있는 전망대이기도 하다.

동피랑 맨 꼭대기에는 마을 어르신들이 운영하는 자그마한 점방이 있다. 이곳에서는 간단한 기념품과 엽서 등을 판매한다. 손글씨로 엽서를 써 보는 것도 좋다. 여행의 행복한 기억을 전할 수 있는 또 다른 방법이다. 바다 향기 가득한 엽서를 받는 이는 보낸 이의 정성뿐 아니라 동피랑의 추억까지 고스란히 받게 된다.

add 경상남도 통영시 동피랑길 1-18
access 강구항에서 중앙시장 옆길로 도보 5분. 통영시외버스터미널에서 650, 652번을 제외한 시내방면 시내버스를 타고 중앙시장에서 하차
tel 055-650-7400
homepage www.dongpirang.org

동피랑은 동쪽을 감시하고 지키던 동포루가 있던 곳이다. 최근 다시 복원되어 구판장 위쪽에 위치하고 있다. 동피랑마을을 찾는 여행자에게 휴식처이자 전망대 역할을 하고 있다. 북쪽 여황산 정상에는 1993년 복원된 북포구가 있다.

1 엽서와 기념품을 파는 동피랑점방
2 동피랑 꼭대기에 도착하면 펼쳐지는 통영의 풍경

문학의 감성이 충만한 청마거리

통영은 예술의 고장이다. 시인 유치환 외에도 소설가 박경리, 작곡가 윤이상, 시인 김춘수, 화가 전형림 등 많은 예술인이 이곳에서 나고 자랐다.

문학가의 거리에 특별한 볼거리가 있는 것은 아니지만 예술인들의 세계를 엿볼 수 있는 즐거움이 있다. 특히 청마거리에는 〈깃발〉이라는 시로 잘 알려진 유치환 선생이 절절한 사랑을 전하던 중앙우체국이 있다. 청마는 이영도 여사에게 20년 동안 5,000통 이상의 편지를 전했다고 한다. 비록 사랑이 이루어지지는 않았지만 그 순애보가 아직까지 전해진다.

누군가에게 마음을 전하고 싶다면 이곳에서 편지를 써 보자. 문자 한 통이면 연락이 가능한 시대지만, 시 한 편으로 마음을 전하던 그때의 낭만을 다시금 느껴 보는 것은 어떨까?

add 경상남도 통영시 세병로 5(통영중앙우체국)
access 중앙동 신라누비부터 제일칼라까지 약 190m를 청마거리라고 부른다.

1 청마가 이영도에게 사랑의 편지를 보냈던 중앙우체국
2 청마의 사랑을 노래하는 시 〈행복〉이 빨간 우체통 옆에 조각으로 새겨져 있다.
3 청마거리 입구에 있는 청마 유치환 동상

케이블카 타고 미륵산 오르기

예술적 감성을 가득 채웠다면 이제 통영 절경을 보러 떠나 보자. 미륵산은 크고 작은 섬이 흩뿌려진 한려 수도를 한눈에 볼 수 있는 곳이다. 미륵산 중간 지점까지 운행하는 케이블카가 있어 편하게 올라갈 수 있다. 하지만 많은 사람이 찾는 곳이기 때문에 대기는 필수다. 예약은 안 되며 현장 발권만 가능하다. 기상이 좋지 않을 때는 운행이 중단되므로 가기 전에 꼭 홈페이지에서 확인하자.

미륵산에 있는 케이블카는 선로 거리가 1,975m로 우리나라에서 제일 긴 거리를 자랑한다. 10분 정도 이동하는 동안 제법 아찔함이 느껴진다. 케이블카에서 내려 정상까지는 30~40분 정도 걸어야 한다. 아름다운 다도해가 기다리고 있으니 힘을 내어 걸어 보자. 길이 잘 갖춰져 있어 오르는 데 큰 불편함은 없다. 전망대에 오르면 시원하게 펼쳐지는 한려해상국립공원을 만날 수 있다. 시인 정지용 선생은 '통영과 한산도 일대의 자연미를 나는 문필로 묘사할 능력이 없다.'라고 표현하기도 했다. 한려 수도는 직접 보아야만 그 아름다움을 알 수 있다.

add 경상남도 통영시 발개로 205
access 통영시외버스터미널에서 141번 시내버스를 타고 케이블카 하부역사에서 하차 / 통영시외버스터미널에서 101, 104, 105번 시내버스를 타고 SLS조선소 후문에서 하차
open 10~2월 09:30~16:00, 3·9월 09:30~17:00, 4~8월 09:00~18:00(매월 둘째·넷째 월요일 휴무)
fee 7,500원(편도), 11,000원(왕복)
tel 1544-3303
homepage cablecar.ttdc.kr/Kor

통영의 대표 먹을거리

달콤한 꿀빵

통영의 명물답게 여행객들의 손에는 꿀빵이 하나씩 들려 있다. 중앙시장 근처에 특히 꿀빵을 파는 가게가 많다. 꿀빵은 50년이라는 시간을 이어 온 통영의 대표 간식이다. 예전 미군으로부터 배급 받은 밀가루를 튀겨 팔던 것이 통영의 대표 음식으로 자리 잡았다. 도넛처럼 기름에 튀겨 내 겉은 바삭하지만 팥이 가득 든 속은 부드럽다. 한입 가득 베어 먹는 맛이 그만이다. 맛도 좋고 배도 든든하게 채워 주니 이만한 간식이 없다. 먼 곳으로 포장해 가기도 좋아 여행 선물로 많이 찾는다.

Must-eat

오미사꿀빵

add 경상남도 통영시 충렬로 14-18
open 08:30~18:00 (꿀빵 소진 시 문 닫음)
menu 10개 8,000원 | **tel** 055-645-3230

거북당제과

add 경상남도 통영시 통영해안로 370-1
open 07:00~19:00 (꿀빵 소진 시 문 닫음)
menu 6개 6,000원, 10개 10,000원 | **tel** 055-645-5950

거북선꿀빵

add 경상남도 통영시 통영해안로 351
open 07:00~20:00 (꿀빵 소진 시 문 닫음)
menu 모듬 꿀빵 6개 6,000원, 10개 10,000원
tel 055-649-9490

통영 하면 충무김밥

충무김밥은 뱃일 나가는 사람들의 먹거리로, 멀리 바다로 가는 동안 김밥이 상할까 봐 김밥 속을 따로 싸던 것에서 시작되었다. 밥을 손가락 크기 김에 싼 것이 전부인 충무김밥이 특별한 이유는 함께 먹는 무김치와 오징어무침 때문이다. 감칠맛 나는 무김치와 오징어무침을 김밥과 곁들여 통영의 맛이 가득한 한 끼 식사를 즐겨 보자.

Must-eat

한일김밥

add 경상남도 통영시 통영해안로 319
open 06:00~24:00
menu 충무김밥 5,000원
tel 055-645-2647

뚱보할매김밥

add 경상남도 통영시 통영해안로 325
open 10:00~00:00
menu 충무김밥 5,000원
tel 055-645-2619

Must-eat

항남우짜

add 경상남도 통영시 동충4길 15
open 06:00~18:00
menu 우짜 4,000원, 떡볶이 2,000원
tel 055-646-6547

할매우짜

add 경상남도 통영시 새터길 42-7
open 06:00~18:00
menu 우짜 4,000원, 빼떼기죽 4,000원
tel 055-644-9867

우동과 짜장면이 만나면? 우짜

생소한 이름의 우짜는 우동과 짜장면을 합친 음식이다. 이 기묘한 만남을 생각하면 퓨전 요리라고 생각하기 쉽지만 생긴 지 50년 정도 되는 전통 있는 음식이다. 예전에 짜장면에 우동 국물을 부어 먹었던 것이 지금의 우짜가 되었다. 어울리지 않을 것 같은 조합이지만 따뜻한 우동 국물과 짜장 소스의 만남이 의외로 매력적이다.

통영 바다가 한눈에 보이는 동피랑구판장 카페

 Hot place-café

동피랑구판장

동피랑구판장은 마을 주민들이 운영하는 카페로 커피, 녹차 등 다양한 음료를 판매한다. 마을 사람들에게 이익이 돌아간 다고 한다. 드라마 〈착한남자〉가 촬영된 곳으로도 유명하다. 창밖의 통영 바다를 보며 커피 한잔을 즐겨 보자.

add 동피랑 맨 꼭대기에 위치하고 있다.
open 09:00~18:00(유동적임)
menu 아메리카노 3,000원, 카페라떼 3,000원

카페 울라봉

카페 울라봉은 재미난 아이디어로 무장한 곳이다. 이곳의 특 별 메뉴는 바로 쌍욕라떼. 커피 이름만 들어도 웃음이 툭 터진 다. 그야말로 욕을 마시러 가는 카페이다. 주문하는 사람에 맞 춰 욕이 달라지고 19세 이상에게만 판매한다. 쌍욕라떼는 테 이크아웃을 할 수 없다.

add 경상남도 통영시 동문로 22
menu 카페라떼 4,500원, 아메리카노 3,800원
tel 055-648-3824

나폴리모텔

강구항을 바로 앞에 두고 있어 전망이 좋고 주변 여행지로 이동하기에 편리하다. 영화 〈하하하〉의 배경으로 나왔다.

add 경상남도 통영시 통영해안로 355
fee 50,000원(금·토요일 60,000원, 성수기 별도 요금)
tel 055-646-0202 | **homepage** www.tynapoli.co.kr

슬로비 게스트하우스

드라이브 코스로 유명한 풍화일주도로에서 가깝다. 내일로 여행자와 재방문 고객에게 할인 혜택이 있다. 다양한 투어 프로그램도 운영한다.

add 경상남도 통영시 산양읍 풍화일주로 1609-14
fee 도미토리 20,000원(주말 25,000원, 성수기 27,000원), 2인실 60,000원(주말 70,000원, 성수기 90,000원)
tel 010-3943-1178 | **homepage** slobbie2012.modoo.at

뿔락하우스

조용한 마을에 위치해 호젓하다. 풍화일주로와 가까워 산책을 즐기기에도 좋다. 세계 여행을 경험한 주인장에게 다양한 해외 여행 정보도 얻을 수 있다.

add 경상남도 통영시 산양읍 풍화일주로 1620-11
fee 도미토리 23,000원, 2인실 55,000원, 조식 포함
tel 010-3893-5761 | **homepage** www.bbollak.com

해와달 게스트하우스

동피랑 벽화마을에 있어 접근성이 좋다. 중앙시장과 강구안, 세병관 등 여행지와도 가까워 여행하기 좋다.

add 경상남도 통영시 동피랑길 101
fee 2인실 25,000원, 4인실 20,000원, 커플룸 50,000원(성수기요금 별도)
tel 010-4251-7547 | **homepage** sunmoon1552.com

통영의 매력적인 섬들

한려 해상에 있는 섬들은 저마다의 아름다운 자연 경관을 자랑한다. 천혜의 아름다움이 살아 있는 통영의 섬으로 여행을 떠나 보자.

소매물도

죽기 전에 한 번쯤은 꼭 가 봐야 할 섬이다. 통영항에서 1시간 30분 정도 뱃길을 따라 들어가면 도착한다. 모세의 기적처럼 바다 사이로 길이 생기는 신기한 섬이다. 물때를 잘 맞추면 하얀 등대 섬까지 갈 수 있다.

add 경상남도 통영시 한산면 매죽리
time 통영항 출발 07:00, 11:00, 14:30 / 소매물도 출발 08:35, 12:40, 16:28
fee 17,100원(편도)
tel 055-650-4613(통영시 관광과), 055-650-4681(통영관광안내소)
homepage www.maemuldo.go.kr

한산도

한산도는 아름다운 풍경뿐만 아니라 역사적인 의미가 깊은 곳이다. 이순신 장군이 대승을 이룬 한산도대첩의 주요 요충지이기도 하다. 수군통제영으로 사용한 제승당이 그때의 역사를 간직하고 있다. 제승당으로 향하는 산책로는 해안선을 따라 이어져 한산도의 아름다움을 만날 수 있다. 추봉도 봉암 몽돌해변과 망산 등도 대표적인 볼거리다.

add 경상남도 통영시 한산면
time 통영항 출발 07:00~18:00(1시간 간격) / 제승당 출발 07:30~18:30(1시간 간격)
tel 055-650-4613(통영시 관광과), 055-642-8377(제승당 관리사무소)
fee 뱃삯 5,750원(편도), 제승당 1,000원

전주

느린 호흡으로
전주한옥마을 산책하기

떠나기 전에 계획을 세우는 것도 여행의 일부다. 하지만 가끔은 계획 없이 훌쩍
가는 것도 좋다. 준비 없이 그냥 떠날 때 목적지는 어디가 좋을까? 전주한옥마을
이 제격이다. 발길이 닿는 대로 걷고, 보고, 느끼고, 먹으면 된다.

· Point ·
한옥의 고풍스러운 매력 만끽하기
맛의 고장 전주에서 맛집 투어하기

고풍스러운 700여 채의 한옥을 만나다

전주한옥마을은 전주의 가장 대표적인 관광지이다. 일제 강점기 때 일본 사람들이 전주에 주택을 짓고 세력을 키워 가기 시작했다. 그것에 반발하여 한옥을 짓기 시작했고, 점점 그 숫자가 늘어나면서 한옥마을이 자연스럽게 형성되었다. 따뜻하고 정겨운 우리 전통 가옥에 항일 정신과 애국의 정서가 배어 있다.

한옥마을은 현재 700여 채의 가옥이 그 명맥을 잇고 있다. 정처 없이 걸어도 문화 유적 등 온갖 볼거리가 가득하다. 한목마을 곳곳에서는 다양한 체험 프로그램이나 한옥 숙박 체험이 가능해 재미를 더해 준다.

한옥마을에서 제일 먼저 발길이 닿는 곳은 풍남문이다. 서울의 숭례문처럼 풍남문은 조선 시대에 전주성으로 들어오던 사대문 중 남문이었다. 일제 강점기를 겪으며 동·서·북문은 허물어지고 풍남문만 유일하게 남았다.

add 전라북도 전주시 완산구 풍남문3길 1
access 전주역에서 시내버스를 타고 전동성당 앞에서 하차
전주고속버스터미널에서 5-1, 5-2, 79번 버스를 타고 전동성당 앞에서 하차
tel 063-281-2166(전주시청 전통문화과)

조선의 위엄이 깃든 경기전

경기전은 조선을 건국한 태조의 어진, 즉 초상화를 모시고 있는 곳이다. 홍살문을 통과하고 다시 두 개의 문을 지나면 정전이 나타난다. 정유재란 때 불타는 아픔을 겪고 광해군 6년에 중건된 사연 많은 건축물이다. 현재 경기전에 있는 어진은 고종 9년에 다시 그린 것이다. 어진은 국보로 지정되어 경기전 안에 있는 어진박물관에 보관되어 있다. 아쉽게도 진품은 수장고에 보관 중이라 직접 볼 수 있는 기회가 극히 드물다.

정전의 정면 윗쪽을 바라보면 두 마리의 거북이 모양을 볼 수 있다. 이는 목재로 지어진 정전을 화마로부터 보호하기 위한 주술적 의미를 지니고 있다고 한다.

경기전에는 정전 외에도 조경묘, 예종대왕태실비, 전주사고 등 조선 왕실과 관련된 문화재가 많다. 전주사고는 국가기록물인《조선왕조실록》을 보관한 곳으로, 4개 사고 중 유일하게 임진왜란 때 훼손되지 않은 귀중한 사고이다.

경기전은 아름드리 나무가 많기로 유명하다. 정전에서 전주사고로 이어지는 길이 아름다우니 꼭 걸어 보자. 화려하지는 않아도 시간이 빚어낸 운치를 느끼기에는 충분하다.

add 전라북도 전주시 완산구 풍남동3가 102
open 3~10월 09:00~19:00, 11~2월 09:00~18:00
fee 3,000원
tel 063-287-1330

경기전의 하마비
"이곳에서는 모두 말에서 내리시오."

1 태조의 어진을 보관하는 정전
2 《조선왕조실록》을 보관했던 전주사고
3 시원한 바람이 부는 대나무길
4 걷기 좋은 경기전 산책길

호남 지역 최초의 로마네스크 양식 건물, 전동성당

전동성당의 아름다움

경기전과 마주하고 있는 전동성당은 아기자기한 한옥마을을 배경으로 우뚝 서 있다. 경기전의 조병청과 전사청이 있는 곳에서 보면 전동성당과 기와지붕이 어우러지는 이색적인 풍경을 만날 수 있다. 지극히 한국적인 곳에 홀로 서 있는 로마네스크와 비잔틴 양식을 혼합한 서양 건축물이지만 빛바랜 고풍스러움이 은은히 배어 나와 한옥마을과 조화를 이룬다.

1914년 지어진 전동성당은 우리나라에서 아름다운 성당으로 손꼽힌다. 영화 〈약속〉의 촬영지로 더욱 유명해졌다. 미사 시간이 아니라면 안으로 들어가 아치형으로 아름답게 지어진 성당 내부를 둘러보자.

add 전라북도 전주시 완산구 태조로 51
tel 063-284-3222

· TIP ·
전동성당은 종교적인 공간이므로 경건한 마음으로 둘러보아야 한다. 성당 안에서는 잡담을 하지 않고 예의를 지키는 것이 필요하다.

한옥마을과 최명희문학관

전주는 대하소설《혼불》을 쓴 최명희 작가의 고향이다. 아담한 한옥에 들어서면 전시관으로 사용되는 독락채가 나온다. 최명희 작가의 유품과 작품들을 이곳에서 만날 수 있다. 한 글자 한 글자 써 내려간《혼불》친필 원고가 자그마치 1만 2,000여 장이다. 높이 쌓은 원고지만 보아도 작가의 뜨거운 열정을 느낄 수 있다. 컴퓨터에 익숙해진 우리에게는 상상조차 어려운 일이다. 원고지에 반듯하게 쓴 작가의 글씨에 그 성품이 고스란히 묻어난다.

이곳에는 관람객들의 릴레이 필사가 진행 중이다. 자신이 쓰고 싶은 만큼 원고지에 옮겨 적으면 된다. 여러 사람의 필사로 이어진 특별한 방명록이다. 잠시 앉아《혼불》의 한 쪽을 옮겨 쓰는 시간을 가져 보자. 최명희문학관에서는 느린 편지와 글짓기 등의 체험도 할 수 있다.

《혼불》친필 원고지

add 전라북도 전주시 완산구 최명희길 29
open 10:00~18:00(매주 월요일, 1월 1일, 설, 추석 당일 휴관)
fee 무료
tel 063-284-0570
homepage www.jjhee.com

관람객이 함께 쓰는 릴레이 필사

한옥마을의 필수 코스, 오목대

오목대는 태조 이성계와 관련이 깊은 곳이다. 고려 말, 이성계가 이끈 군대가 왜구와의 전투에서 승리했다. 이들이 개경으로 돌아가는 길에 오목대 근처에서 승리를 축하하는 잔치를 벌였다. 이를 기념하기 위해 만들어진 곳이 오목대이다.

오목대는 전통 어린 한옥마을의 아름다움을 보기에 가장 적합한 장소이다. 그러나 정작 오목대 정상에서는 앞쪽으로 큰 나무들이 있어 한옥마을이 잘 보이지 않는다. 한옥마을의 전경을 가장 잘 볼 수 있는 곳은 오목대로 오르는 중간 지점이다. 뷰 포인트가 표시되어 있어 어렵지 않게 찾을 수 있다. 한눈에 보이는 한옥마을은 가까이서에 본 모습과는 또 다른 매력을 가지고 있다.

add 전라북도 전주시 완산구 교동 1-3
tel 063-281-2114

1 오목대로 오르는 중간 지점에 있는 뷰 포인트에서 바라본 한옥마을
2 오목대 옆으로 누각이 있어 쉬어 가기 좋다.
3 소담한 산책로가 오목대로 이어진다.

 ## 전주의 대표 먹을거리

콩나물국밥

콩나물국밥은 비빔밥과 더불어 전주를 대표하는 음식이다. 따끈한 국물에 밥이 말아 나와 지나치게 뜨겁지 않다. 성격이 급한 사람도 입안을 델 위험이 없으니 큼지막하게 한술 떠먹어 보자. 막걸리를 거하게 마신 다음 날 해장으로도 그만이다. 함께 나오는 수란도 별미다. 국밥 국물을 적당히 끼얹고 그 위에 김 한두 장을 넣으면 맛있는 수란이 완성된다.

 **Must-eat**

그때그집	삼백집
add 전라북도 전주시 완산구 풍남문2길 47	**add** 전라북도 전주시 완산구 전주객사2길 22
open 24시간 영업	**open** 24시간 영업
menu 콩나물국밥 6,000원, 야채비빔밥 6,000원	**menu** 콩나물국밥 6,000원, 선지온반 7,000원
tel 063-231-6387	**tel** 063-284-2227

전주비빔밥

전주에서 맛봐야 할 음식을 꼽을 때 빠지지 않고 꼭 들어가는 음식이 전주비빔밥이다. 전주비빔밥은 화려한 색깔부터 눈길을 사로잡는다. 다양한 종류의 나물이 어우러져 담백하고 고소하다. 다른 비빔밥과 달리 사골 육수를 넣고 밥을 지어 깊은 맛을 느낄 수 있다. 영양소 파괴를 막기 위해 유기그릇에 담아 내는 것도 전주비빔밥의 특징 중 하나다.

전주막걸리

전주에는 독특한 막걸리 문화가 있다. 보통 술과 안주를 따로 선택해서 주문하는 것이 일반적이지만 전주막걸리는 술과 안주가 한 상 차림이다. 한 상에 2만 원 정도로 막걸리 한 주전자와 열 가지 정도의 안주가 나온다. 술을 더 주문하면 새로운 안주가 덩달아 준비된다. 가게마다 나오는 안주가 달라 다양한 전주 음식을 맛볼 수 있다. 삼천동, 효자동, 평화동, 서신동, 경원동, 인후동, 우아동에 막걸리골목이 형성되어 있다.

가족회관

add 전라북도 전주시 완산구 전라감영5길 17
open 10:30~20:00
menu 전주비빔밥 12,000원, 육회비빔밥 15,000원
tel 063-284-0982

성미당

add 전라북도 전주시 완산구 전라감영5길 19-9
open 11:00~20:30
menu 전주비빔밥 11,000원, 육회비빔밥 13,000원
tel 063-287-8800

가인막걸리

add 전라북도 전주시 완산구 풍남문1길 19-1
open 13:00~00:00(명절 휴무)
menu 한상차림 20,000원 (추가 시 15,000원)
tel 063-282-6455

옛촌막걸리

add 전라북도 전주시 완산구 서신천변로 11
open 16:00~01:00
menu 한상차림 20,000원 (추가시 15,000원)
tel 063-272-9992

푸짐한 전주의 한상 차림

알코올 도수가 1.5% 정도인 전주
모주는 한약재가 들어가서 달달
한 맛이 난다.

 Accommodation

나무그늘 게스트하우스

한옥집을 개량한 아늑하고 깔끔한 게스트하우
스다. 아기자기한 인테리어와 소품으로 꾸며
져 있다. 밤에 옥상에 올라가면 한옥마을 야경
을 볼 수 있다.

add 전라북도 전주시 완산구 경기전길 178
access 전동성당과 가까운 곳에 위치하고 있다. 전
주한옥마을과의 접근성이 좋다.
fee 2인실 50,000~65,000원
(주말·성수기 60,000~75,000원)
tel 010-9121-9166
homepage jeonjunamu.co.kr

니어리스트 게스트하우스

밤에 술을 즐기고 싶다면 여기가 딱이다. 게스
트하우스 옆에 가맥으로 유명한 전일슈퍼가 있
어 늦은 밤까지 맥주를 즐길 수 있다. 라운지룸
에서 편히 쉬거나 차를 마실 수 있다.

add 전라북도 전주시 완산구 팔달로 202-14
access 전주한옥마을에서 도보 5분
fee 도미토리 20,000원(주말 25,000원), 조식 포함
tel 063-288-4665
homepage www.guesthousejeonju.com

태안

낭만 바다에서
ATV 타고 스피드 즐기기

바다는 살아가며 두고두고 찾아가게 되는 여행지다. 세월이 가도 바다는 변치 않는데, 바다에 가서 즐기는 사람은 남녀노소 다 다르다. 그러니 한 살이라도 어렸을 때 해 볼 것은 다 해 보자. ATV를 타고 바닷가 도로를 질주하는 것은 짜릿한 경험이 될 것이다.

• Point •
태안 마을과 갯벌 ATV로 달리기
태안해변길 5구간 노을길 걷기
해변 소나무숲 솔솔 걷기

베스트 여행지에 갈 때는 예산 계획이 필요하다

공정여행이라는 것이 있다. 여행지 근처 시장에서 물건을 사고, 음식을 사 먹고, 민박집에서 잠도 자면서 여행지에 사는 사람들에게 약간이나마 도움이 되는 여행을 하는 것이다. 더불어 사는 삶을 살자는 취지에서다.

그러나 주머니 사정이 넉넉하지 않다면 그런 것은 나중에 신경 쓰자. 태안같이 10여 년 사이 순식간에 베스트 여행지가 된 곳을 갈 때는 내 주머니 걱정부터 해야 한다. 밥 한 끼 가격도 만만치 않다. ATV 등 즐기고 싶은 시설도 많아서 방심했다가는 순식간에 빈털터리가 될 수 있다. 그렇다고 남은 여행을 쫄쫄 굶으며 할 수는 없다.

발 빠른 정보력이 있다면 돌파구는 있다. 안면도자연휴양림같이 저렴한 숙박 시설도 있고, 제철 해산물을 저렴하게 먹을 수도 있으니 안면도 여행길을 떠나기 전에는 여행 정보를 이모저모 꼭 찾아보자!

> **· TIP · 안면도 여행정보 챙기기**
>
> 인터넷 검색을 하면 안면도 여행에 대한 정보가 넘쳐난다. 펜션이나 레저업체에서 운영하는 홈페이지도 많다. 문제는 옥석을 가리기가 쉽지 않다는 것. 업데이트가 되지 않아 현재 상황과 맞지 않는 경우도 있다. 가장 확실한 것은 태안군청 홈페이지다. 요즘은 모든 시군에서 관광 정보를 안내하는 홈페이지를 강화하고 있으니 이를 이용하자.
>
> **homepage** www.taean.go.kr/tour.do

 # ATV에 몸도 싣고, 꿈도 싣고

ATV 코스 선택하기

안면도는 꽤 큰 섬이다. 이름 있는 해변만 열 군데가 넘는다. 이름 모를 해변과 태안 해변까지 합하면 스무 군데도 넘는다. 그러므로 어디를 갈 것인가보다 무엇을 할 것인가부터 생각하는 것이 현명하다. ATV를 타기로 했다면 가장 근사한 코스부터 고르자. 강력한 후보가 꽃지해변이다. 할미·할아비바위 뒤로 떨어지는 일몰이 아름다운 해변이다. 갑자기 유명해지면서 한적했던 해변 뒤로 도로가 생기고 작은 만 너머로 다리까지 나서 어수선하다. 어중된 관광지가 되어 버렸지만 ATV를 타고 해변을 달리며 짜릿함을 즐기다 보면 바닷길의 매력에 흠뻑 빠지게 될 것이다.

갯벌을 달리는 꽃지 ATV

꽃지 광장 뒤에 ATV 레저 업체가 두 군데 있다. 시간별로 서너 종류의 코스가 있는데 요금이 차이 난다. 같은 1시간이라도 한길로 달리면 교통 체증이 생기기 때문에 업체마다 코스가 조금씩 다르다. 그래도 종착지는 같다. 꽃지해변 뒤편 마을길을 달리다 보면 어느 순간 갯벌이 나온다. 방조제가 생긴 뒤편으로 물이 빠지면서 생긴 갯벌로 꽃지 근처 레저 업체 대부분의 ATV들이 그곳에 모였다가 돌아간다. 그 갯벌을 달려야 그래도 바닷가 ATV를 탔다고 할 수 있다. 올 때는 꽃지해변도로를 타고 돌아온다.

add 충청남도 태안군 안면읍 승언리 3113-1(안면레저)
access 태안시외버스터미널이나 안면터미널에서 꽃지로 가는 좌석버스나 농어촌버스를 탄다.
tel 041-672-1552
homepage www.anmyondoatv.com

신나게 그러나 안전하게

ATV를 처음 타는 사람은 한두 바퀴 정도 운동장을 돌며 연습을 해야 한다. 어렵지는 않지만 조심해야 하는 순간이 있기 때문이다. 가다 보면 도로 두어 군데를 지나게 되는데 대체적으로 한적한 편이다. 그런데 갑자기 자동차가 달려오면 당황한 나머지 우왕좌왕하다 자동차 앞으로 달려가는 경우가 생긴다. 그러면 돌아올 수 없는 길을 향해 달려간 바이크맨이 되고 만다. 이런 경우를 대비해서 대개 ATV 업체 인솔자의 지휘 아래 무리지어 다닌다. 기계치에 길치일 가능성이 높은 여자 친구가 안심되지 않는다면 레이싱카처럼 뼈대 위주로 된 카트를 함께 타면 된다.

가끔 자동차로 모래사장을 질주하는 자동차 TV 광고가 나오는데 바닥이 아주 단단한 백사장이 아니라면 무척 위험한 짓이다. ATV 역시 마찬가지다. 부드러운 모래사장에서는 각별히 주의를 해야 한다.

젊음과 바다의 상관 관계

젊음이 해변을 택하는 기준

이제 해변에서 놀 시간이다. 안면도에는 밧개, 두애기, 바람아래, 샛별, 운여 등 이름이 예쁜 해변이 많다. 그러나 해변을 고를 때 이름으로 고르면 실패할 가능성이 높다. 이름이 예쁜 해변의 경우 한적할 가능성이 높기 때문이다. 가만히 생각해 보면 그 이유를 알 수 있다. 기지포, 방포처럼 모래와 송림, 풍광이 좋은 해변은 옛날부터 사람들이 많이 찾았고 그래서 이름도 일찍 생겼다. 한편 사람들이 찾지 않은 해변은 이름이 없거나 동네 사람만 아는 이름으로 불렸다. 그런데 10년 사이 안면도가 여행지로 뜨면서 '여기도 해변이야!' 하고 예쁜 이름을 달게 된 것이다. 물론 연인과 오붓한 시간을 보내고 싶다면 그런 해변도 나쁘지 않다. 명심할 것은 슈퍼가 없어서 비수기에는 물도 못 사먹을 수 있다는 것이다.

젊음과 바다가 어울리는 곳에는 바글바글 사람도 많다. 해운대를 보라. 삼면이 바다인 나라에서 왜 도심 속의 해변에 몇 십만 명이 몰리는 지. 바다도 좋지만 신나는 젊음이 끓고 있기 때문이다. 그러니 사람이 몰리는 해변에서 신나게 노는 거다.

신비의 바닷길 탐험

그렇다면 멀리 갈 것 없이 그냥 꽃지해변에서 놀면 된다. 이곳은 일단 간판들이 요란하다. 맞은편 방포항과 안쪽 만으로 횟집도 즐비하다. 꽃지해변 뒤로 공원이 있지만 조경이 잘 되어 있는 편은 아니다. 썰물 때는 바닷길이 훤히 드러난다. 이때 할미바위까지 걸어갈 수 있다. 무엇보다 꽃지에서 가장 예쁜 것은 할미·할아비바위 너머로 지는 일몰 풍경이다. 그렇다고 일몰이 생길 때까지 무작정 기다려야 할까? 시간이 충분히 남아 있다면 어딘가 다녀오고 싶지 않을까?

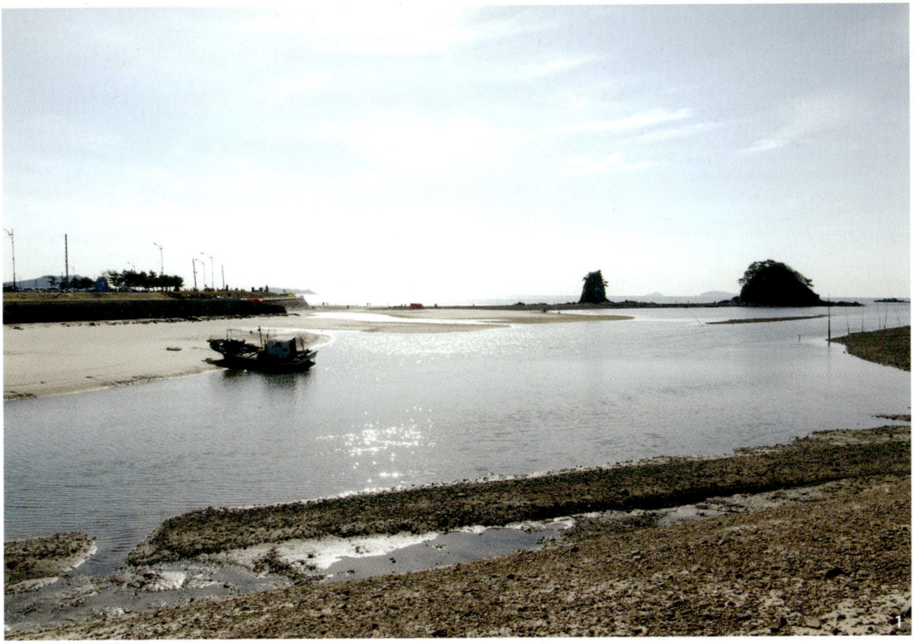

1

2

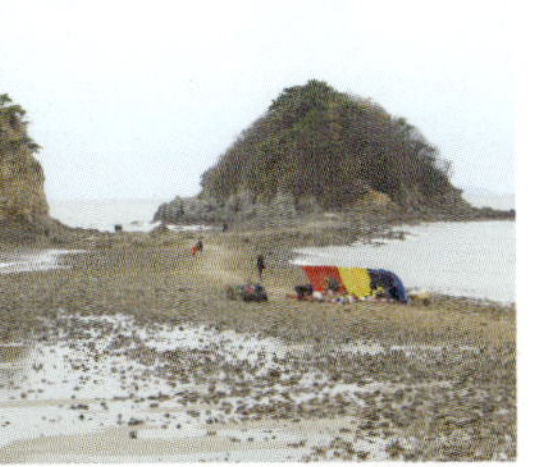

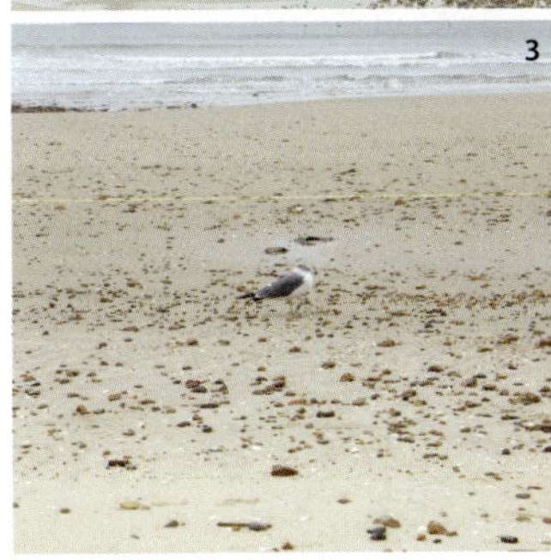

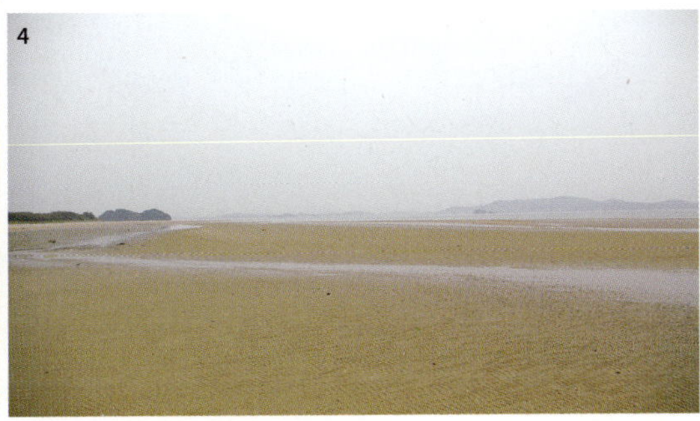

1 꽃지는 우뚝 선 두 바위 사이로 보이는 일몰이 아름다운 해변이다. 낚싯배가 출항하는 항구이기도 하다.

2 썰물 때는 꽃지해변에서 할미·할아비바위까지 걸어 들어갈 수 있다.

3 꽃지해변은 자갈, 조개껍질이 있는 거친 모래사장이라 그리 아름답지는 않다.

4 안면도에는 예쁜 이름을 지닌 해변이 많은데 인적이 드문 곳은 황량한 느낌마저 든다.

3

4

안면도의 두 가지 치명적인 매력

태안해변길 제5구간 노을길 걷기

해변이 아름답기로는 꽃지보다 기지포가 낫다. 해송숲도 우거졌고 모래도 곱다. 무슨 뜻이냐면 일단 걷자는 얘기다. 8km 떨어진 곳에 있어 3시간 정도 걸으면 도착한다. 방포항을 지나 방포, 두애기, 밧개, 두여, 안면해변을 거쳐 기지포로 가자. 태안 해변길은 7개 구간, 총 97km로 태안 북쪽 학암포에서 해변을 따라 안면도 남쪽 끝 영목항까지 가는 길이다. 그중에 백사장항에서 꽃지해변까지 가는 12.5km 구간이 요즘 뜨기 시작한 태안해변길 제5구간 노을길이다. 꽃지에서 기지포까지 해안 사구와 솔숲, 해변길이 번갈아 가면서 나온다. 길이 평탄하여 어려울 것도 없다. 바삐 걸으면 3시간, 중간중간 사진 찍고 놀면서 가면 4시간 정도 걸린다.

tel 041-672-9737(국립공원 태안해안사무소),
　　041-673-1066(태안해안 안면도분소)
homepage www.taean.go.kr/tour.do
　　(코스 정보 : 무엇을 할까? 〉 해변길)

태안해변길은 땡볕 또는 비바람을 피할 수 없는 구간이 꽤 있다. 더위나 추위에 지치면 바다도 눈에 들어오지 않는다. 날씨에 따라 양산이나 비옷을 챙기자.

・ TIP ・ 내친김에 백사장항까지 가면?
노을길은 꽃지에서 백사장항까지 이어진다. 기지포에서 멈추지 않고 계속 가면 대하축제로 유명한 백사장항이 나온다. 어선과 식당이 많고 건어물시장이 있어 항구의 역동적인 분위기를 즐길 수 있다. 바다를 건널 수 있는 멋진 다리도 새로 놓았다.

꽃지 일몰 VS 노을길 일몰

기지포에서 다시 꽃지해변으로 돌아오는 방법은 각자 알아서 정하자. 기지포마을 뒤편에 있는 버스정류장에서 좌석버스를 타거나, 삼봉해변까지 20여 분을 걸어간 다음 농어촌버스를 타면 된다. 어느 버스를 타든 꽃지해변까지 30분도 걸리지 않는다. 기지포에서 하루 묵을 셈이라면 마을에 있는 민박집을 예약해 두면 된다. 꽃지해변의 일몰은 보지 못해도 기지포의 해넘이를 볼 수는 있다.

최고의 일몰을 보는 방법

꽃지해변의 일몰을 보고 싶다면 해넘이 시간을 미리 봐 두었다가 최소한 1시간 전에는 돌아와야 한다. 해가 바닷속으로 들어가는 장소는 계절마다 다르다. 할미·할아비바위 사이로 떨어지는 해를 사진에 담으려면 낙하 지점을 가늠하고 움직여야 한다. 꽃지해변에서 방포항까지가 움직일 수 있는 범위이다. 굳이 그렇게까지 작위적으로 하고 싶지 않다면 편한 데를 골라서 기다리면 된다.

백사장항에서 작은 항구의 정취를 느껴보자!

안면도는 섬이다. 태안반도에서 연륙교를 타고 건너가기에 육지로 착각하는 이들이 꽤 많다. 태안반도와 안면도 사이에는 작은 해협이 흐르는데, 해협의 서쪽 끝에 백사장항이 있다. 이곳 백사장항은 작지만 대하와 꽃게의 집산지로 유명하다. 항구 앞에는 태안반도로 건너가는 멋진 해상인도교도 놓여 있는데, 다리 위에서 보는 서해의 일몰이 특히 아름답다.

서해 어항의 정취를 누릴 수 있는 곳이 백사장항 어시장이다. 항구 뒤편으로 작은 어시장과 음식점들이 있다. 어시장에는 건어물과 제철 해산물이 가득한데, 여기서 산 해산물을 식당으로 들고 가서 먹을 수 있다. 태안과 안면도 일대에서 그나마 합리적인 가격에 제철 해산물을 맛볼 수 있는 곳이 바로 백사장항 어시장이다. 항구 옆에는 서해 방향으로 백사장항 해변도 있고, 항구 뒤편에는 펜션과 모텔도 있다.

add 충청남도 태안군 안면읍 창기리
access 꽃지해변에서 안면버스터미널까지 나온 다음, 터미널에서 952번 농어촌버스를 타고 백사장 정류장에서 하차. 버스 시간은 합쳐서 약 30분 소요.

연인과 함께 간다면?

친구들과 함께라면 무작정 걷는 게 돈도 절약하고 이것저것 많이 볼 수 있어 좋지만 연인끼리라면 이야기가 달라진다. 연인들이 찾기 좋은 태안 핫플레이스 두 곳 중 하나는 가야 하지 않을까? 한적하고 아름다운 자연을 느낄 수 있는 곳을 원한다면 천리포수목원이 좋고, 이색적인 정원과 다채로운 사진 촬영을 할 수 있는 곳을 원한다면 팜카밀레를 추천한다. 두 곳 모두 숙박 시설이 있지만 좀 비싼 편이다.

천리포수목원

천리포수목원은 미국계 한국인 민병갈 선생이 평생을 가꾼 널따란 정원이다. 다른 곳에서는 보기 드문 나무와 꽃들이 많은데 10년 전까지만 해도 일반인은 쉽게 출입하기 어려웠다. 커다란 호수와 해변, 꽃들이 어우러진 수목원을 거닐고 한복판에 있는 카페에서 따뜻한 아메리카노를 마시며 꽃과 이 땅을 사랑한 푸른 눈의 한국인을 생각해 보자.

add 충청남도 태안군 소원면 천리포 1길 187
tel 041-672-9982
homepage www.chollipo.org

팜카밀레 허브농원

팜카밀레는 동화 속의 나라 같은 허브 농원이다. 언덕에는 풍차가 돌아가고 연못에는 나룻배가 떠 있다. 펜션과 레스토랑, 허브숍 등 먹고 쉴 곳도 있다. 허브 정원에는 아기자기한 조형물과 소품이 있어 이국적인 분위기를 자아낸다. 연인과 핑크빛 무드 사진을 찍기에 최적의 장소이다.

add 충청남도 태안군 남면 우운길 56-19
tel 041-675-3636
homepage www.kamille.co.kr

순천

이틀 동안 순천의
핫스폿 정복하기

순천은 해외여행 못지않은 이색적인 풍경과 문화재가 있어 여행객이 끊이지 않는다. 160만 평의 갈대숲과 690만 평의 광활한 갯벌을 품고 있는 순천만, 주민이 실제로 거주하고 있는 귀여운 초가집이 옹기종기 모여 있는 낙안읍성, 조계산의 정취를 감싸 안은 선암사와 송광사가 바로 그 주인공이다. 무엇보다 S자 물길이 황홀한 순천만을 보는 것만으로도 전라남도 끝까지 달려온 보람이 있다.

· Point ·
전망대에서 순천만의 일몰 감상하기
선암사와 송광사의 다른 멋,
다른 운치 비교해 보기

삼보 사찰 송광사

이른 시간에 순천에 도착했다면, 먼저 송광사로 향해 보자. 송광사는 순천 시내에서 제법 떨어진 조계산에 위치하고 있다. 순천 시내에서 시내버스로 1시간 20분 정도 걸리는데, 가는 길이 매력적이다. 드라이브한다고 생각하며 즐겁게 달려가 보자. 송광사 주차장에서 송광사로 오르는 길에는 시원한 계곡이 있다. 편백나무를 비롯한 울창한 숲길도 나타난다. 일주문 옆으로는 제법 널찍한 개울이 흘러 가슴이 시원해진다. 송광사는 양산 통도사와 합천 해인사와 더불어 삼보 사찰 중 한 곳이다. 삼보 사찰이란 불교에서 말하는 세 가지 보물인 부처님, 가르침, 승가가 있는 절을 말한다. 송광사는 그중 승가가 있는 승보 사찰에 해당한다.

송광사 일주문

add 전라남도 순천시 송광면 송광사안길 100
access 순천종합버스터미널에서 111번 시내버스(약 30분 간격)를 타고 송광사에서 하차
fee 3,000원
tel 061-755-0107
homepage www.songgwangsa.org

풍경 소리가 들리지 않는 절

송광사는 50개가 넘는 전각을 가진 큰 절인데도 이상하리만큼 고요하다. 처마 끝에 달려 있는 풍경을 찾아볼 수 없기 때문이다. 송광사는 공부하는 스님들에게 방해가 될까 봐 풍경을 달지 않는다. 또 다른 점도 있다. 대웅보전 앞마당을 보면 다른 절과 달리 석탑이 보이지 않는다. 이유인즉, 송광사가 자리한 곳이 풍수적으로 연꽃이 물에 떠 있는 형상인데, 석탑을 놓으면 연꽃이 가라앉기 때문이다. 그래서 송광사에는 부도탑을 제외하고는 석탑이 하나도 없다.

보조국사 지눌의 부도탑에 오르면 송광사의 많은 전각을 볼 수 있다. 겹겹이 마주하고 있는 지붕이 눈앞에 펼쳐진다.

1 능허교는 잔잔히 흐르는 물에 비쳐 아름다움이 더해진다.
2 대웅보전 앞에는 탑이 없다.
3 송광사 가장 높은 곳에 위치한 보조국사 지눌 부도탑(감로탑)
4 법정 스님이 계시던 불일암

· TIP ·

법정 스님이 계시던 곳, 불일암

송광사로 가는 길 중간에 불일암이라는 표지판이 나타난다. 불일암은 법정스님이 머무셨던 작은 암자이다. 조계산 길을 따라 20분 정도 걸으면 도착한다. 소박한 암자에 올라 스님이 평생 실천했던 무소유를 짐작해 보자. 고무신 하나에도 스님의 마음이 담겨 있다. 불일암에는 스님이 직접 만든 빠삐용 의자도 한 켠에 자리하고 있다.

과거를 여행하는 순천드라마촬영장

순천 시내에는 과거를 엿볼 수 있는 드라마 세트장이 있다. 영화 〈늑대소년〉, 드라마 〈제빵왕 김탁구〉, 〈자이언트〉 등 굵직한 작품들의 배경이 되었던 곳이다.

1960년대 순천의 모습을 생생히 엿볼 수 있을 뿐 아니라 1970년대 서울의 달동네와 변두리 등 스크린 속에서나 보았던 과거의 거리를 직접 걸어 볼 수 있다.

그림 포스터를 건 극장에서부터 만물상, 여인숙, 고무신 가게 등을 둘러보면 과거로 여행을 떠나온 듯한 느낌마저 든다. 가게마다 깨알같이 놓여 있는 소품도 볼거리다. 드라마 세트장 안에 있는 화장실은 사진관으로 꾸며져 있어 자칫 지나칠 수도 있으니 유의하자.

add 전라남도 순천시 비례골길 24
access 순천역에서 77번, 99-1번 버스를 타고 드라마촬영장에서 하차
open 09:00~18:00(연중무휴)
fee 3,000원
tel 061-749-4003
homepage tours.suncheon.go.kr/tour/thema/0003/0007/0001

1960년대 순천 거리와 1970년대 서울의 달동네를 재현한 모습

황금빛의 매혹적인 순천만

순천만은 끝없이 펼쳐지는 갈대숲의 절경을 만날 수 있는 곳이다. 카멜레온처럼 가을과 겨울에는 황금빛으로, 여름이면 초록빛으로 색을 바꾼다. 갈대 탐방로를 따라 걸으며 끊임없이 펼쳐지는 갈대밭을 천천히 즐길 수 있다. 갈대밭은 바람이 살짝 불 때 멋스러움이 배가 된다. 노을이 질 무렵에 가면 더욱 근사한 풍경을 볼 수 있다. 바람과 햇살이 갈대와 만나 만들어 내는 순천만의 절경을 만나 보자.

add 전라남도 순천시 순천만길 513-25
access 순천종합버스터미널에서 67번 버스(20~30분 간격)를 타고 순천만정류장에서 하차
open 08:00~일몰 시간
fee 8,000원
tel 061-749-6052
homepage www.suncheonbay.go.kr

갈대숲 사이 나무 데크를 따라 즐거운 산책

갈대숲을 걷다 보면 갈대 사이로 작은 움직임들이 보인다. 순천만은 작은 생명이 살아가는 터전이다. 짱뚱어, 망둥어, 무당게, 도둑게, 농게, 칠게 등 다양한 생명이 함께 살아가고 있다. 땡글땡글한 눈이 우습게 생긴 짱뚱어, 한쪽 집게만 큰 농게 등을 보고 있으면 시간 가는 줄 모른다. 더 가까이 보려고 엉덩이를 하늘 높이 치켜드는 재미난 모습을 여기저기서 볼 수 있다. 갈대숲을 걷다가 누군가가 엉덩이를 들고 있는 광경을 보게 된다면 그곳에 갯벌 생물들이 있다는 증거이니 놀라지 말고 동참해 보자.

갈대는 갯벌에 산소를 공급하고 영양분을 제공해 생물들에게 이상적인 생태 공간이 되어 준다. 순천만이 많은 생물의 보금자리가 된 것도 바로 이 때문이다. 이곳을 찾는 철새만도 200여 종이 된다니 우리에게 정말 소중한 생태 지역이다.

갈대가 바람에 한들한들, 햇살에 반짝반짝

순천만의 백미, 용산전망대

갈대밭을 걷는 것만으로는 순천만의 절반만 본 것과 같다. 용산전망대에 올라야 온전히 순천만을 봤다고 할 수 있다. 부드러운 S라인 물길과 둥그런 원을 따라 자라고 있는 갈대까지 보고 나면 '아, 순천만이 이런 곳이구나!' 하고 느끼게 된다. 특히 일몰 때는 그 아름다움이 배가된다. 용산전망대에 가려면 산길을 따라 올라가야 한다. 일몰 시간에 아슬아슬하게 도착한다면 산길을 정신없이 달려야 하는 불상사가 생길지도 모른다. 1.4km 거리지만 어려운 산길은 아니므로 일몰 예상 시간에서 1시간 전에 오르면 수월하게 도착한다.

전망대는 3층으로 나눠져 있어 다양한 높이에서 감상할 수 있다. 2층에는 엽서를 쓸 수 있는 공간이 마련되어 있다. 황금빛 저녁 노을이 시작되면 온 바다와 갈대숲이 붉게 물든다. 반짝반짝 빛나는 물길 너머로 노을이 툭 떨어지는 순간, 순천만은 가장 아름다운 모습을 보여 줄 것이다.

아주 특별한 마을, 낙안읍성

낙안읍성은 아주 특별한 마을이다. 일단 낙안읍성에 도착하면 웅장한 성벽과 마주하게 된다. 성벽이 마을을 감싸고 있어 밖에서는 마을의 풍경을 짐작할 수 없다. 마을 안으로 들어가려면 낙풍루라는 낙안읍성의 동문을 통과해야 한다. 성문 하나를 통과했을 뿐

늠름한 모습으로 낙안읍성을 지키고 있는 석구

인데 눈앞에 펼쳐지는 풍경은 180° 달라진다. 노란 짚을 엮어 이은 초가와 나지막한 돌담까지 민속촌에서 볼 법한 풍경이 펼쳐진다. 돌담과 돌담 사이로 난 골목길을 따라 마을 구경에 나서면 가슴 푸근해지는 정경들이 이어진다. 돌담 너머로 보이는 초가와 툇마루, 이엉지붕 등은 남부 지방의 주거 형태를 보여 준다. 이곳의 초가집에는 실제로 주민이 거주하고 있는데 무려 120세대가 살고 있다고 한다. 마당에는 빨래가 바람에 말라 가고, 저녁 시간이면 밥 짓는 냄새가 돌담을 넘는다. 600년의 역사가 녹아 있는 이 마을은 아직도 조선 초기 서민의 풍경을 그대로 간직하고 있다.

마을의 구석구석을 돌아보는 것도 재미있지만, 성곽을 따라 걷는 것도 놓치지 말아야 한다. 남문에서 서쪽으로 향하는 성곽길에서 옹기종기 모여 있는 초가집 마을의 정다운 풍경을 가장 잘 볼 수 있다.

add 전라남도 순천시 낙안면 충민길 30 관사
access 순천 시내에서 63, 66번 버스를 타고 낙안읍성에서 하차
tel 061-749-8831
homepage www.suncheon.go.kr/nagan

• TIP • 낙안읍성 입구 간식거리
낙안읍성 입구에 다다르면 2,000~3,000원이면 즐길 수 있는 간식거리를 파는 노점상이 있다. 호떡, 인삼튀김, 어묵 등 출출한 배와 궁금한 입을 만족시킬 먹거리를 하나 들고 낙안읍성을 산책하는 건 어떨까?

아름다운 선암사

　선암사로 향하는 길을 걸으면 잔잔하게 흐르는 계곡 소리와 부드러운 흙길로 인해 마음이 절로 편안해진다. 계곡을 따라 오르다 보면 선암사의 보물인 승선교가 나온다. 돌로 만들어진 반원 모양의 승선교는 부드러운 곡선을 자랑한다. 지금의 산책로가 나기 전에는 승선교를 건너야 선암사에 닿을 수 있었다.

　일주문 양쪽으로는 담이 나지막하게 이어진다. 담장 옆의 꽃나무들과 어우러져 푸근한 모습이다. 종각을 지나면 만세루, 대웅전에서부터 응진전과 각황전까지 전각이 이어진다. 전각 하나를 지나 계단을 오르면 또 다른 전각과 마주하게 된다.

　선암사에는 600년 된 선암매가 있는데, 선암사의 긴 시간을 고스란히 담고서 매년 향기로운 매화를 피운다. 마지막으로 갈 코스는 창을 내어 자연을 화장실 안으로 들인 해우소다. 뒷간이라고도 불리는 이곳은 우리나라에서 가장 아름다운 화장실로 손꼽힌다. 화장실 하나도 허투루 만들지 않았음을 알 수 있다.

add 전라남도 순천시 승주읍 죽학리 산802
access 순천 시내에서 1번 버스를 타고 선암사에서 하차
fee 2,000원
tel 061-754-5247
homepage www.seonamsa.net

선암사의 보물 승선교와 해우소 뒷간

 **순천의 대표 먹을거리**

짱뚱어탕

 **Must-eat**

순천만가든

add 전라남도 순천시 순천만길
576
open 09:00~20:30
menu 짱뚱어탕(11,000원)
tel 061-741-4489

대대선창집

add 전라남도 순천시 순천만길
542
open 08:00~21:00
menu 짱뚱어탕(11,000원)
tel 061-741-3157

순천의 대표 먹을거리로 짱뚱어탕을 꼽을 수 있다. 갯벌에 사는 짱뚱어는 여름철이 제철로 순천만에서 쉽게 만날 수 있다. 짱뚱어탕은 짱뚱어를 삶아 야채와 함께 넣고 끓인 음식으로 여름 보양식으로 그만이다. 시래기가 들어가 구수하고 얼큰하게 끓여 비리지 않다. 짱뚱어탕 한 그릇을 먹고 나면 여행 에너지가 한가득 채워진다.

 **Accommodation**

순천 게스트하우스 느림

순천역에서 가까워 교통이 편리하다. 야경 투어와 치맥 파티 등 함께 즐길 수 있는 프로그램도 진행하고 있다.

add 전라남도 순천시 중앙초등길 50
access 순천역에서 도보 10분
fee 도미토리 22,000~25,000원, 조식 포함
tel 070-7647-9522
homepage nreem.co.kr

순천만 무진 게스트하우스

순천만에서 가까워 순천만 일몰을 보고 하루 묵기 좋은 곳이다. 펜션도 함께 운영하고 있어 규모가 큰 편이다.

add 전라남도 순천시 순천만길 560
access 순천만에서 도보로 10분
fee 도미토리 20,000원
tel 061-746-6677
homepage www.guesthousemoojin.com

대구

대구근대문화역사거리에 깃든 100년 역사 느끼기

조선 말에서 대한 제국으로 이어지는 격동의 시대를 생각하면 암울한 흑백 사진 이미지가 먼저 떠오른다. 그러나 그때도 태양은 빛났고 나무는 푸르렀으며 사람들은 앞날에 대한 꿈과 희망을 지니고 살았다. 앞날이 어떻게 될지 모르지만 분명 지금보다는 나아질 거라는 믿음으로 산 사람들의 흔적이 대구근대문화골목에 남아 있다.

• Point •
대구 근대문화거리의 옛집,
옛 다방, 옛 골목 둘러보기
납작만두, 씨앗호떡 먹기

젊은 날의 대구 1박 2일 코스

대구는 대도시다. 팔공산, 맛골목, 동성로 로데오거리, 근대문화골목까지 모두 돌아보려면 계획을 잘 짜야 한다. 1박 2일 코스로 잡고 대구 중심가에 있는 게스트하우스를 숙소로 정하면 대략 다음과 같은 동선을 짤 수 있다.

1. 점심께 동대구역 또는 동대구고속버스터미널에 도착
2. 지하철 1호선을 타고 반월당역에서 2호선으로 환승하여 서문시장역에 하차, 서문시장에서 납작만두와 국수 등으로 배를 채우고 청라언덕으로 출발
3. 근대문화골목의 한의약박물관부터 시작해 약전거리를 구경하고 동성로 로데오거리까지 둘러보기
4. 반월당역에서 안지랑역으로 이동하여(20분 소요) 안지랑시장 곱창골목에서 푸짐한 막창 즐기기
5. 너무 늦지 않게 게스트하우스에 와서 자기
6. 다음 날 게스트하우스 조식으로 요기하고 동대구역 앞에서 팔공산으로 출발(40분 소요)
7. 팔공산케이블카를 타고 마운틴블루에서 산채비빔밥을 먹은 뒤 커피 한잔을 한 후 산책로를 따라 걷기
8. 2시쯤 동대구역 인근 평화시장 닭똥집골목에 도착하여 닭똥집 먹으며 차 시간 맞추기

대구약령시에서 건강 체크!

반월당역은 대구지하철 1호선과 2호선이 교차하는 유일한 환승역이다. 대구 중심가에 위치하고 있어 현대백화점, 동아백화점 등이 즐비하다. 출구도 무려 23군데이다. 그중 18번 출구로 나와서 현대백화점 옆길 골목으로 들어가면 한약 냄새가 폴폴 나는 대구약전골목이 나온다. 골목에 대구약령시한의약박물관과 한약재 도매시장이 있다. 약령시는 약재를 사고파는 시장을 말한다. 조선 시대 전국 대도시 곳곳에 약령시가 있었는데 그중에 대구와 원주, 전주를 3대 약령시로 꼽았다. 한방 약재가 대개 풀이나 나무뿌리, 열매, 잎 등을 말린 것이다. 사시사철 나는 게 아니니 일 년에 두 차례 정도만 열렸는데 한 번 열리면 10일 동안 장이 섰다. 근근이 맥을 이어 오던 약령시를 다듬어 이제는 여행 명소가 됐다. 한약재 도매시장을 간다고 하더라도 별로 아는 게 없을 테니 대신 한의약박물관에 가 보자. 이곳에서는 한의학의 중요성에 대해 설명해 준다. 서양 의학에 밀려 침이나 물리 치료를 받거나 보약을 먹을 때만 찾는 한의학이 실은 그런 대접을 받을 게 아니라는 것을 누누이 강조한다.

코스부터 짜자

　　근대문화골목은 쭉 이어진 골목길이 아니다. 말이 골목이지 도로를 건너고 언덕을 오르기도 한다. 지도를 보고 목적지를 잘 찾지 않으면 엉뚱한 데로 가서 헤맬 수 있다. 길에 화살표로 방향 표시가 되어 있지만 놓치기 쉽기 때문에 미리 알아 두는 게 낫다.

　　대구에는 골목 투어 코스가 있다. 경상감영달성길, 근대문화골목, 패션한방길, 삼덕봉산문화길, 남산100년향수길까지 5개 코스이다. 우리가 갈 길은 근대문화골목 코스다. 그 길을 다 걸을 것은 아니다. 약령시한의약박물관을 둘러보고 옛 제일교회, 근대문화체험관 계산예가, 이상화·서상돈 고택, 뽕나무골목, 계산성당, 음악다방 세라비, 3·1만세운동길, 동산 청라언덕까지만 둘러보면 된다. 청라언덕에서 서문시장으로 내려가서 시장을 구경하고 납작만두, 떡볶이, 호떡, 국수 등의 간식거리로 배를 채우자.

add 대구광역시 중구 달구벌대로 415길 49(대구약령시한의약박물관)
access 동대구역 또는 동대구고속버스터미널에 내려 대구지하철 1호선을 타면
2호선과 교차하는 환승역 반월당역까지 20분 정도 걸린다.
open 10:00~18:00(매주 월요일, 1월 1일, 설, 추석 휴관)
fee 무료(일부 체험프로그램 유료)
tel 053-253-4729
homepage dgom.daegu.go.kr/kor

1 대구 근대문화골목 투어는 서상돈고택이 실질적인 출발점이라 할 수 있다.

2 서상돈고택은 대한 제국 말기 일본의 경제적 침략으로부터 주권을 회복하자는 국채 보상 운동을 추진했던 우국지사의 숨결이 배어 있다.

3 일제 강점기를 살며 나라를 잃은 슬픔과 분노를 시로 승화시켰던 이상화의 옛 집

4 근대문화골목길을 다니다 보면 깜찍한 벽화도 만나게 된다.

근대문화골목에서 만나게 되는 것

옛 제일교회나 계산성당은 우리나라에서 보기 드문 유럽 건축 양식이라 첫눈에 들어온다. 건물이 대단하지만 사람 사는 일에는 미치지 못한다. 근대문화골목에는 이상화·서상돈 고택이 있다. 서상돈은 조선 말기 상점 심부름꾼으로 시작하여 당대에 거부가 된 사람이다. 그는 1907년 대한 제국의 운명이 풍전등화와도 같던 시기에 사재를 털어 국채 보상 운동을 펼쳤다. 일본에서 빌린 돈 때문에 나라를 빼앗길 참담한 지경이니 경제 주권부터 찾자는 것이었다. 요즘 어떤 재벌이 이런 일을 할까 싶다. 〈빼앗긴 들에도 봄은 오는가〉를 쓴 이상화 시인은 16세부터 시를 지으며 문단 활동을 시작했다. 그는 다양한 문필 활동을 펼치면서 고국의 독립을 그리다가 1943년 42세의 나이로 세상을 떠났다. 2년 만 더 살았더라면 빼앗겼던 들에 새봄이 오는 것을 볼 수 있었을 텐데 매우 안타깝다.

서상돈 고택에 가기 전에 계산예가가 나온다. 계산예가는 서상돈·이상화고택 등 계산동의 근대역사문화 시설과 역사를 한눈에 볼 수 있는 곳이다. 다음으로 스테인드글라스가 화려한 계산성당으로 가자. 시장에 있으면 흥겹고 성전에 있으면 경건해지는 게 사람이라 절로 마음이 엄숙해진다.

계산성당

세라비 음악다방에서 7080 팝 듣기

계산성당 앞에서 큰 길을 건너면 7080세대의 전설로 불리는 음악다방 세라비가 있다. 음악다방은 디제이가 레코드판에서 음악을 골라 틀어 주는 시스템이었다. 요즘이야 스마트폰으로 음악을 듣지만 그때는 다들 그랬다. 원하는 노래를 들으

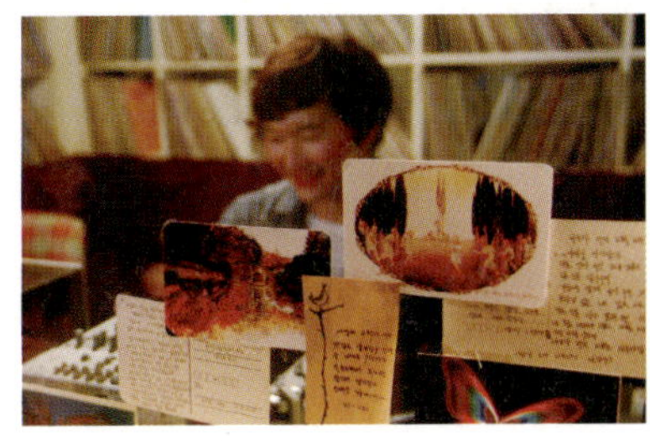

려면 라디오에서 나올 때까지 무작정 기다리거나 방송국에 엽서를 보내 틀어 달라고 졸랐다. 그것도 아니면 음악다방에 찾아가서 비싼 커피를 마시며 신청곡을 써서 디제이에게 주어야 했다. 전축이 명품 가방보다 100배 귀하던 시절의 이야기다.

디제이 부스에 앉아도 보고 지금은 귀한 LP판도 만져 보자. 참! 드라마 〈사랑비〉의 촬영 장소이기도 하다.

add 대구광역시 중구 국채보상로102길 60 근린생활시설
open 10:00~18:00(일요일, 공휴일 휴무)
fee 5,000원(음료 포함)
tel 053-255-8308

Accommodation

다님백패커스

반월당역에서 가까운 홈 스타일의 게스트하우스로 스태프과 손님이 허물없이 지내는 공간이다. 외국인 여행자도 많이 찾는데 매일 저녁이면 다양한 나라에서 온 사람들이 어울리는 모습이 마치 즐거운 파티라도 여는 듯하다. 대구의 맛집과 여행 정보는 여기서 다 얻을 수 있다. 내일러는 5,000원이 할인된다.

add 대구광역시 중구 봉산문화1길 42-31(봉산동)
fee 도미토리 20,000원
tel 010-6713-0053
homepage daeguhostel.com / cafe.lifeistravel.co.kr

청라언덕에 잠든 푸른 눈의 이방인

청라언덕으로 올라가는 길에 좁고 가파른 계단길이 있다. 총 90계단으로, 그 계단 끝에 푸른 담쟁이넝쿨로 뒤덮인 서양식 주택이 세 채 서 있다. 청라는 푸른 담쟁이덩굴이란 뜻이다. 이 예쁜 집들은 1890년대 중반부터 들어와 선교 사업을 하던 선교사들의 집이었다. 이방인들은 이 땅에서 생을 마치고 집 아래쪽 오붓한 묘지에 잠들었다. 선교사들의 집은 이제 동산의료선교박물관으로 쓰인다.

90계단을 올라 선교사 집이 있는 청라언덕을 지나면 신명학교와 계성학교가 있다. 3·1운동 때 학생들은 이 길을 지나 대구 중심가로 향했다. 그래서 이 길을 3·1운동길이라 부른다. 청라언덕을 마지막으로 골목 투어는 끝난다. 선교사의 집 앞에 앉아 쉬며 대구를 내려다보자. 언덕이니 멀리까지 훤히 보인다. 문득 100년 전에 이 길을 오가던 푸른 눈의 선교사, 소녀를 기다리며 초조해 하던 수줍은 소년, 끓어오르는 혈기로 만세를 부르던 젊은 학생들이 모습이 환영처럼 지나간다.

> **· TIP ·**
> 근대문화골목 투어는 바삐 걸으면 1시간 남짓 걸린다. 시간 여유가 된다면 동성로 로데오거리를 돌아보고 시작해도 좋다. 동성로 로데오거리는 대구의 명동이라 부른다. 화려한 패션스트리트이자 카페, 레스토랑이 밀집한 곳이다. 동성로에서 이어지는 길에는 김광석거리가 있다.

계단 꼭대기 언덕 위에서 소년이 소녀를 기다린다. 내성적인 소년은 말 한마디 건네지 못하고 그저 바라만 본다. 소녀는 일본으로 유학을 갔다가 젊은 나이에 세상을 떠났다. 가곡 〈동무생각〉의 스토리다. 짝사랑의 주인공인 박태준이 작곡하고 동료 이은상이 노랫말을 썼다.

서문시장에서 오늘을 사는 사람들

청라언덕에서 내려오면 서문시장이 나온다. 대구읍성 서문에 있어 서문시장이라 불린다. 조선 중기부터 시장이 선, 대구에서 알아주는 재래시장이다. 재래시장을 돌아보고 나면, 신 나는 간식 타임! 시장답게 별별 음식을 다 판다. 국수, 국밥, 순대, 떡볶이, 부침개, 호떡 등 취향에 따라 고를 수 있다. 씨앗호떡과 납작만두가 대구 명물로 떠오르면서 젊은이들 사이에서 부쩍 인기가 높다.

납작만두는 부침개마냥 얇게 편 밀전병 위에 양파와 파, 고춧가루, 당면 등을 넣은 다음 접어서 먹는다. 씨앗호떡은 찹쌀로 반죽하고 해바라기씨와 아몬드, 땅콩이나 호박씨 등을 속에 넣은 호떡이다. 대구 사람들이 손이 커서 그런지 호떡이 크고 두터워 하나만 먹어도 배가 부르다.

add 대구광역시 중구 큰장로26길 45
open 매월 첫째·셋째 일요일 휴무
homepage www.seomun.net

· TIP ·
평화시장 닭똥집골목 VS 안지랑시장 곱창골목
평화시장 닭똥집골목에서는 튀김똥집을 1만 원에 파는데 맛도 좋고 양도 푸짐하다. 동대구역에서 가깝다. 안지랑역 근처에 있는 안지랑시장 곱창골목도 요즘 전국적으로 뜨는 맛집 골목이다.

싸고 맛있는 간식이 가득한 서문시장 음식 골목

군산

1930년대 군산으로
시간 여행하기

군산은 우리나라의 1930년대를 그대로 간직하고 있는 곳이다. 군산은 일제 강
점기 우리 역사의 뼈 아픈 현장이자 일본식 건물들이 어우러진 이색적인 곳이다.
군산내항을 중심으로 구석구석 걷다 보면 어느덧 군산의 시간 속으로 빠져든다.
절대 잊어서는 안 되지만 어느새 잊고 있었던 우리 역사를 군산에서 만나 보자.

• Point •
군산 근대역사박물관에서 인력거 타고 사진 찍기
이성당 단팥빵, 야채빵 먹어 보기

군산내항에서 시작하자

군산은 과거와 현재가 만나는 곳이다. 지도 한 장을 들고 걷다 보면 곳곳에서 1930년대의 흔적들과 마주하게 된다.

군산 여행은 군산내항에서 시작하자. 내항에서 놓치지 말고 보아야 할 것이 바로 부잔교다. 뜬다리라고도 불리는 이 다리는 일제 강점기 때 만들어진 것으로 바닷물이 들고 빠질 때 함께 오르락내리락 움직인다. 조수 간만의 차가 큰 서해에서 쌀 운반을 유용하게 하기 위한 수단으로 지어졌다. 수탈이 최고에 이르렀을 때는 부잔교를 통해 200만 석이 빠져나갔을 정도로 쌀 수탈의 중추적인 통로 역할을 해 왔다. 부잔교는 아픈 역사를 간직한 채 지금까지 사용되고 있다.

내항에는 부잔교 외에도 쌀의 운반을 위해 설치했던 철로의 흔적도 찾아볼 수 있다. 진포해양 테마공원은 근대의 흔적 외에도 퇴역한 군사 장비들이 전시되어 있다.

add 전라북도 군산시 내항2길 32(군산진포해양테마공원)
open 09:00~18:00(매주 월요일 휴무)
fee 군산내항 무료, 진포해양공원 1,000원
tel 063-445-4472

> **·TIP·**
>
> 군산은 대한 제국 때 다른 항구와 더불어 1899년에 개항되어 쌀 수탈의 중심지 역할을 했다. 군산 인근의 쌀 대부분이 이곳을 통해 일본으로 빠져나갔다. 개항이 되면서 수많은 일본인이 이윤을 찾아 군산으로 모여들었다. 특히 군산내항을 중심으로 일본인이 거주하기 시작했고, 거주하는 인구의 절반이 일본인일 정도로 많았다. 그때 지어졌던 건물과 흔적이 지금까지 이어지고 있다.

근대문화거리 둘러보기

내항 주변으로는 구 일본제18은행 군산 지점, 구 조선은행 군산 지점, 구 군산세관 등이 모여 있다. 수탈에 의해 돈이 집중되고 사람이 모여들다 보니 많은 발전이 이루어졌다. 아픈 역사지만 무조건 없애고 외면하는 것은 좋은 방법은 아니다. 실제 역사와 마주하고 되새겨 보는 것도 의미 있다.

구 일본제18은행 군산 지점, 구 조선은행 군산 지점은 최근 복원을 거쳐 미술관과 박물관으로 사용되고 있다. 1993년까지 사용되던 구 군산세관은 본관 건물만 남아 전시관이 되었다. 구 군산세관은 빨간 벽돌로 지어져 독특한 외관을 자랑한다. 역사적으로 주목해야 할 점은 대한 제국의 자본으로 지어진 서양 양식 건물이라는 것이다. 세관 내부로 들어가면 당시 사용되던 물건을 전시하고 있다. 특히 세관에서 압수한 물품들이 눈길을 끈다. 가짜인 티가 확연한 물품도 있고 전문가가 아닌 이상 가짜인지 도통 알 수 없는 물품도 있다.

세관에서는 당시 파티나 연회가 열리기도 했다고 한다. 천장에 달린 화려한 조명들을 통해 그때의 흔적을 찾아볼 수 있다.

1 우리의 자본으로 지어진 최초의 서양 건물 구 군산세관
2 문턱이 닳을 정도로 많은 사람이 오고 간 흔적

안녕하세요, 1930년!

구 군산세관 앞에는 녹색 지붕의 군산 근대역사박물관이 있다. 유물만 전시된 박물관이 아니라 조금은 특별한 전시가 기다리고 있다. 입장료가 있다고 그냥 지나치지 말고 꼭 들러 보자. 군산 통합권을 구매하면 저렴하게 관람할 수 있다.

근대역사박물관은 역사적인 배경에서부터 서민들의 생활상까지 군산에 대해 가장 잘 설명해 주는 곳이다. 1층은 해양물류역사관으로 항구 도시인 군산의 이모저모를 살필 수 있다. 3층 근대생활관에서는 1930년대 군산의 거리를 생생하게 느낄 수 있도록 재현하고 있어 박물관에서 가장 인기가 많다. 당시 군산의 핫플레이스였던 영동상가가 화려하게 펼쳐진다. 웬만한 물건은 다 있는 잡화점, 고무신이 줄지어 있는 형제고무신방, 야마구찌소주방까지 군산 거리의 모습이 고스란히 담겨 있다.

드라마 속에서 보던 인력거 체험을 할 수도 있고, 내항에서 보았던 부잔교나 쌀을 수탈하던 현장도 전시되어 있다. 그 외에도 군산극장과 영명학교 등이 있다. 책이나 사진으로만 접해 막연하고 멀게만 느껴졌던 1930년대를 생생하게 느낄 수 있다.

add 전라북도 군산시 해망로 240
open 하절기 09:00~18:00, 동절기 09:00~17:00
fee 2,000원
tel 036-454-7870
homepage museum.gunsan.go

1930년대 군산을 만날 수 있는
군산 근대역사박물관

일본 불교가 들어오며 지어진 동국사

유일한 일본식 사찰, 동국사

동국사는 우리나라에 유일하게 남아 있는 일본식 사찰로 일제 강점기에 일본 불교가 들어오면서 지어졌다. 군산 외에도 일본식 사찰이 여러 곳 있었지만 모두 사라지고 현재 동국사만 남아 있다. 동국사로 들어서면 일본에 온 것 같은 착각이 들 정도로 일본 분위기가 물씬 난다. 대웅전은 1913년에 완성되었고, 바닥에는 다다미가 깔려 있다. 일본식 사찰의 특징은 대웅전 외에도 일본식 종과 그 주변에 놓인 십이지상에서도 볼 수 있다. 일제 강점기 때는 금강사로 불렸으나 해방이 되면서 김남곡 스님에 의해 동국사라고 부르게 되었다. 일본식 절과 한국식 불교가 공존하고 있어 묘한 느낌을 풍긴다.

add 전라북도 군산시 동국사길 16
tel 063-462-5366
homepage www.dongguksa.or.kr

일본식 가정집, 히로쓰가옥

신흥동의 골목길을 걷다 보면 유독 붉은 담장이 눈에 띈다. 담장이 높아 밖에서는 어떤 집인지 알기 힘들다. 대문을 살짝 열고 들어서면 감춰졌던 일본식 건물이 나타난다. 미곡 유통을 하던 히로쓰 씨가 살던 집으로 일제 강점기 때 지어져 지금까지 남아 있다. 2층으로 된 집과 정원이 멋지다. 히로쓰가옥은 내부가 공개되어 있다. 삐걱삐걱 소리가 나는 나무 복도를 따라 가며 유리창 너머로 정원도 함께 감상할 수 있다. 복도의 한쪽 면은 커다란 유리창으로 만들어졌다. 꺾어지는 복도를 따라 2층으로 올라가면 '영화 〈타짜〉의 배경입니다.'라는 문구가 있는 다다미방이 나온다. 고니의 스승이었던 평 경장의 집으로 나온 곳이 바로 히로쓰가옥이다. 〈타짜〉 외에도 〈바람의 파이터〉를 비롯한 여러 영화에 등장했다. 한옥이 창을 통해

복도식으로 이루어진 히로쓰가옥

1-2 히로쓰가옥에서 만날 수 있는 일본식 정원
3 영화 〈타짜〉, 〈바람의 파이터〉 등의 영화 촬영지였던 다다미방

바깥 풍경을 집 안으로 끌어들이는 것처럼 히로쓰가옥도 복도에 넓은 창을 두어 정원을 볼 수 있게 만들었다. 일본식 정원의 아기자기한 멋을 히로쓰가옥에서 느낄 수 있다.

add 전라북도 군산시 구영1길 17
open 하절기 10:00~18:00,
동절기 10:00~17:00(매주 월요일 휴관)
fee 무료
tel 063-454-3274(군산시 문화예술과)

 **Must-eat**

이성당

이성당 빵집은 멀리서 일부러 찾아올 정도로 인기가 많다. 1945년에 시작해서 지금까지 이어 온 역사가 깊은 빵집이다. 단팥빵과 야채빵은 이성당의 간판 스타다. 웬만큼 발 빠르지 않으면 맛보기가 쉽지 않다. 나오자 마자 팔려 빈 바구니만 놓여 있을 때가 많다. 단팥빵과 야채빵 외에도 다양한 빵들이 가득하다. 커피, 간단한 식사류도 팔고 있다.

add 전라북도 군산시 중앙로 177
open 08:00~22:00(휴일 유동적)
menu 단팥빵 1,300원, 야채빵 1,500원
tel 063-445-2772

빈해원

일본식 건물이 많은 군산 거리에 중국풍의 외관을 한 곳이 있다. 1950년대에 지어진 중국 요리집이다. 주인 아주머니와 아저씨가 중국인이다. 2층으로 이루어져 있는데 가운데가 뚫려 있어 2층의 복도에서 1층까지 훤히 내려다볼 수 있다. 음식이 자극적이지 않고 순한 편이다.

add 전라북도 군산시 동령길 57
open 10:30~21:00(명절 휴무)
menu 짜장면 5,000원, 짬뽕 6,000원, 삼선볶음밥 7,000원
tel 063-445-2429

 **Accommodation**

고우당

군산 근대문화거리에서 가까운 게스트하우스이다. 일제 시대 건물이었던 곳으로 새로운 숙박 공간으로 탈바꿈하였다.

add 전라북도 군산시 구영6길 13
fee 2인실 30,000~40,000원, 5인실 90,000~126,000원, 8인실 162,000원(주말 요금 별도)
tel 063-443-1042
homepage www.gowoodang.com

나비잠

히로쓰가옥에서 가까운 게스트하우스다. 군산 근대문화거리를 둘러보기 좋다.

add 전라북도 군산시 구영3길 34-2
fee 도미토리 20,000원(주말25,000원), 2인실 50,000원(주말60,000원)
tel 010-8436-8810
homepage cafe.naver.com/gunsannabijam

하동
—

섬진강 따라
느릿느릿 걷기

섬진강의 봄은 포근하고 가을은 화려하다. 봄·가을에 하동 섬진강을 따라 걸어 보자. 길가에 꽃은 피어나고 들은 풍요롭다. 강은 느릿느릿 바다로 가고 어부의 손길은 한가롭다. 이 땅의 아름다움을 온전히 누리는 길이다. 하동읍에서 목도마을까지는 약 5.5km로, 천천히 걸어도 3시간이다.

· Point ·
하동공원 언덕에 앉아 유유히 흐르는 섬진강 바라보고 재첩국 먹어 보기

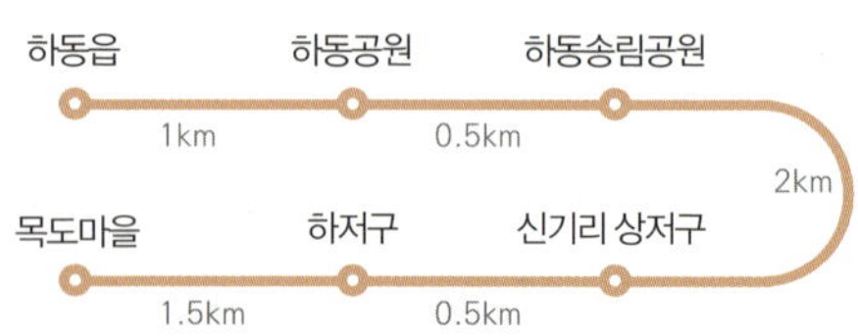

하동과 섬진강을 한눈에!

하동읍에 내려서 섬진강 쪽으로 걸어가면 하동공원 올라가는 길이 나온다. 충분히 걸어갈 만한 거리다. 올라가는 길이 좀 가파르기는 한데 그만한 보상을 충분히 누릴 수 있다. 언덕 꼭대기에 위치한 공원에서 하동과 섬진강이 한눈에 보인다.

서쪽을 보면 멀리 구례에서 느릿느릿 흘러온 섬진강이 언덕 아래를 지나 바다로 간다. 멀리 진안 장수에서 발원한 강은 지리산 옆을 돌아서 왔다. 바다가 가까워지며 강은 여유를 얻는다. 물살은 잔잔하고 강폭은 넓다.

남쪽을 보면 하동읍과 너뱅이들이 내다보인다. 봄이면 여린 녹빛이 포근하게 덮고 가을에는 벼가 익어 황금빛으로 물든다. 하동읍과 너뱅이들은 철길 주위를 경계로 뚜렷이 나뉘어 확실히 구분된다.

공원 자체의 조경도 예쁘다. 언덕 곳곳에 있는 나무 의자에 앉아 한 시간이고 두 시간이고 정담을 나누기에 딱이다. 참! 먹을 걸 빠뜨릴 수 없지. 읍에서 미리 군것질거리와 물을 사 가지고 가자.

add 경상남도 하동군 하동읍 읍내리 1424
access 하동터미널이나 하동역에서 섬진강쪽으로 걸어가면 언덕 위에 하동공원이 있다.

구례를 지나 하동으로 들어온 섬진강은 광양에서 바다로 흘러간다.

섬진강가에서 놀기

하동공원 언덕 아래로 도로가 지난다. 공원에서 구름다리를 건너면, 도로를 지나지 않고 바로 건너편의 섬진강변으로 내려갈 수 있다. 3백 년 된 소나무들이 우거진 강가라서 하동송림공원이라 부른다.

바닷가에는 소나무들이 숲을 이룬 곳이 많지만 강가에서 이만한 송림을 보기는 쉽지 않다. 솔밭으로 들어가면 그윽한 솔향과 시원한 바람이 반겨 준다. 하동 사람들의 산책로답게 곳곳에 정자와 체육 시설이 있다. 매점도 있으니 따뜻한 커피를 한잔하며 정자에 앉아 쉬자. 앞으로 두어 시간 걸을 테니까 말이다.

섬진강은 너른 백사장을 지녔다. 중국 소상팔경 가운데 하나가 '평사낙안(平沙落雁)'이다. 강가의 너른 백사장에 기러기가 내려앉는 모습을 가리키는 말로, 동양화의 단골 주제이다. 하동송림공원에서 평사낙안의 실제 모습을 볼 수 있다. 아래쪽으로 하동과 광양을 잇는 다리가 보인다.

add 경상남도 하동군 하동읍 섬진강대로 2107-8
tel 055-880-2377

1 섬진강변에 위치한 하동송림공원에서는 잘 가꿔진 산책로와 정자를 만날 수 있다.
2 강가의 모래는 희고 소나무는 푸르다. 하동송림공원의 명성을 이룬 소나무들이다.

재첩 잡는 배를 따라 바다로 간다

섬진강은 하동송림공원 앞을 지나며 몸을 불려 큰 강의 모습을 완연하게 갖춘다. 하동송림공원에서 강 하구 쪽을 보면 강이 휘어지는 곳에 작은 마을이 보인다. 바로 재첩마을이다. 하동에서 이름난 별미가 재첩국과 참게장이다. 강 복판에 재첩을 잡는 배들이 오간다.

하동송림공원에서 재첩마을까지 강을 따라 산책로가 나 있다. 천천히 강을 따라 가는 길은 30분이면 충분하다. 재첩마을의 다른 지명은 신기리 상저구이고, 그 아래쪽 마을은 하저구이다. 예전에는 이쯤에서 민물과 바닷물이 어울리고 재첩이 풍성하게 났다. 지금은 아래쪽에서 내려온 토사가 쌓여 항구도 기능을 잃고 재첩도 예전만 못하다. 예전에는 강을 뒤덮을 만큼 배들이 떠서 재첩을 잡았는데 지금은 한두 척 오가는 걸 볼 수 있다.

너뱅이들 너머 목도마을까지

섬진강은 하동읍 너뱅이들 옆을 지난다. 너뱅이들은 넓은 벌이라는 뜻이다. 하동에서 가장 넓은 들이자 가을이면 황금빛으로 물드는 풍요로운 땅이다. 너뱅이들은 섬진강의 선물이다. 오랜 세월 섬진강에 실려온 토사가 쌓여 이룬 들이다.

목도마을은 너뱅이들 너머 야트막한 산들 사이에 있다. 섬진강을 따라서 난 제방을 지나면 산 밑으로 오솔길이 나 있다. 오솔길을 따라 30분 정도 걸으면 하저구를 지나 삼거리로 나뉘는 도로와 만난다. 삼거리에서 왼쪽으로 가면 목도마을에 이른다. 마을 입구에 버스정류장이 있는데 차 시간이 맞지 않을 수 있다. 택시를 부르면 10분이면 온다. 하동읍까지는 약 10분 걸리며 요금은 7,000원 내외다.

목도마을에서 마을과 들길을 따라 하동읍으로 돌아올 수도 있다. 역시 약 4km 거리를 한 시간 남짓 정도 걷는데 하동의 들과 마을의 정취를 느낄 수 있는 길이다.

하동공원에서 너뱅이들을 한눈에 내려다볼 수 있다.

재첩국 한 그릇?

재첩마을에도 하동읍에도 재첩국을 파는 식당이 많이 있다. 입맛에 맞지 않은 사람이라면 '이 멀건 소금국 같은 걸 왜 별미라고 하지?' 하고 고개를 기우뚱할 것이다. 어쨌거나 하동의 별미라니 재첩국백반을 먹어 보자. 하동읍에서는 여여식당이 유명하다. 솔직히 재첩국 맛은 어느 집이나 비슷하다. 더불어 나오는 반찬들이 승패를 가름한다. 여여식당은 찬이 푸짐하고 깔끔한 편이다. 식사를 하고 나서 기차 시간을 살펴가며 하동읍 여기저기를 배회하자.

add 경상남도 하동군 하동읍 부두길 10(재첩마을회관)
access 하동송림공원에서 강을 따라 30분 정도 걸으면 재첩마을이 나온다.

 **Must-eat**

여여식당

제첩국과 함께 나오는 반찬이 정갈하다.
하동읍에서 가장 소문난 식당이다.

add 경상남도 하동군 하동읍 경서대로 92
menu 재첩국백반 8,000원
tel 055-884-0080

하동, 어디까지 가 봤니?

하동은 은근히 가 볼 곳이 많다. 산골이라 길이 외갈래로 이리저리 나 있어 자동차로 다닌다 해도 1박 2일로는 어림없다. 노량항 등 남쪽 바닷가 쪽은 제쳐 두고 하동읍 위쪽부터 살펴보자.

산과 바다, 들의 산물이 모인다는 화개장터

화개장터는 남해에서 올라온 해산물, 지리산에서 내려온 산채와 약초, 구례와 하동의 들에서 자란 곡식이 모두 모이는 곳이다. 지금은 약재시장처럼 보일 정도로 갖가지 약재로 가득하다. 장터 옆에 천막 식당이 줄지어 있으니 군것질 삼을 것들이 있나 둘러보자.

add 경상남도 하동군 화개면 쌍계로 15
tel 055-880-2383(하동군청)

쌍계사 템플스테이

신라 시대 때 세운 천년 고찰 쌍계사는 울창한 나무와 갖가지 꽃들로 사시사철 아름답다. 전각의 배치와 구조도 아기자기하다. 쌍계사 템플스테이는 휴식형과 문화 체험형이 있는데, 대체로 자율에 맡기는 시간이 많다. 첫날 오후 3시에 들어가서 다음 날 점심을 먹고 나오는 일정인데, 그 안에 지리산 불일폭포를 다녀오는 시간이 있다. 산 정상 부근의 높은 벼랑에서 떨어지는 거대한 폭포는 눈과 귀를 압도한다. 폭포 가기 전에 있는 불일암은 세상 밖에 속한 듯하다.

add 경상남도 하동군 화개면 운수리 208
fee 템플스테이 50,000 원
tel 055-883-1901
homepage www.ssanggyesa.net

청학동

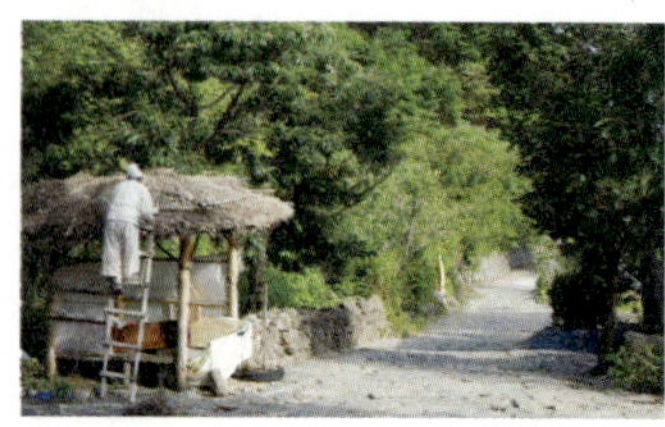

청학동이 널리 알려지기 시작하면서 곳곳에 청소년들을 대상으로 전통 예절과 천자문 등을 가르치는 학당들이 즐비하게 생겼다. 문화가 유입되면서 상투 트는 사람도 줄었고, 집들도 단장하여 산꼭대기 마을 같은 느낌이 사라졌다. 그래도 여전히 마을 어르신들은 예전 문화를 그대로 지키면서 살아가고 있다.

add 경상남도 하동군 청암면 청학로

삼성궁

삼성궁은 우리나라 도맥을 잇는다고 자부하는 곳이다. 청학동에서 그리 멀지 않지만 걸어서 가려면 1시간은 잡아야 한다. 산봉우리 바로 아래 터를 잡았는데 입구 매표소 옆에 미술관과 갤러리 등이 있다. 삼성궁은 매표소에서 산자락을 건너가면 바로 나온다. 방공호같이 생긴 돌문을 지나면 온통 돌 천지다. 어디서 이 많은 돌을 가져다 쌓았을까 신기할 정도로 수많은 돌탑과 돌담이 눈에 들어온다. 돌담을 따라 천천히 걷다 보면 가운데 환인, 환웅, 단군 등을 모시는 전각이 나온다.

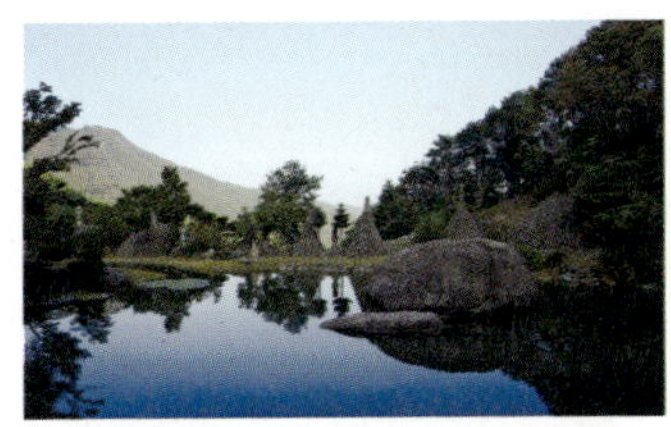

add 경상남도 하동군 청암면 묵계리(삼성궁)
tel 055-884-1279
homepage www.bdsj.or.kr

최참판댁

하동 여행에서 《토지》의 무대인 평사리 최참판댁을 빼놓을 수 없다. 최참판댁 언덕 아래로 펼쳐지는 악양들과 동정호의 이름이 왠지 중국스럽다고 생각했다면 제대로 짚었다. 나당 연합으로 백제를 무너뜨린 당나라 장수 소정방이 이곳을 지나며 자기네 나라 악양과 동정호를 닮았다고 그렇게 이름 붙였다. 산천이 아름다우면 아름다운 거지 왜 자기네 땅 이름을 붙였을까? 속내가 의심스럽다.

최참판댁 마을은 박경리 선생의 소설 《토지》의 무대이다. 사실 소설 속 마을은 가상의 공간이다. 대하 드라마로 제작되는 등 소설이 유명해지자 소설 속에 등장하는 배경을 그대로 옮겨 마을을 이뤘다. 마을 위쪽에 한옥 체험관이 있는데, 젊은 여행자들이 하루 묵어가기에 좋다.

add 경상남도 하동군 악양면 평사리길 66-7
open 09:00~18:00
fee 1,000원
tel 055-880-2654
homepage cafe.daum.net/noveltoji(평사리문학관)

부안

모터보트 타고
수평선 질주하기

채석강을 제대로 감상하려면 모터보트를 타야 한다. 신나는 음악과 함께 바다 위를 폭풍 질주하는 스릴을 체험해 보자. 곰소항과 곰소염전 그리고 내소사 전나무 숲길까지 걷는다면 부안의 느낌을 깊이 알 수 있다.

· Point ·
채석강에서 모터보트 타기
내소사 전나무 숲길 걷기

채석강에 쌓인 시간을 느껴 보자

부안 격포항에 내리면 바로 채석강이 나온다. 촌스럽게 '강이 어딨지?' 하고 두리번거리면 안 된다. 격포항 옆에 있는 닭이봉 절벽 아래 암반대를 채석강이라 부른다. 강도 아닌데 왜 채석강이라 부르느냐고? 그건 중국의 시선이라 불리는 이태백 때문이다. 이태백이 달밤에 채석강이라는 데서 배를 타고 술을 마시다가 달빛 푸른 물과 기암절벽이 아름다워 물에 풍덩 뛰어들었다. 세상을 떠나는 방법도 참 가지가지다. 아무튼 그 채석강 절벽이 격포항 절벽과 비슷하다 하여 채석강이라 부른다.

절벽은 층층이 쌓인 퇴적암으로 마치 책을 쌓아 둔 것 같다. 채석강에서 보는 노을은 여느 바다와 다르다. 절벽 지층의 연원이 중생대로 올라간다. 약 1억 8천만 년 전으로 공룡이 활개 치던 시대다. 1천만 년만 생각해도 까마득한데 자그마치 1억 8천만 년 전이다. 우리는 길어야 100년 남짓 사는 개미 같은 삶에 불과한데 도무지 상상하기 힘든 시간이다. 비록 짧은 생이라도 열심히 돌아다녀야 하고 먹을 건 또 먹고 다녀야 한다. 격포항에 바지락칼국수나 바지락죽을 하는 집들이 많으니 꼭 한번 먹어 보자.

add 전라북도 부안군 변산면 격포리
access 부안터미널에서 격포행 버스를 타고 격포항에서 하차
tel 063-582-7808(변산반도 국립공원 사무소)

1 수억 년 쌓인 퇴적암이 책을 쌓아 놓은 듯 켜켜이 쌓인 채석강 해안 절벽
2 격포항과 채석강은 바로 붙어 있다. 민박집과 편의시설이 몰려 있으니 여기를 베이스캠프로 삼으면 된다.

채석강 모터보트 타기

채석강은 바다로 튀어 나간 절벽이다. 한쪽에 격포항이 있고 반대편에 해변과 대명리조트 등 호텔과 식당이 몰려 있다. 그곳에 가면 모터포트 선착장이 눈에 들어온다. 하나같이 트로트를 틀고 질주하는 것은 좀 이상하지만 어쨌거나 달리다 급커브를 틀기도 하고 파도 위를 뛰어넘기도 하는 등 달리는 재미가 크다. 카메라를 꺼냈다가는 바다에 빠뜨릴 수 있으니 조심하자. 바다 어디쯤 가면 속도를 멈추고 사진 찍을 시간을 준다. 시간과 코스에 따라 요금이 다른데 대개 채석강과 적벽강, 사자바위 등을 보고 돌아온다.

바닷가 절벽이나 바위마다 이름이 있는데 그 이름이 왜 붙었는지 알려면 바다 쪽에서 봐야 한다. 대개 뱃사람들이 바위 이름을 붙이기 때문이다. 육지에서는 아무리 봐도 왜 사자바위라 부르는지 모르는데 바다에서 보면 영락없이 바다를 향하여 웅크린 사자같이 보인다.

모터보트는 아쉽지만 잠깐만에 끝난다. 모터보트를 다 타고 나서는 수성당에 올라가자. 칠산바다를 다스리는 계양할미와 여덟 명의 딸에게 치성을 드리는 당집이다. 격포 어민들은 매년 음력 정월 초사흗날 정성스레 치성을 드린다. 막막한 바닷길을 돌봐 달라는 마음에서다. 수성당에 오르면 격포항과 바다가 한눈에 들어온다. 수성당 아래쪽에서 해안 절벽의 또 다른 모습을 볼 수 있다.

1 바다 위의 무법자 모터보트
2 바다를 지키는 계양할미와 딸들에게 치성을 드리는 수성당

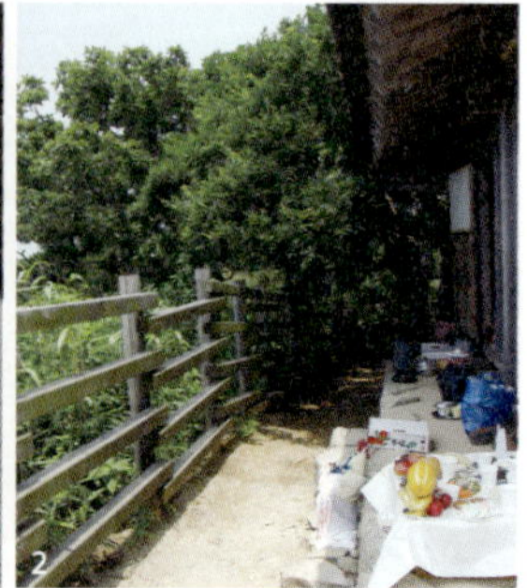

방파제에서 회 먹기

부안은 이왕이면 보름달이 뜨는 날에 찾아가자. 잠은 격포항에서 자면 된다. 민박집들도 각 방마다 욕실을 갖추고 있다. 식당도 많아 걱정할 필요가 없다. 점심은 바지락칼국수가 무난하고 저녁은 격포항 회센터가 제격이다. 격포항은 자연산 회를 취급하는 집이 많아 대체로 횟값이 비싼 편이다. 회센터는 시장 같은 형태라서 먹고 싶은 것만 골라서 먹을 수 있다. 그런데 사람들이 많으면 좀 시끄러운 편이다. 그럴 때는 회를 싸 달라고 하자.

방파제에서 두둥실 뜬 보름달을 보면서 먹으면 된다. 달빛 아래 수천만 년 층층이 쌓인 퇴적암이 빛을 발한다. 달빛 가득한 바다를 바라보며 너도 한 잔, 나도 한 잔, 파도가 밀려오니 한 잔, 다시 밀려가니 또 한 잔.

격포항과 채석강 사이로 난 등대 길을 따라 가면 벤치가 있다. 바로 옆이 채석강이다.

곰소항과 곰소염전 둘러보기

격포항에서 버스를 타고 곰소항으로 가면 비릿하면서도 짠 내가 확 풍긴다. 곰소는 젓갈로 유명하다. 곰소항 젓갈시장은 전국에서 사람들이 찾는 곳이다. 이 많은 젓갈을 누가 다 먹는지 궁금할 정도로 집집마다 젓갈이 드럼통으로 가득하다.

시장 골목을 둘러보고 젓갈백반을 먹으러 가자. 열 가지가 넘는 갖가지 젓갈 반찬이 나온다. 젓갈백반 집을 찾을 때 주의사항이 있다. 솔직히 젓갈은 짜다. 아무리 가짓수를 많이 줘도 다 먹지 못한다. 그래서 곁들여 나오는 다른 반찬이 무지 중요하다. 시장 골목길에 있는 자매식당은 국과 생선, 해산물 반찬이 풍성해 추천한다.

곰소항 뒤편에 곰소염전이 있다. 염전이 있는 곳까지 한 20분 걸어야 한다. 시간 맞으면 버스를 타고, 그렇지 않다면 슬슬 걸어가자. 곰소항 젓갈시장이 번성할 수 있었던 이유는 가까운 곳에 염전이 있었기 때문이다. 드넓은 들에 가로세로 줄 그은 바둑판 모양의 염전이 있다. 직접 볼 때는 별 감흥이 나지 않는데 사진을 찍으면 꽤 멋있게 나온다. 사진 촬영을 많이 하러 오기 시작하면서 허름했던 소금 창고가 깔끔하게 새단장했다.

add 전라북도 부안군 진서면 곰소리

• TIP • 젓갈백반

이건 뭘로 담근 거지? 아무리 봐도 모른다. 생선 종류도 가지가지인 데다 통째로 담그는 것도 있고 아가미, 창자, 지느러미같이 부위 별로 담그는 것도 있다. 설명을 들어도 죄다 빨간색이라 잠시 후면 또 구분이 안 간다. 어쨌든 젓갈은 참 묘하다. 다 짠데 제각기 맛이 조금씩 다르다.

내소사 전나무 숲길

내소사까지는 그리 멀지 않다. 버스를 타는 시간은 25분인데 버스정류장까지 걷고 내려서 또 걷고 하다 보면 1시간 남짓 걸린다. 차 시간을 잘 맞출 경우에만 25분이 걸린다는 말이다. 택시를 타면 10분이면 간다. 택시비는 7~8,000원 정도 나오는데 버스보다 시간 대비 훨씬 낫다.

내소사는 백제 무왕 때 세운 사찰이다. 서기 633년, 우리나라 사찰은 목조 건물이었다. 대부분의 절이 전쟁이 나거나 큰 불로 타 버리면 다시 짓고, 타면 또 짓고 하면서 이제까지 명맥을 이어 왔다. 내소사 역시 마찬가지다. 임진왜란 때 거의 다 타 버린 절을 조선 인조 때 다시 지었다. 이렇듯 절 전체를 다시 짓는 것을 중창불사라 한다.

내소사는 일주문을 지나 절에까지 가는 울창한 전나무 숲길로 유명하다. 쭉쭉 뻗은 아름드리 전나무 숲길은 여름에는 서늘하고 겨울에는 포근한 느낌을 준다. 내소사에 가면 빼놓지 않고 사진으로 담아야 할 것이 대웅보전의 꽃문살이다. 내소사 대웅전 꽃살은 사찰 장식 중에 가장 아름답다고 소문나 있다. 카메라에 담아 두었다가 다른 절에 갔을 때 정말 그런가 비교해 보자.

add 전라북도 부안군 진서면 내소사로 243
access 부안터미널에서 내소사행 군내버스를 타고 내소사에서 하차
tel 063-581-3082
homepage www.naesosa.org

변산마실길

　　부안군 변산반도를 따라 쭈욱 낸 길을 변산마실길이라 부른다. 모두 4구간 8코스로 다 걸으려면 며칠이 걸릴 만큼 길다. 그중에 사람들이 가장 많이 찾는 길이 1구간 3코스 성천마을에서 격포항까지 가는 '적벽강 노을길'이다. 격포항까지 가서 버스를 타고 성천마을로 갔다가 걸어서 되돌아오는 것으로 계획을 짜자.

　　약 8.6km 되는데 '얼마 안 되네?'라고 생각하면 오산이다. 해안 절벽을 따라 오르락내리락하며 바다쪽으로 나갔다 들어왔다 하는 길이기 때문에 시간이 꽤 걸린다. 경치 좋은 바닷가에서 놀기도 해야 하니까 넉넉잡아 5시간 정도 걸린다.

tel 063-580-4382(부안군 환경녹지과)
homepage www.buan.go.kr

부안, 어디까지 가 봤니?

겨울 변산바다는 어때?

바닷가 여행 하면 보통 여름을 떠올리는데 부안 변산은 겨울도 좋다. 변산해변과 내소사는 겨울 풍광이 더욱 아름답다. 채석강 등도 사람이 많지 않아 오히려 한적하게 노닐 수 있다. 눈이 많은 고장이라 여행길이 팍팍하기는 하지만 고생한 여행이 오래도록 기억에 남는다.

add 전라북도 부안군 변산면 대항리 567
access 격포터미널에서 변산해변행 버스가 많다. 약 30분 소요
tel 063-580-4740

바다를 가로지르는 새만금길 달려 볼까?

새만금은 군산과 부안을 잇는 세계 최장의 방조제다. 만경평야와 금진평야의 앞글자를 따서 이름을 지었다. 바다 한가운데 떠 있던 신시도는 새만금방조제로 인하여 졸지에 육지 비슷한 것이 되어 버렸다. 새만금길은 바다를 가로지르는 만큼 길이 직선도로로 쭉 뻗었다. 우리나라에 이렇게 쭉 뻗은 길은 다시 없다. 자동차가 있다면 한번 달려 볼 만한 추천 도로다.

add 전라북도 군산시 옥도면 신시도리
tel 063-445-5735
homepage www.saemankum.go.kr

자동차로 긴디면 꼭 달려 볼 코스가 새만금길이다. 쭉 뻗은 길은 보기만 해도 시원하다.

강릉

커피 한 잔 들고
맨발로 백사장 걷기

마음이 답답해져 어디론가 훌쩍 떠나고 싶을 때가 있다. 그럴 때면 강릉으로 가자. 바다만큼 좋은 해열제도 없다. 감기에 쉬는 것이 가장 좋은 약이듯, 마음의 감기에도 쉬는 시간이 필요하다. 느리게 여행하며 그 시간을 흘려보내는 것이 가장 좋은 위로가 된다. 파도에 마음을 식히고, 커피 한잔에 깊은 위로를 받아 보자.

꼭 챙기자!

운동화, 카메라, 여유로운 시간

·Point·
바다를 바라보며 커피 한 잔 즐기기
강릉 바우길 걷기

바다와 커피의 환상적인 만남

안목해변 입구에 도착하면 파도 소리가 가장 먼저 반긴다. 안목해변은 파도가 아름답기로 소문난 곳이다. 이때 그냥 눈으로만 감상하지 말고 신발을 벗고 모래사장을 걸어 보자. 철썩이는 파도와 부드러운 모래의 촉감이 고스란히 전해진다. 안목해변에서 경포해변 쪽으로 이어지는 풍경도 놓치지 말자. 넘실대는 파도가 몰려오는 해안선의 모습이 한 폭의 그림에 가깝다.

강릉에서 안목해변만큼 유명한 것이 바로 커피다. 주목할 만한 것은 핸드드립으로 마시는 커피에서부터 자판기 커피까지 선택의 폭이 넓다는 점이다. 안목해변에는 해변을 따라 많은 커피숍이 있다. 그래서 안목해변의 또 다른 이름이 강릉커피거리다. 그러나 거창한 커피거리를 생각하고 찾는다면 실망하게 될지도 모른다. 멋진 카페로만 이루어진 거리가 아니라 횟집과 묘한 조화를 이루고 있는 게 강릉커피거리의 매력이니까.

add 강원도 강릉시 창해로14번길 20-1
access 강릉터미널 앞 정류장에서 201-1, 303-1, 302번 동해상사시내버스 탑승 후 종점에서 하차(같은 번호의 시내버스라도 동해상사가 아니면 안목해변으로 가지 않는다.) / 강릉터미널 앞 정류장에서 206, 202-1번 시내버스를 타고 신영극장 제2승강장에서 하차, 신영극장 제1승강장에서 300, 223, 222번 버스로 환승하고 안목버스 종점에서 하차
tel 033-660-3887(송정동 주민센터)
homepage www.coffeefestival.net

안목해변에서 자판기 커피 마시기

처음부터 안목해변에 카페가 많았던 것은 아니다. 그 첫 시작은 자판기 커피였다. 자판기 커피가 이 거리의 터줏대감인 셈이다. 한때 자판기의 숫자가 30대를 넘었을 정도였다니 그 인기가 짐작된다. 지금은 거의 대부분 사라지고 안목해변 입구 쪽에서만 간간이 만나 볼 수 있다. 안목해변 자판기 커피의 특징은 자판기마다 다른 맛의 커피를 맛볼 수 있다는 점이다. 자판기 커피 한 잔도 커피, 설탕, 프림의 비율에 따라 맛이 달라진다. 자판기마다 맛있는 비율을 찾아서 최고의 커피를 만들어 낸다. 커피 맛도 맛이지만 자판기 메뉴도 개성 넘친다. '헤즐넛 커피'에서부터 '맛있는 율무차', '더 맛있는 율무차', '검은콩 음료'까지 있으니 고르는 재미가 있다.

커피 한 잔을 뽑아 돌아서면 멋진 해변이 기다린다. 모래사장이 테이블이자 의자니 최고의 노천카페가 된다. 자판기 커피는 커피숍과 달리 24시간 영업 중이니 언제 어느 시간에 찾아도 마실 수 있다.

> **· TIP ·**
> 자판기 커피를 마시기 전에 살살 돌려 가며 아래쪽에 가라앉은 커피, 프림, 설탕을 섞어 먹는 것이 포인트이다. 푸른 바다를 바라보며 종이컵을 기울이자.

 ## 카페에서 즐기는 커피 한 잔의 여유로움

달달한 자판기 커피를 마셨으니 아늑한 카페로 자리를 옮겨 보자. 그러나 안목해변을 따라 줄지어 있는 카페 중 한 곳을 선택하는 것은 쉽지 않은 일이다. 굵직굵직한 커피 체인점에서부터 작은 카페까지 다양하다. 해안선을 따라 카페들이 위치하고 있어 대부분 카페 안에서 바다를 볼 수 있다. 전망 좋은 곳에 자리를 잡고 여유롭게 커피 한잔을 즐겨 보자. 여기저기 다니며 많은 것을 보는 것도 좋지만 천천히 풍경에 물드는 시간을 보내는 것도 좋은 여행이다. 안목해변에서는 커피의 여유로움과 아름다운 바다가 함께 있으니 일석이조다. 바다를 보며 한 모금, 시간을 즐기며 한 모금.

Hot place-café

산토리니

하얀 외관이 그리스 산토리니의 모습과 닮았다. 인기가 많은 곳으로 다양한 커피와 음료를 맛볼 수 있다.

add 강원도 강릉시 경강로 2667(견소동)
open 08:30~24:00
menu 아메리카노 4,000원, 카페라떼 4,500원
tel 033-653-0931

AM BREAD & COFFEE

빵과 함께 커피를 즐길 수 있는 카페다. 시원하게 뚫린 통유리를 통해 안목해변을 볼 수 있다.

add 강원도 강릉시 창해로14번길 24
open 09:00~24:00
menu 아메리카노 4,000원, 카페라떼 4,800원
tel 033-655-2200

KIKRUS COFFEE

새벽을 달려온 사람들을 위해 아침 일찍 문을 여는 곳이다. 바다의 푸르름과 더불어 향긋한 커피를 즐길 수 있다. 특히 연탄 모양으로 만들어진 연탄빵은 많은 사랑을 받고 있다.

add 강원도 강릉시 창해로14번길 48-1
open 07:00~24:00
menu 아메리카노 4,000원, 카페라떼 4,500원, 연탄빵 8,000원
tel 033-653-6004

1 솔향기 진한 해송길
2 강문솟대다리를 건너면 경포대해변으로 이어진다.
3 솔숲뿐만 아니라 푸른 바다도 마음껏 즐길 수 있다.

향긋한 솔숲과 시원한 바다를 보며 걷자

안목해변에서 강문해변까지 해안길을 따라 아름드리 해송이 숲을 이루고 있다. 안목해변에서 출발해 송정해변, 강문해변까지 가는 코스로 소나무 숲과 강릉 바다를 마음껏 즐길 수 있다. 강릉 바우길 5코스이며, 부산의 오륙도에서 강원도 고성군 통일전망대를 잇는 해파랑길 39코스이기도 하다. 드라이브도 좋지만 꼭 걸어야 한다. 그래야 이 길을 제대로 느낄 수 있다.

안목해변에서 강문해변까지는 3.5km로 1시간이 채 걸리지 않아 부담스럽지 않다. 풍경을 곁에 두고 타박타박 걷는 즐거움을 만끽하자. 울창한 솔숲과 바닷바람으로 햇살 뜨거운 한낮에도 멋진 트레킹을 즐길 수 있다. 솔숲이 끝나면 강문해변에 도착한다. 강문솟대다리만 건너면 드넓게 펼쳐지는 경포해변으로 이어진다. 강문솟대다리 위에서 바라보는 동해에서는 힘찬 에너지가 느껴진다. 커다란 배 위에서 내려다보는 것 같은 착각마저 든다.

add 강원도 강릉시 강문동
access 강릉시외버스터미널에서 203, 203-1번 시내버스를 타고 강문종점정류장에서 하차

바우길은 산과 바다를 두루 걸을 수 있는 길이다. 총 17코스와 대관령 국민의 숲길, 울트라 바우길, 계곡 바우길로 구성되어 있으며, 총 400km로 경포에서 정동진까지 아우른다. 그중 바다호수길인 5코스는 사천해변공원에서 경포호를 돌아 남항진까지 이어진다. 총 16km로 바다와 해송, 호수를 두루 볼 수 있는 코스이다.
homepage www.baugil.org

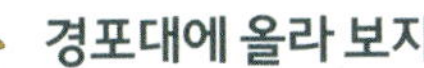

경포대에 올라 보자

경포해변은 지금까지 지나온 해변보다 훨씬 활기차다. 강릉의 대표적인 해변답게 많은 사람이 찾기 때문이다. 산책로가 잘 갖춰져 있어 모래사장으로 걷지 않아도 편하게 산책하듯 걸을 수 있다. 경포해변에서 길만 건너면 바다 같은 경포호가 펼쳐진다. 잔잔한 호수가 동해 바다처럼 넓다. 총 둘레가 4km에 달하는 경포호를 가장 잘 볼 수 있는 곳이 바로 경포대다. 보통 경포해변을 경포대라고 잘못 생각하는 경우가 많은데 경포대는 경포해변으로 가기 전 언덕배기에 있는 누각의 이름이다. 경포대는 관동8경 중의 하나다. 태조와 세조도 이곳에서 바라보는 풍경에 반했다고 한다. 경포대에 올라 보면 왕들이 반한 이유를 알 수 있다. 거울처럼 맑다고 하여 붙여진 '경포'라는 이름에 절로 고개가 끄덕여진다. 호수와 하늘, 바다가 만나는 광경도 볼 수 있다.

add 강원도 강릉시 안현동 산1
access 강릉종합버스터미널에서 202번 버스를 타고 경포대(경포해변)에서 하차
tel 033-640-5129(강릉시관광과)

1 경포해변은 데크가 깔려 있어 산책하기 편하다.
2 경포대에 오르면 호수와 바다 그리고 하늘을 함께 볼 수 있다.

부드러운 순두부 한 그릇이면 든든하다.

심심한 맛이 매력적인 초당순두부

강릉에 왔다면 초당순두부는 필수로 먹어야 한다. 몽실몽실하고 뽀얀 순두부는 영양도 좋고, 맛도 깔끔하다. 자극적인 맛이 전혀 없어 속이 편하다. 간이 심심하다 싶으면 간장을 살짝 넣으면 된다.

초당두부의 역사는 조선 시대까지 거슬러 올라간다. 초당이라는 이름도 허엽 선생의 호에서 따온 것이다. 허균과 허난설헌의 아버지이기도 한 허엽 선생은 조선 중기 삼척부사로 강릉에 부임했다. 소금이 귀했던 강릉에서 두부를 만들기란 쉽지 않았다. 허엽 선생은 강릉 바다의 간수를 이용해 두부 만드는 방법을 찾아냈다. 허엽 선생의 반짝이는 아이디어는 지금까지 그 명맥을 이어 오고 있다. 이후 그의 호를 따 초당두부라 부르게 되었다.

 Must-eat

농촌순두부

add 강원도 강릉시 초당순두부길 108
open 06:30~20:30
menu 순두부전골 9,000원, 모두부 8,000원, 청국장 9,000원
tel 033-651-4009

초당할머니순두부

add 강원도 강릉시 초당순두부길 77
open 07:30~20:00
menu 순두부백반 7,000원, 모두부 10,000원
tel 033-652-2058

 ## Accommodation

강릉 게스트하우스

매일 저녁 7시마다 바비큐 파티가 열린다. 1인당 만 원을 내면 고기를 마음껏 먹을 수 있다. 강릉의 대표 음식인 초당두부가 조식으로 제공된다.

add 강원도 강릉시 하남길 197-15
fee 도미토리 20,000원(성수기 25,000원), 조식 포함
tel 010-5368-9999
homepage 강릉게스트하우스경포1호점.com

강릉 게스트하우스 커피거리점

커피 거리로 유명한 안목해변에 위치한다. 게스트하우스에서 바다가 보인다. 단, 저녁 10시 이후에는 입실이 제한되니 시간 체크는 필수다.

add 강원도 강릉시 경강로 2670
fee 도미토리 25,000원~30,000원, 조식 포함
tel 010-2987-6248
homepage blog.naver.com/coffeemarina

감자려인숙이

강문해변에 인접한 게스트하우스다. 노란 외관 때문에 멀리서도 찾을 수 있다. 강문교만 건너면 경포해변이 금방 나온다. 소규모 게스트하우스로 조용히 쉬어 가기에 좋다.

add 강원도 강릉시 창해로 351-2
fee 도미토리 20,000원(성수기 30,000원), 트윈룸 1인 이용시 30,000원(성수기 50,000원), 트윈룸 50,000원(성수기 70,000원), 조식 포함
tel 033-653-2205
homepage cafe.naver.com/gamjzas

아산·경주·산청·고성

옛 마을 골목
구석구석 걷기

전국 곳곳에 남아 있는 옛 마을을 찾아 하나하나 스크랩하다 보면 아마 책 한 권
분량은 족히 넘을 것이다. 지역마다 달라지는 집과 마을 구조도 알면 알수록 재
미있다. 마을 여행에 관심 있다면 옛 마을 답사를 떠나 보는 건 어떨까? 마을마다
한옥 민박을 운영하니 옛집에서 하룻밤 머물 수도 있다.

· **Point** ·
정겨운 옛 마을 골목 따라 돌아다니기
전국의 옛 마을 비교해 보기

아산 외암민속마을

비교적 수도권에서 가까운 마을이다. 마을에 들어서자마자 이리저리 난 돌담길이 눈에 들어온다. 어디서 이 많은 돌을 구해 왔을까 싶을 정도로 마을 집집마다 돌담으로 둘러 있다. 조선 중기 명종 때 예안 이 씨 이사종이 처가 마을인 이곳으로 들어와 살면서 후손들이 번창하기 시작했다. 1723년 이간 선생이 외암기를 쓰기 시작하면서 마을 이름을 외암이라 하였고, 그 후부터 외암마을이라 부르고 있다.

마을 앞으로는 개천이 흐른다. 다리를 건너 마을로 들어가면 물레방아와 우물이 있다. 민속 마을이라 부르는 체험 마을이지만 민속촌은 아니다. 집집마다 주민들이 살고 있다. 함부로 들어가서 구경하거나 사진을 찍으면 무단 가택 침입이다. 마을 입구 왼편에 이곳을 찾는 사람들을 위해 옛집을 복원한 외암민속관과 공연장, 떡메치기장 등이 있으니 그곳에서 궁금증을 풀도록 하자.

add 충청남도 아산시 송악면 외암리
access 온양고속터미널에서 100, 120번 등 5개 노선 버스를 타면 외암민속마을정유장까지 45분 정도 걸린다.
fee 2,000원
tel 041-541-0848
homepage 체험마을.한국

외암민속마을 여행법

마을에서는 방문자를 위해 체험 관광 프로그램을 운영한다. 봄에는 모내기나 씨앗 파종하기 등을 하고, 여름에는 각종 작물 따기, 가을에는 고구마 캐기, 메뚜기 잡기 등이 있다. 겨울에는 연이나 썰매, 팽이를 만든다. 다만 대부분의 프로그램이 단체로 신청해야 가능하다. 개인 프로그램으로는 장승 꾸미기, 방문걸이, 솟대 만들기가 있다.
마을을 제대로 누리려면 마을에서 운영하는 민박에서 하룻밤을 묵어 보자. 단, 수건이나 치약 등 세면도구가 없다. 바비큐를 하고 싶다면 숯과 철망을 준비해 가야 한다. 예약은 인터넷으로만 받는다.

외암민속마을에는 문을 열고 들어서면 할머니가 맞아 줄 것만 같은 정겨운 집들이 옹기종기 모여 있다.

경주 양동마을

경주 양동마을은 옛 마을 가운데 규모 면에서 단연 압도적이다. 조선 시대 워낙 큰 양반 마을이었던 데다 일찌감치 전통 마을로 지정되었기 때문에 원형이 가장 살아 있다. 전통 마을로 지정되어 화장실 하나 고치지 못했던 한을 유네스코 세계문화유산으로 등재되면서 풀었다. 양동마을은 설창산 골짜기 사이사이에 집들이 빼곡하게 들어차 있다. 하늘에서 보면 '말 물(勿)'자 형태이다. 골짜기 앞으로 기계천이 흘러가다 형상강과 합류하는데, 그 양옆으로 안강평야가 펼쳐진다. 강과 들 그리고 산에서 나오는 풍부한 산물이 이렇게 큰 마을을 이루는 바탕이 되었다.

경주 손 씨와 여강 이 씨가 살던 양동마을에서 조선 시대에 대한 고정관념을 깰 수 있다. 흔히 조선을 남존여비 사상이 팽배한 고루한 유교 사회라고 생각한다. 그러나 양동마을에 가면 조선 중기까지도 그렇지 않았다는 사실을 알 수 있다. 오히려 남자들이 처가 마을에 와서 살았고, 여자들도 유산을 물려받았다는 기록이 남아 있다.

양반 마을로 이름난 만큼 고래등 같은 기와집이 많이 남아 있다. 사이사이 초가집 또한 정겹다. 조선의 대유 우재 손중돈 선생과 회재 이언적 선생의 발자취 따라 골목을 구석구석 다니며 옛 마을의 아름다움에 취해 보자.

add 경주시 강동면 양동마을길 134
access 경주역 앞에서 200, 201~208, 212, 217번 버스를 타면 40분 정도 걸린다.
tel 054-762-2630
homepage www.yangdongvillage.com

양동마을 여행법

마을이 커서 모두 다니려면 온종일 걸린다. 마을 어귀에 있는 마을정보센터에서 코스를 알아보고 시간 계산을 잘 해야 한다.

유교 문화 교실과 전통 문화 체험, 전통 한옥 민박 등 마을에서 운영하는 체험 프로그램이 잘 되어 있는 편이다. 여행 성수기 주말에는 사람들이 많아 번잡할 수도 있다. 주중 한가할 때 찾아야 한다.

양동마을을 품고 있는 설창산 봉우리에 전망대가 있다. 마을 전체와 안강평야를 볼 수 있는 곳이다. 골목길의 정취도 좋지만 전망대에서 보는 마을 풍경이야말로 놓치면 안 된다.

1 전망대에서 양동마을을 바라보면 조선 시대 마을이 눈 앞에 그려진다.

2 마을에는 사람들이 산다. 아무 집이나 막 들어가면 곤란하다.

3 서백당에서 조선 건축의 아름다움을 볼 수 있다.

4 양동마을에 왔으니 전통 음식을 먹어 보자. 쿵덕쿵덕 떡 메 치는 소리에 흥이 난다.

산청 남사예담촌

경북에 하회마을이 있다면 경남에는 남사마을이 있다. 남아 있는 규모가 작은데 그만큼 덜 알려져 옛 맛이 깊다. 예담촌은 옛 담이 있는 마을이라는 뜻으로 최근 들어 붙인 이름이다. 특별히 옛 담을 강조

할 정도로 마을 집과 집 사이의 골목길이 특별하다. 돌담이 높고 골목은 좁아서 마치 미로를 다니는 듯한 느낌이 든다.

남사예담촌은 지리산 아래 자락, 산들로 둘러싸인 작은 들에 있는 마을이다. 니구산을 비롯하여 마을을 둘러싼 산들이 높지도 낮지도 않다. 마을 가운데를 흐르는 개천은 물이 맑아 청계라 부른다. 마을과 주변 산세를 보면 풍수지리를 몰라도 명당이란 이런 곳인가 보다 하는 생각이 절로 든다.

평일에 찾으면 사람을 만나기도 쉽지 않다. 사실 그런 정취가 옛 마을 걷기의 진짜 즐거움이다. 마을 돌담길을 따라 이리저리 걸은 후 맑은 물 청계를 내려다볼 수 있는 자리에 앉아 보자. 건너편으로 보이는 들과 옛집들을 보며 한가로움을 즐길 때 답사 여행의 묘미를 느낄 수 있을 것이다.

add 경상남도 산청군 단성면 지리산대로 2919번길 7-13
access 진주시외버스터미널에서 산청, 단성(대원사, 중산리)행 버스를 타면 남사마을정류장까지 30분 정도 걸린다. 산청보다 진주에서 버스를 타면 더 가깝고 편리하다.
tel 055-972-7107

남사예담촌 여행법

산청은 지리산에서 나는 약초를 구하러 오는 사람들로 일찌감치 약초 시장이 발달한 곳이다. 이런 연유로 산청에서는 동의보감촌을 조성하고 매년 봄철에 산청한방약초축제를 벌인다. 지리산이 가깝고 진주 또한 멀지 않다. 남사예담촌 여행을 마친 후 지리산둘레길로 자리를 옮기거나 진주로 건너가 남강의 푸른 물과 논개의 충절이 흐르는 촉석루를 다녀오는 연계 여행을 계획해 보자. 마을에서는 농심 체험, 전통놀이 체험 등을 운영하는데 단체가 아니면 쉽게 접하기 어렵다.

고성 왕곡마을

옛 마을 가운데서도 가장 알려지지 않은 마을이다. 동해안 최북단의 강원도 고성에 있는 데다, 가까운 속초가 워낙 유명하다 보니 그 빛에 가려졌다. 호수와 산 속에 묻혀 지난 수백 년 동안 전쟁도 비껴간 마을이다.

송지호는 철새도래지로 유명하여 철새관망타워가 들어서 있다. 송지호 둘레를 빙 둘러 산책로가 나 있다. 마을은 송지호 뒤편 길로 들어가면 나온다. 다섯 개의 봉우리가 둘러싼 오봉산 아래 비스듬한 들이 펼쳐지는데 그 비탈에 왕곡마을이 있다. 산에서 내려오는 개천 양옆으로 집들이 빼곡하다.

왕곡마을은 집 앞이나 옆에 담이 없다. 담이 없으니 훤히 들여다보여 여행자들이 오히려 당황스러울 수도 있다. 집 뒤로 작은 담이 있는데 부엌을 지나야 갈 수 있는 손바닥만 한 공간이다. 여기는 함부로 들여다보면 안 된다. 옛날부터 여자들만의 공간이었다. 담이 없으니 길을 다니다 남의 집 마당을 지날 수도 있다.

왕곡마을에서 찾아봐야 할 것은 북방식 가옥이다. 한겨울 추위를 막기 위해 굴뚝 위를 항아리로 덮는 등 특이한 생활 형태가 그대로 남아 있다.

add 강원도 고성군 죽왕면 오봉리
access 속초고속터미널에서 1-1번 시내버스를 타고 오봉리정류장 하차하여 왕곡마을까지 도보 30분 / 속초고속터미널에서 송지호정류장 앞에서 내려 도보로 50분
tel 033-631-2120(왕곡마을보존회)
homepage www.wanggok.kr

왕곡마을 여행법

왕곡마을 역시 전통문화 체험과 한옥 민박 체험을 운영한다. 송지호해변과 철새관망타워를 둘러보는 것도 좋은 방법이다. 강원도 고성이지만 속초와 멀지 않다. 속초 여행과 연계하여 왕곡마을을 둘러보자. 첫날 송지호와 왕곡마을을 찾아 전통 한옥 체험을 하고, 이튿날 속초로 건너가는 것도 좋다. 청호동 갯배와 속초시장, 동명항, 영금정과 속초등대전망대 일대를 걸어 다니면 하루 일정이 딱 들어맞는다. 등대전망대 아래 도로를 따라 생선구이나 회를 즐길 수 있는 식당이 줄지어 있다.

경주

청산도

지리산

철원

여수

한탄강

김제

부산

서울

강릉

가평

경기도

젊음의 특권,
무한도전 여행

경주

자전거 타고
경주 일주하기

자전거는 자유의 또 다른 이름이다. 페달을 밟을 때마다 스치는 바람을 느끼며 곳곳을 누빌 수 있다. 특히 천년의 수도 경주를 달리는 자전거 여행은 참 근사하다. 자전거를 타고 흥미로운 신라 유적지 구석구석을 신나게 달려 보자.

• Point •
신라 유적지 구석구석 두 바퀴로 달리기
경주 스탬프 투어하기
황남빵, 교리김밥 등 경주 먹거리 즐기기

경주 여행의 적당한 속도 찾기

경주는 보면 볼수록, 가면 갈수록 매력적인 곳이다. 성인이 되어서 경주를 여행하면 국사 교과서에서 읽거나 수학여행 때 잠시 머물었을 때와 달리 훨씬 흥미로운 곳임을 알게 된다.

경주시외버스터미널이나 경주역에 도착했다면 먼저 근처 관광안내소에 들르자. 경주에 대한 정보를 가장 정확하게 얻을 수 있다. 경주 지도를 펼치면 유적지가 빼곡하게 표시되어 있다. 그만큼 볼거리가 많다는 뜻이다. 특히 시내권은 신라의 중심부이자 도성이 있던 곳이다. 가장 화려하고 빛났던 천년의 이야기가 고스란히 남아 있다. 지도를 보면 유적지와 유적지의 거리가 걷기에는 조금 부담스럽고 버스나 택시 등으로 움직이기에는 짧은 거리라는 것을 발견하게 된다. 이럴 때는 자전거가 제격이다.

자전거 코스로 둘러보기 좋은 곳은 분황사, 황룡사지, 경주박물관, 월성, 계림, 경주향교와 최씨고택, 첨성대, 안압지, 대릉원 등이다. 많은 장소를 다 볼 수 있을까 싶지만 대부분 나란히 붙어 있기 때문에 충분하다. 좀 더 욕심을 내면 오릉과 포석정까지 갈 수 있다. 그래봤자 5km 이내니 큰 어려움은 없다.

경주 2박 3일 일정 짜기와 자전거 빌리기

경주를 제대로 보려면 1주일이라는 시간도 부족하다. 경주의 베스트 여행지들을 아우르는 알짜배기 2박 3일 자전거 여행 코스는 다음과 같다. 이중 시내권 하루 여행 코스를 함께 떠나 보자.

day 1 경주 시내권 자전거 여행 코스

분황사지 ··· 황룡사지 ··· 경주박물관 ··· 월성 ··· 계림
··· 경주향교 ··· 최씨고택 ··· 대릉원 ··· 첨성대 ··· 안압지

day 2 남산 여행 코스

삼릉~용장골, 불곡~미륵곡, 칠불암~천용사지, 포석정~금오정까지
총 4코스가 있다. 그중 삼릉~용장골 코스에 유적이 많이 모여 있다.

day 3 경주 북부권 여행 코스

경주역 ··· 옥산서원 ··· 독락당 ··· 정혜사지십삼층석탑 ··· 양동마을

여행의 첫 시작은 자전거 빌리기

우선 발이 되어 줄 자전거가 필요하다. 자신의 자전거가 있다면 좋겠지만 경주까지 가져오기란 쉽지 않다. 그럴 때는 자전거를 대여하자. 경주는 자전거 여행 문화가 잘 발달한 여행지 중 한 곳이다. 경주터미널이나 경주역에 근처에서 누구나 자전거를 쉽게 빌릴 수 있다. 하루 종일 빌리면 가장 저렴하다. 숙소에서 대여하는 방법도 있다. 일부 게스트하우스에서는 게스트

경주터미널에서 가까운 자전거 대여점

경주고속스쿠터자전거대여점
add 경상북도 경주시 태종로 692
tel 010-9003-2352
homepage www.gibike.co.kr

스쿠터팩토리
add 경상북도 경주시 태종로700번길 4-3
tel 010-8181-3552
homepage scooterfactory.modoo.at

경주역에서 가까운 자전거 대여점

삼천리자전거화랑센타 경주 대리점
add 경상북도 경주시 원효로 145-5
tel 054-749-7155

역전자전거렌탈
add 경상북도 경주시 황오동 173
tel 054-749-8268

에게 저렴한 가격으로 자전거를 대여하기도 한다. 자전거 여행을 선택했다면 이왕이면 자전거를 빌릴 수 있는 곳에 묵으면 편리하다. 여행 비용도 아낄 수 있고, 게스트하우스에 짐을 맡기고 가뿐하게 여행할 수 있다.

분황사와 황룡사지에서 옛 신라를 그려 보자

분황사에는 선덕 여왕 3년에 만들어진 모전석탑이 있다. 신라 시대 석탑 중 가장 오래된 역사를 가진 석탑이다. 우리가 알고 있는 여느 석탑과 달리 벽돌 모양으로 다듬어진 돌을 쌓아 만들었다. 임진왜란 때 유실되어 3층만 남아 있지만 실제 7층 또는 9층 높이었을 것으로 보고 있다. 모전석탑의 높이를 짐작만 해도 절의 규모가 어마어마했음을 알 수 있다.

분황사에서 나오면 탁 트인 넓은 공터와 마주하게 되는데 바로 이곳이 황룡사지다. 사실 폐사지에서 큰 감흥을 얻기란 쉽지 않다. 큰 기대를 가지고 황룡사지에 서는 순간 기대가 와르르 무너져 내릴지도 모른다. 자그마치 2만 5,000평의 절터에 그 흔한 탑 하나 없다.

그러나 아는 만큼 얻어 갈 수 있는 곳이 바로 황룡사지다. 지금은 사라진 전설의 사찰, 황룡사를 머릿속에 그려 보자. 몽고군이 불살라 역시 터만 남은 황룡사9층목탑은 그 높이가 약 80m라고 추정되니 탑 하나만 보아도 이

절의 스케일이 남다르다는 것을 알 수 있다.

황룡사는 진흥왕 때 시작해 4명의 왕이 바뀌는 동안 지어진 것으로 완성하는 데 자그마치 94년이라는 긴 시간이 걸렸다고 한다. 금당과 목탑이 있던 곳은 주춧돌을 복원해 놓아 화려한 9층목탑이 세워진 황룡사를 상상해 볼 수 있다. 역사의 무상함을 느끼는 순간이다.

1 벽돌로 쌓아 만든 분황사모전석탑
2 황룡사의 어마어마한 규모를 짐작케
　하는 넓디 넓은 황룡사지

add 경상북도 경주시 분황로 94-11(분황사)
open 08:00~18:00
fee 1,300원
tel 054-742-9922
homepage www.bunhwangsa.org

 ### 경주의 필수 코스 경주박물관

경주에 대해 제대로 알고 싶다면 경주박물관을 꼭 들러야 한다. 박물관이 따분하다는 생각은 잠시 접어도 좋다. 소박한 신라의 모습에서부터 화려한 왕실의 문화까지 전시되어 있다. 정교함에 놀라고 아름다움에 눈이 번쩍한다. 경주박물관을 제대로 보려면 하루로는 부족하다. 특히 미술관 2층에 있는 황룡사지 전시는 꼭 관람하자. 아는 것이 없으면 상상하는 데 한계가 있다. 황룡사에 쓰였던 거대한 치미도 확인하고, 황룡사 모형을 살펴보며 황룡사지에서 상상력으로 지어 올렸던 머릿속 황룡사와 비교해 보자.

경주박물관에서 빼놓을 수 없는 것이 에밀레종으로 알려진 선덕대왕신종이다. 세상에서 가장 아름다운 울림을 가진 걸작품이다. 종을 보호하기 위해 타종을 하지 않고 있지만 박물관 안에서 20분 간격으로 녹음된 종소리를 들을 수 있다.

add 경상북도 경주시 일정로 186
open 평일 09:00~18:00, 주말·공휴일 09:00~19:00
fee 무료
tel 054-740-7500
homepage gyeongju.museum.go.kr

신라 시대의 방대한 유물을 보유한 경주박물관

경주 시내 구석구석 찾아가기

반달을 닮았다 하여 반월성이라고도 불리는 월성은 지금은 사라진 신라의 궁궐이다. 비록 빈터만 남았지만 북쪽 자락에 벚나무, 월성과 첨성대 사이에 유채꽃밭이 조성되어 아름다운 풍경을 자랑하는 유적지가 되었다. 아름드리 나무와 잔디밭 사잇길을 자전거로 달려 보자.

계림은 월성과 다른 매력이 있는 곳으로 느티나무가 울창한 숲을 이루고 있다. 신라의 탄생 설화가 전해지는 곳이기도 하다. 계림의 안쪽에서는 내물왕릉을 만날 수 있다. 특히 이곳의 소나무는 기품 있는 멋을 가지고 있다. 내물왕릉 뒤편에 있는 인왕동고분도 놓치지 말자.

경주는 해가 지면 숨겨 둔 매력이 나타난다. 안압지는 경주의 밤 여행에서 빠질 수 없는 곳이다. 문무왕 14년에 만들어진 인공 못으로 야간 조명이 아름다워 데이트 명소이기도 하다.

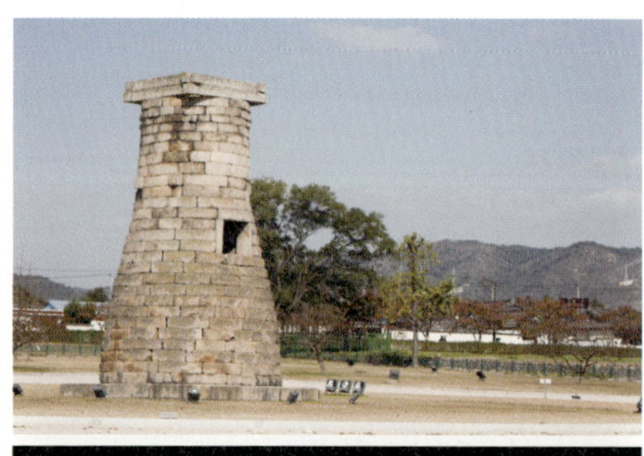

첨성대
add 경상북도 경주시 인왕동 839-1
open 동절기 09:00~21:00
하절기 09:00~22:00
fee 무료

안압지
add 경상북도 경주시 인왕동 26-1
open 09:00~22:00(연중무휴)
fee 2,000원
tel 054-772-4041

1 신라의 시조의 탄생 설화가 담겨 있는 계림
2 유교 문화를 만날 수 있는 경주향교
3 조선 양반집 형태를 볼 수 있는 최씨고택
4 노서·노동고분군

• TIP • 경주 시내 곳곳에 솟아오른 아름다운 릉

경주는 죽음과 삶이 함께 공존하는 곳이다. 경주 곳곳에 대릉원, 오릉, 인왕동고분 등 커다란 고분을 만날 수 있다. 고분은 조금 떨어진 곳에서 보아야 하는 경우가 대부분이지만 노서·노동고분군은 가까이서 볼 수 있다. 크고 작은 고분들이 모여 있는 모습은 장관을 이룬다. 입장료는 따로 받지 않는다. 시외버스터미널과 경주역 중간에 있는 대릉원 후문 쪽에 위치하고 있다.

 **Hot place-café**

CAFE 737

시내권 여행지와 접근성이 좋다. 한옥을 개조한 곳으로 편안함과 세련된 분위기를 느낄 수 있다.

add 경상북도 경주시 원화로189
open 11:00~21:00
menu 아메리카노 4,200원
tel 054-741-0235

자전거 여행 그리고 스탬프 투어

경주 여행을 조금 더 재미있게 즐기는 방법이 있다. 바로 스탬프 투어다. 경주 15곳의 유적지를 찾아가 도장을 찍는 재미가 쏠쏠하다. 사실 자전거 여행으로 경주의 15곳을 모두 둘러보기에는 무리가 있다. 자동차로 여행을 해도 하루가 꼬박 걸리는 여행 일정이니 한 번에 완료하겠다는 생각은 접는 것이 좋다. 스탬프 투어는 여러 코스가 있으나 시내권을 도는 코스가 적당하다. 유적지마다 관광안내소에 도장이 비치되어 있다. 기념사진을 찍듯 한 칸씩 채워 가며 특별한 여행 일지를 만들어 보자. 단, 안내원이 퇴근하는 오후 6시 이후에는 도장을 찍을 수 없다.

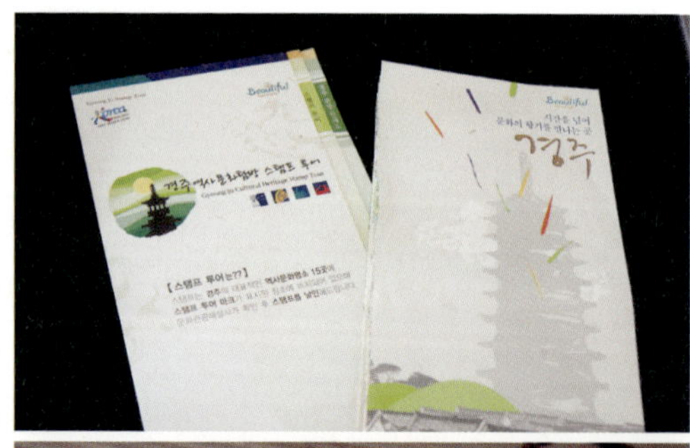

자전거 자물쇠, 물, 모자, 운동화, 백팩,
경주 안내지도, 카메라

분황사, 경주박물관, 대릉원 등은 입장 시간이 있기 때문에 시간 조절을 잘 해야 한다. 입장 시간이 지나면 스탬프 역시 찍을 수 없다. 첨성대와 안압지는 야경이 아름다워 해질 무렵에 가는 것이 좋다.

 경주의 대표 먹거리

황남빵과 찰보리빵

경주에서 간식거리로 가장 유명한 것은 바로 황남빵이다. 얇은 피 안에 팥 앙금이 가득 들어 있다. 팥이 많아 달 것 같지만 의외로 담백해서 부담없이 즐길 수 있다. 경주빵으로도 많이 알려져 있다. 황남빵만큼 인기 있는 간식거리는 찰보리빵이다. 찰보리로 만든 빵 두 장 사이에 팥이 들어 있어 쫀득하면서 달콤하다. 여행 선물로도 완소 아이템이다.

싸고 맛있는 경주 맛집

경주역 근처 성동시장에서는 저렴한 가격으로 배부른 한 끼를 먹을 수 있다. 5,000원이면 배부르게 먹을 수 있어 많은 사람들이 찾는다. 다양한 반찬을 골라 먹을 수 있는 식당들이 모여 있다. 경주향교와 최씨고택이 있는 한옥마을 안에 위치한 교리김밥은 하나의 여행 코스처럼 찾는 사람이 많으니 꼭 먹어 보자.

황남빵

add 경상북도 경주시 태종로 783

menu 20개 16,000원, 30개 24,000원

tel 054-749-7000

단석가 찰보리빵

add 경상북도 경주시 금성로 237

menu 10개 7,000원, 20개 12,000원

tel 054-741-7520

Must-eat

성동시장에서 즐기는 뷔페, 현대식당

고루 갖춘 밑반찬이 푸짐해 뷔페 부럽지 않다. 자리를 잡고 앉으면 일단 접시부터 나오는데, 마음에 드는 반찬을 마음껏 골라 담으면 된다. 계란말이에서부터 나물까지 진수성찬이다. 포장도 가능해 여행 중에 도시락으로 먹기에 좋다.

add 경상북도 경주시 원화로 281번길 11

open 07:00~20:30(매월 첫째·셋째 주 일요일 휴무)

menu 1인 5,000원

tel 054-749-8305

경주 필수 코스, 교리김밥

교리김밥은 전국 3대 김밥이라는 화려한 수식어가 붙어 있
다. 다른 김밥과 다르게 계란 지단을 얇게 썰어 넣었다.

add 경상북도 경주시 교촌안길 27-42
open 평일 08:30~07:30, 주말 08:30~18:30
menu 교리김밥 2줄 6,400원, 3줄 9,600원, 잔치국수 5,000원
tel 054-772-5130

Accommodation

바람곳 게스트하우스

경주역에서 가까운 곳에 있어 접근성이 좋다.
1층에 함께 어울리거나 편히 쉴 수 있는 휴게
실이 있다. 도미토리는 남녀가 다른 층을 사용
한다. 체크인 때 열쇠 보증금이 있고 체크아웃
시 돌려받는다. 수건은 제공하지 않는다.

add 경상북도 경주시 원효로 137(황오동)
fee 도미토리 19,000원~25,000원, 조식 포함
tel 054-771-3589
homepage cafe.naver.com/baramgot

41번가 게스트하우스

경주역에서 버스로 두 정거장 거리에 위치한
다.(41번 시내버스 이용) 4인실부터 8인실 도미
토미로 이루어져 있다. 세탁실과 거실 등 편의 시
설 이용이 가능하다. 사물함 보증금이 있고 체크
아웃 때 돌려받을 수 있다.

add 경상북도 경주시 동천동 원화로 386-11
fee 도미토리 10,600~13,000원(성수기요금 별도),
조식 포함
tel 054-772-1221
homepage www.41st.co.kr

까사

경주고속버스터미널과 대릉원 중간에 위치하
여 경주 시내권을 여행하기에 접근성이 좋다.
도미토미 외에도 가족실, 2인실, 3인실이 있다.
카페처럼 꾸며진 넓은 로비는 여행자들에게 편
한안 휴식처가 되어 준다. 주방에서는 간단한
조리도 가능하다.

add 경상북도 경주시 금성로259-28
fee 도미토리 20,000원(주말 25,000원)
tel 054-777-3355
homepage www.casahotel.kr

경주의 데이트 코스

경주에는 유적지밖에 볼 게 없다? 아니다. 유원지나 테마박물관도 있어 의외로 커플 여행지로 각광받는 곳이 경주다. 연인들이 알콩달콩 재미있게 보낼 수 있는 곳들을 소개한다.

경주월드

경주에서 신나게 놀고 싶다면 경주월드로 가자. 짜릿한 놀이기구를 즐길 수 있다. 보문관광단지 옆에 있어 보문호도 함께 둘러보면 좋다.

add 경상북도 경주시 보문로 544
open 10:00~18:00 (계절마다 변경)
fee 입장권 20,000원, 자유이용권 39,000원
tel 054-745-7711 | **homepage** www.gjw.co.kr

테디베어박물관

보문호에 위치한 드림센터 안에 테디베어박물관이 있다. 귀엽고 아기자기한 갖가지 모습의 테디베어들이 전시되어 있다. 경주에 있는 테디베어박물관답게 신라관이 있어 신라 역사를 테마로 한 테디베어들도 볼 수 있다. 공룡관, 해저관, 테디베어의 역사 등 다양한 테마관이 있어 지루할 틈이 없다.

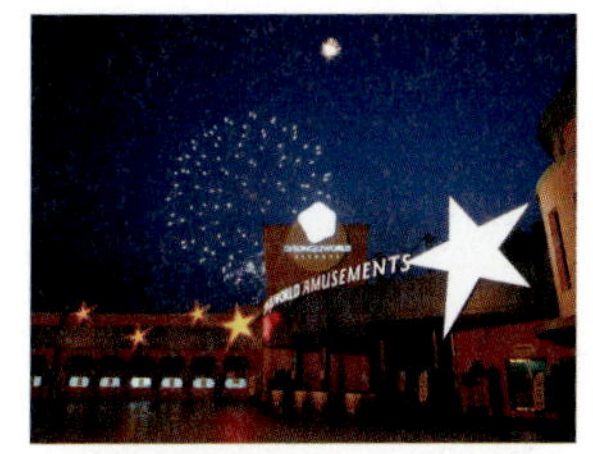

add 경상북도 경주시 보문로 280-34 드림센터 안
open 9:30~19:30 | **fee** 10,000원
tel 054-742-7400 | **homepage** www.teddybearmuseum.com

보문호

50만 평이라는 거대한 크기의 인공호수로 사계절마다 아름다움을 뽐낸다. 호수 주변으로 산책로와 자전거도로가 잘 되어 있어 산책을 즐기기에도 그만이다. 자전거로 달리며 잔잔한 보문호의 아름다움을 만끽하는 것도 좋다.

add 경상북도 경주시 보문로 424-33 | **fee** 무료
tel 054-745-7601 (경북관광공사)

청산도

슬로길 걷기

아무나 붙잡고 아는 섬 10곳을 말해 보라 하면 그중에 청산도가 꼭 들어갈 것이다. 자연과 바다와 어울려 느릿느릿 살아가는 섬, 슬로시티 청산도에서 일상 생활의 긴장을 풀어 보자.

• Point •
구불구불 섬마을 길 따라
느릿느릿 정을 쌓아 가기

바다를 건너가는 길

청산도를 가려면 땅끝마을 해남을 지나 완도로 가야 한다. 연륙교가 생겨 육지를 가듯 완도항까지 갈 수 있다. 완도버스터미널에서 완도항까지 걸으면 30분 남짓 걸린다. 완도의 거리 풍경과 바다를 보며 천천히 걷는 것도 좋다. 완도항에서는 1시간 남짓 배를 타고 청산도로 간다. 우리나라 어지간한 데서는 청산도까지 가는 데 하루가 꼬박 걸린다. 도착하면 저물녘이다.

그렇다고 하루를 그냥 흘려보낼 수는 없다. 도청항에서 멀지 않은 지리청송해변까지 걸어가 보자. 바다 너머로 지는 해를 바라볼 수 있다. 일몰은 어디서든 아름답지만 공기가 맑은 남해에서 더욱 붉고 맑다. 백사장 뒤로는 우거진 숲이 있다. 민박집도 많으니 이곳에 숙소를 정하면 저녁마다 바다와 일몰, 별을 구경하기 좋다.

청산도에서 가장 잊지 못할 순간이 있다면 언제일까? 사람에 따라 본 것이 다르니 대답 또한 다르겠지만 청산도의 밤하늘이라고 말하는 사람이 있다면 날씨가 좋은 날 찾은 경우다. 쏟아질 듯한 별들로 밤하늘이 무너질 것 같은 청산도의 별밤. 오랫동안 잊지 못할 아름다움으로 가슴에 새겨질 풍경이다.

> **·TIP· 청산도로 가는 배 타기**
> 완도공용터미널에서 30분 정도 걸으면 완도여객선터미널(061-550-6000)이 나온다. 청산도만 오가는 배와 인근 섬을 순환하는 배가 있다. 평소 두 시간 단위로 운항하는데 물때에 따라 약간씩 바뀌니 완도여객선터미널에 미리 전화해서 확인해야 한다. 청산농협(061-552-9388~9)으로 문의해도 자세하게 알려 준다. 요금은 성인 7,700원이며, 성수기에는 할증 요금이 붙는다.

청산도 버스로 여행하기

청산도는 큰 섬이다. 섬을 두루 다니려면 마을버스와 슬로시티투어 관광버스 그리고 청산도 순환버스를 이용해야 한다. 청산도 안에서 다니는 버스는 운행 시간이 선박 시간에 따라 바뀐다는 것을 꼭 기억해 두자. 급하면 택시를 부를 수도 있다.

청산도 구석구석 다니는 마을버스는 배차 간격이 두세 시간이다. 요금은 구간에 따라 다른데, 도청항에서 상서리까지 가장 먼 거리도 1,300원이다.

슬로시티투어 관광버스는 청산도 전역을 도는 비용이 5,000원이다. 2시간 반 정도 청산도 일대를 돌아다니며 설명까지 해 준다. 하루 2회 운행하는데 겨울철(11~2월)에는 운행하지 않는다.

청산도순환버스는 도청리에서 9시 20분에 첫차가 출발하며, 1시간 단위로 6회 운행한다. 월요일과 연휴 다음 날은 운행하지 않으니 참조하자. 비용은 5,000원이다.

> **· TIP ·**
> 버스와 택시의 전화번호와 운행 정보는 세월이 지나며 조금씩 바뀐다. 청산도 선착장에 내리면 청산도 버스와 택시 정보를 모두 얻을 수 있다. 섬 안으로 들어가기 전에 필요한 내용을 휴대전화 카메라로 찍어 두면 유용하게 쓸 수 있다.

슬로시티 청산도. 시간은 느릿느릿 흐르고 사람들의 삶 또한 여유가 배어 있다.

청산도는 또 부를 것이다

청산도를 찾은 사람은 언젠가 또 찾게 된다. 처음 청산도를 찾은 사람은 슬로시티라는 명성에만 이끌려 청산도를 걷는다. 그러면서 묻는다. "뭐야? 그냥 걷는 것일 뿐이잖아. 생각보다 시시한데?" 그렇다. 바다와 푸른 하늘, 정겨운 마을길이 좋기는 하지만 그렇게 이름

날 만큼은 아니라는 생각이 든다. 게다가 수많은 사람이 찾는 곳이기 때문에 어딘지 모르게 닳은 듯한 느낌까지 든다. 워낙 뛰어난 풍경이니 실망까지는 아니더라도 기대감이 사그라질 수 있다. 걷고 배회하는 일 외에 딱히 할 게 없다는 것 또한 황당할 수 있다. 낚싯대라도 가져간다면 모를까. 섬 어디에 자리를 잡아도 대어를 기대할 만큼 물고기가 풍부한 곳이니 신나겠지만 그게 아니라면 오로지 걷는 것. 그리고 머무는 것뿐이다. 그런데 그 풍경이 그 길이 머릿속 깊숙이 들어와 새겨진다. 살다가 일에 지치고 사람에 지친 어느 날 불현듯 부르는 풍경이자 길이다. "이리와. 잊었어? 여기가 있잖아!"

이런 느낌은 고향과는 다르다. 방해받지 않고 쉴 수 있는 안식처 같은 느낌. 찾아오는 사람들의 복잡한 머릿속을 바람이 흔들고 바다가 씻겨 주고 햇볕이 감싸 안아 주는 그런 곳이다. 그래서 언젠가 또 찾을 것이다. 이 이야기를 하는 것은 처음 여행길에 너무 욕심내지 말자는 뜻이다.

완도군문화관광 홈페이지는 SNS와 연계하여 실시간으로 정보를 얻을 수 있다. 청산도에 대한 현재 정보를 알 수 있는 곳이다. 그 밖에 개인이 운영하는 여행 정보 사이트에서도 현지 교통 정보와 민박집, 음식점 정보를 얻을 수 있다. 단, 오래된 정보가 많으니 묻고 답하기를 활용하여 미리 확인하는 편이 좋다.
homepage www.wando.go.kr/tour(완도군문화관광)
www.cheongsando.net(청산도 여행 정보)

청산도 슬로길을 걷다

청산도 슬로길은 모두 11코스가 있다. 길이로는 42.195km 딱 마라톤 완주하는 길이다. 동남쪽 매봉산 자락 해안절벽을 제외하고 거의 섬 전체를 빙 두른다. 코스를 다 걷는다는 욕심은 일단 버릴 것. 걷기 훈련하자고 떠난 것은 아니니까. 슬로길 코스대로 걷는다는 것도 생각해 볼 여지가 있다. 길에 코스를 만든 건 사람이다. 코스 시점과 종점으로 지정한 곳이 접근이 편리하고 또 적당한 길이로 나누어 준 배려로 볼 수 있지만 내 일정을 내가 짜는 것은 나의 권리다.

가장 널리 알려진 곳은 서편제길과 드라마 〈봄의 왈츠〉 세트장이 있는 언덕이다. 1코스 중간 지점에 있다. 청산도를 알린 서편제길과 유채밭, 바다와 섬들 그리고 도청항이 훤히 내려다보이는 자리다. 섬 남쪽 보적산 범바위도 일정에 넣자. 바다를 바라보는 높은 언덕에 하늘에서 떨어진 듯 난데없이 커다란 바위가 하나 덩그러니 박혀 있다. 날이 맑으면 제주도가 보인다고 할 정도로 전망 좋은 곳이다.

·TIP· 청산도 슬로길 느린 우체통
슬로길을 걸을 때 편지를 미리 준비하자. 슬로길 1코스에 빨간색 느린 우체통이 있다. 편지를 넣으면 언젠가는 상대방에게 도착한다. 나에게 쓰는 편지도 좋다. 지금의 나와 앞으로의 나는 서로 다른 존재이니 편지를 받을 충분한 대상이다.

청산도 속을 들여다보다

청산도를 알린 것은 영화 〈서편제〉다. 유채를 심은 아름다운 언덕은 드라마 〈봄의 왈츠〉의 무대였다. 그래서 사람들이 가장 많이 찾는다. 청산도의 겉모습이 되어 버린 셈이다. 우리는 속을 들여다보자. 청산도는 북쪽으로 대선산과 대성산 등의 산들이 연이어 병풍처럼 서고 동남쪽으로 보적산과 매봉산이 마주하고 있다. 마치 사과같이 생겼는데 동북쪽 사과 꼭지 부분에서부터 퍼진 평지 양쪽 비탈에 옹기종기 마을이 있다.

주민들은 가운데 얼마 되지 않는 평지와 비스듬한 양쪽 비탈에 다랭이논과 구들장 논을 만들어 농사를 지었다. 구들장논은 계단식 논과 비슷하다. 돌과 자갈을 이용하여 비탈진 땅 한쪽을 올려 편평하게 한 후 그 위에 구들장을 깔고 진흙을 덮어 만들었다 하여 구들장논이다. 윗논에 물을 채우면 서서히 빠진 물이 아궁이 같은 배수로에 모여 아랫논을 채운다. 흙과 물은 부족한데 돌은 많으니 가능했던 방법이다.

1 청산도를 걷다 보면 돌담길을 자주 만난다. 나지막한 돌담이라 안이 훤히 들여다보인다. 사람이 아니라 바람을 막는 듯하다.
2 청산도 내륙의 마을은 사방이 산으로 쌓여 있어 마치 육지의 산골 같은 느낌이 든다.
3 논밭을 가꿀 땅이 아쉬운 섬. 손바닥만 한 평지라도 나온다면 돌을 쌓아 계단식 논을 만들었다.

길을 걷다 보면 마을 논이나 들판에 풀더미를 볼 수 있다. 초분이다. 사람이 죽으면 임시로 풀무덤을 만들었다가 1~2년 지나 뼈만 남았을 때 매장을 하는 섬 특유의 장례 문화이다. 지금은 초분 문화를 알리기 위한 가묘들이 있다.

마을 길을 걷다가 우물터에서 쉬기도 하며 섬의 이야기를 들어 보자. 청산도는 조선 시대에 왜구가 자주 쳐들어 와 노략질을 하는 바람에 한동안 빈 섬이었다. 그 섬에 오로지 왜구를 방비하기 위한 수군만 주둔하였다. 1960년대까지는 삼치, 고등어의 파시로 성어기가 되면 수십 척의 어선이 몰려왔다. 지금은 얼마 남지 않은 해녀들이 전복과 문어 등을 따고 있는 청정 바다이다. 이름도 풍광도 아름다운 청산도는 역사적으로 변화무쌍했던 섬이었다.

진산리갯돌해수욕장 VS 신흥리해수욕장

슬로길에 비해 청산도의 해변은 그다지 주목받지 못한 면이 있다. 노을이 아름다운 지리청송해변과 신흥리해수욕장, 진산리갯돌해수욕장 등은 맑고 깨끗한 자연 그대로를 간직한 해변이다. 섬 바다의 고즈넉한 정취를 즐기고 싶다면 이곳으로 향해 보자.

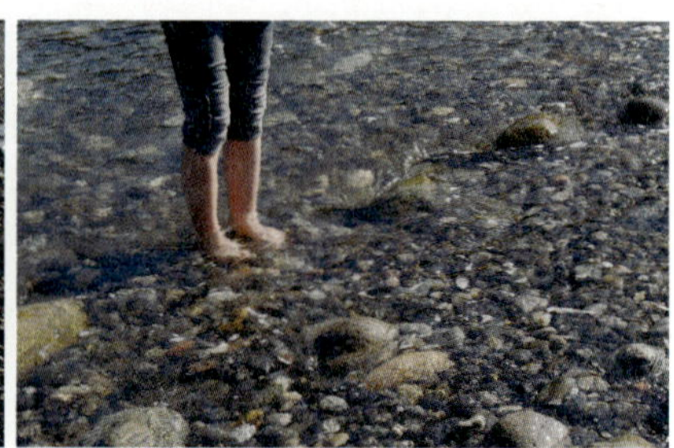

진산리갯돌해수욕장은 둥글둥글한 몽돌 사이로 파도가 밀려들면 다다다닥 소리가 난다. 오랜 세월 닳고 닳은 몽돌이 들려주는 바닷소리를 들으며 솔밭에서 한나절 뒹굴며 음악을 듣고 책을 읽어 보자. 여행의 낭만에 온몸이 젖어든다.

신흥리해수욕장도 좋다. 썰물 때면 풀등이라 부르는 모래섬이 훤히 드러나 풀등해변이라고도 한다. 바다와 모래섬이 어우러져 그린 무늬가 볼수록 기이하다. 바다 위로 모습을 드러낸 모래섬을 따라 걸으면 마치 바다를 걷는 듯한 느낌도 든다. 그렇다고 하염없이 바다 쪽으로 걸으면 안 된다. 밀물 때는 물이 순식간에 차올라서 빨리 달려도 물이 들어오는 속도를 따라잡기 어렵다. 신흥리해수욕장을 찾을 때는 썰물 시간을 미리 알아보고 맞춰 가야 한다.

 **Must-eat**

청산도식당

도청항 배 타는 곳 바로 옆에 있는 식당이다. 외관이 멋진 곳은 아니지만 배를 기다리며 이용하기에 딱 좋다. 갈치조림을 시키면 여러 가지 반찬이 나오는데 마치 집밥을 먹는 듯한 기분이 든다.

add 전라남도 완도군 청산면 청산로3번길 3-5
menu 갈치조림(구이) 1인 11,000원, 전복비빔밥 10,000원
tel 061-552-8600

 **Accommodation**

느린섬여행학교

폐교를 리모델링하여 여행 학교로 운영하고 있는 곳이다. 테마동 5실과 가족동 5실이 있는데 모두 온돌이다. 슬로푸드 체험을 테마로 한 식당을 운영하는데 마을 분들이 직접 채취한 해산물이나 산채 등을 맛볼 수 있다. 단, 식사 가능 여부를 미리 알아봐야 한다.

add 전라남도 완도군 청산면 청산로 541
fee 4인실 70,000원(주말 80,000원)
tel 061-554-6962
homepage www.slowfoodtrip.com

지리산 속 마을에서
하룻밤 묵기

지리산둘레길은 널리 알려져 있는데 신선둘레길이 있다는 것은 대부분 모른다.
신선둘레길은 남원에서 지리산 자락에 난 옛길을 다듬어 만든 길이다. 지리산 속
마을과 마을을 연결하는 길들은 숲을 지나기 때문에 둘레길보다 훨씬 지리산답
다. 산길을 걷다가 산속 마을에서 하룻밤 잘 수 있는 길이다.

이웃 마을 마실 가는 길

지리산둘레길은 지리산을 빙 둘러 길이 나 있기 때문에 구간마다 느낌이 제각각 다르다. 길이도 길어 전라북도 남원과 전라남도 구례, 경상남도 하동과 산청, 함양을 지나는 장장 274km에 이르는 대장정이다. 한 바퀴 빙 둘러볼 만하지만 그렇게 많은 시간을 낼 사람은 그다지 많지 않을 것이다. 또한 대부분의 구간이 비바람이나 뙤약볕을 피하기 어려운 길이다. 한여름이나 겨울에는 걷는 것 자체가 고행인 그야말로 순례길이다.

지리산 신선둘레길은 다르다. 산속 마을과 마을을 잇는 길이라 굵은 나무들이 우거진 숲길이다. 산행보다는 쉽고 평지를 걷는 것보다는 힘든 정도니 딱 적당하다. 코스는 공식적으로 1, 2코스로 나뉜다. 두 코스 모두 장항리에서 출발하여 원천마을을 지나 팔랑마을로 간다. 팔랑마을에서 1코스는 팔랑치를 넘어 바래봉으로 가고, 2코스는 뱀사골계곡 쪽으로 내려와 내령마을, 학천마을, 덕동마을을 지나 달궁마을까지 간다. 걷는 데 코스나 구간이 얼마나 중요하랴. 걷고 싶은 만큼 걷는 것이 최고이다. 원천마을에서 걷기 시작하여 팔랑마을까지 간 다음 그곳에서 하룻밤 묵자. 이튿날 내령마을로 내려와 뱀사골 계곡에서 놀면 적당하다.

access 남원고속버스터미널 또는 남원공용버스터미널, 남원역에서 141, 142번 버스를 타고 원천정류장에서 하차(1시간 30분 정도 소요), 돌아갈 때는 내령마을에서 141, 142번 버스 탑승
course 원천마을 ⋯⋯▸ 팔랑마을(원래 코스는 팔랑마을 다음에 팔랑치 ⋯▸ 바래봉 ⋯▸ 허브밸리까지 이어지는데, 걷기에 자신 있는 사람만 선택하자.)

숲길을 걷는 즐거움

　　원천마을부터 걷기 시작하자. 장항리에서부터 원천마을까지는 도로를 따라 걷는 밋밋한 길이다. 원천마을을 바라보면 왼쪽으로 비탈진 시멘트 포장길이 보인다. 무지 가파르다. 처음부터 힘 뺄 건 없으니 쉬엄쉬엄 오르자. 언덕을 올라가면 시멘트 포장길이 끝나고 흙길이 나온다. 바로 옆에 정자도 있다. 정자에 앉아 잠시 가쁜 숨을 가다듬자.

　　이제부터는 진짜 숲길이다. 눈이 튀어나올 만큼 가파른 고개가 두어 곳 있는데 피할 수는 없다. 걸어 올라가야 한다. 오르고 또 오르면 못 오를 리 없건마는 오르지도 않고 산만 높다 할 수는 없다. 가파른 고갯길만 계속되는 것은 아니다. 평지길로도 이어진다. 길은 두세 사람이 나란히 손잡고 갈 만한 넓고 평탄한 숲길이 대부분이다.

　　쭉쭉 뻗은 나무는 곧고 잎은 울창하다. 햇볕 내리쬐는 여름 더위에도 숲길만큼은 서늘하다. 가다 보면 샘을 만난다. 샘 이름이 참샘이다. 신선이 하늘에서 보니 세상 사람들이 혼탁하게 살아 특별히 내린 샘물이다. 이 샘물을 마시면 마음이 맑아진다고 한다. 옆에 있는 친구에게 필히 먹이자.

산속 마을 팔랑마을에서 하룻밤

지리산에 하늘 아래 첫 동네로 불리는 심원마을이 있다. 지리산 반야봉과 노고단 사이의 심원계곡 상류에 있는 깊은 산속 마을이다. 그런데 하늘 아래 첫 동네로 알려지기 시작하면서 민박 및 음식점, 펜션이 하나둘 늘어나기 시작했다. 집들은 산속 마을답지 않게 현대식으로 바뀌어 여느 관광지와 다를 바가 없다. 가는 길도 만만치 않다.

팔랑마을이 그나마 산마을다운 소박함이 남아 있다. 물론 그 마을에도 민박집과 음식점이 몇 군데 있다. 팔랑마을도 이제는 찻길이 나 있어 쉽게 갈 수 있다. 산마을의 정취가 남아 있으면서도 편하게 하루를 묵을 수 있다는 점에서 추천할 만하다. 민박집 마당에 앉아 있으면 온통 산이다. 총총 별들이 쏟아질 것 같은 밤하늘을 바라보며 두런두런 이야기를 나누기에 좋다. 뱀사골계곡에서 물안개라도 피어오르면 구름 위에 뜬 세상이다. 신선이 따로 없다.

지리산 속에 폭 파묻힌 팔랑마을. 여기를 둘러봐도 산, 저기를 둘러봐도 산이다.

뱀사골계곡에서 물놀이

산속에서 맞는 아침은 어떨까? 새벽안개와 아침 이슬이 맺힌 수풀, 밝아 오는 해와 함께 서서히 깨어나는 숲을 지켜 보자. 그리고 뱀사골계곡으로 내려가 물놀이를 한다. 뱀사골계곡은 14km에 달하는 기나긴 계곡이다. 계곡 따라 올라가는 트레킹 코스만 10km로, 걷는 데 4시간에서 5시간 정도 걸린다. 물론 요룡대, 탁용소, 뱀소, 병소, 병풍소 등 아름다운 경치가 함께한다.

하지만 꼭 걸을 필요는 없다. 멀리 갈 것 없이 물놀이만 해도 좋다. 팔랑마을에서 도로를 따라 30분 정도 걸어 내려오면 계곡 옆으로 내령마을이 있다. 내령마을에서 뱀사골계곡으로 내려가 그늘이 있는 큰 바위 하나를 차지하고 돗자리 깔고 놀면 된다. 주전부리와 읽을 책, 음악이 있으면 더 좋다. 뱀사골계곡물은 여름에도 손을 담그면 시릴 정도로 차다.

계곡에서 한나절 뒹굴다가 배가 고파지면 내령마을 식당이나 상점을 찾아가 끼니를 해결하자. 그리고 집으로 돌아갈 채비를 하면 푸릇한 산속에서의 1박 2일 일정이 마무리된다.

어디까지 가 봤니?

지리산둘레길

지리산신선둘레길과 지리산둘레길은 코스가 다르다. 지리
산신선둘레길은 남원시에서 복원한 옛길이고 지리산둘레길
은 말 그대로 지리산을 한 바퀴 빙 도는 길이다. 지리산둘레
길은 전라남·북도, 경상남도 3도에 걸친 22개 코스가 있다.
하루 이틀에 걸을 수 있는 길이 아니고 계절에 따라 적절하
지 않은 코스도 있다. 지리산둘레길을 완주하려면 홈페이지
를 찾아 구간 정보를 확인하는 등 철저한 준비를 하고 넉넉
한 시간 계획도 세워야 한다.

homepage www.trail.or.kr

남원에 가면?

남원에 가면 빼놓을 수 없는 곳이 바로 광한루원이다. 성춘
향과 이 도령이 만난 문제의 현장을 눈으로 직접 확인해 보
자. 남원공용버스터미널이나 남원역을 이용하면 광한루원
까지 걸어갈 수 있다. 광한루 앞 오작교를 건너 보고, 춘향과
이 도령 옷을 입고 사진도 찍자.

광한루원 앞으로 남원시를 흐르는 요천이 있다. 요천을 건너
면 춘향테마파크까지 걸어갈 수 있다. 춘향테마파크는《춘향
전》을 테마로 하여 곳곳을 꾸민 공원이다. 춘향 모 월매집을
비롯해 다양한 작품 속 장소를 엿볼 수 있다. 이 도령이 춘향
을 찾는 장면, 춘향이 동헌에서 고초를 겪고 감옥에 갇힌 모
습 등도 꾸며 놓았다. 테마파크 입구에 있는 사랑의 언덕에
서는 남원시를 내려다볼 수 있는데 자물쇠를 달 수 있는 커
다란 하트가 있다. 그 외 지푸라기 체험, 떡메 체험 등 각종 체
험을 할 수 있는 공간이 있다.

광한루원 인근 남원의 옛 동네를 돌아보는 재미도 쏠쏠하다.
마치 시간이 이곳만 띄엄띄엄 지난 듯 1970, 80년대 느낌이
물씬 난다. 골목골목을 다니다 만나는 시장에서 군것질하는
재미도 좋다.

철원

한탄강에서 얼음 트레킹하며 컵라면 먹기

눈 덮인 철원 들판이 갑자기 푹 꺼지며 수직 절벽을 이룬다. 하늘에서 보면 구불구불 땅이 갈라진 듯 보인다. 오랜 옛날 용암이 흘러간 길이다. 그 협곡에 강이 흐른다. 이름하여 한탄강. 여름 래프팅으로 이름난 강인데 요즘은 겨울 얼음강 트레킹으로 더 알아준다. 주상절리 협곡 사이의 얼어붙은 강 위를 걷는 트레킹을 할 수 있는 곳은 우리나라에 또 없다.

십 년이 지나도 선명한 추억 만들기

겨울 한복판, 며칠째 수은주가 영하 10℃를 오르내리면 철원에 있는 한탄강을 찾아 보자. 아니 그 추운 날 왜 강이냐고? 그때 아니면 걸을 수가 없으니까. 한탄강이 꽁꽁 얼어야 강 위를 걸어 내려갈 수 있다. 그러니까 왜 걸어야 하느냐고? 겨울 한탄강 협곡이 빚은 절경을 꼭 봐야 하기 때문이다.

한탄강은 평탄한 들판 아래 푹 꺼진 협곡 사이로 뱀처럼 구불구불 흐르는 강이다. 강원 평강군에서 흘러와 철원 연천을 지나 임진강으로 흘러 들어간다. 아주 오랜 옛날 용암이 흘러갔던 길이다. 깎은 듯한 수직 절벽 아래 붉은 용암이 굽이쳐 흐르는 상상을 하면 아찔하다.

양쪽이 절벽이니 물이 흐를 때는 강을 따라 가기 어렵다. 그때는 래프팅을 해야 한다. 그런데 노 젓기도 바쁜 래프팅을 하면서 절벽과 협곡이 눈에나 들어올까? 눈앞에 닥친 물길 보기에도 바쁘다. 그러니 겨울에 걷는 게 맞다. 강 한복판을 걸으며 눈 쌓인 주상절리를 감상할 수 있다.

한탄강 얼음 트레킹을 하면 엉뚱한 장점도 있다. 이런저런 모임에서 제각기 여행 자랑을 할 때 '겨울 한탄강을 걸어 봤는데 말야.'라고 말을 꺼내면 일단 꿀리지는 않는다. 한 10년은 우려먹을 수 있다.

add 강원도 철원군 동송읍 장흥리(직탕폭포)
access 신철원으로 갈 때는 시외버스터미널에서 농어촌버스를 타고 윗상사리정류장에서 하차한다. 50분 정도 소요된다. / 고석정까지 가서 돌아올 때는 농어촌버스를 타고 신철원시외버스터미널에서 하차한다. 30분 정도 소요된다.
course 직탕폭포 ⋯▶ 태봉대교 ⋯▶ 송대소 ⋯▶ 승일교 ⋯▶ 고석정 (약 5.8km) / 순담계곡 ⋯▶ 고석정(약 2.5km)

· TIP ·
승용차를 이용한다면 고석정에 주차한 후 농어촌버스를 이용하여 장흥3리 정류장까지 간다. 장흥3리 정류장에서 다시 농어촌버스(상사리 방향)를 타고 직탕폭포 입구 4거리에서 내린 후 조금 걷는다.

살아서 돌아오자!

얼음 트레킹을 하려면 추위 준비를 철저히 해야 한다. 겨울 강 협곡 사이를 지나는 세찬 바람은 그야말로 살을 에는 듯하다. '에 는'은 칼로 도려낸다는 뜻이다. 에는 아픔을 맛보고 싶지 않으면 눈만 내놓고 걸어야 한다. 맨눈도 걱정되면 스키 고글을 가져가자. 바람이 거세거나 갑자기 눈보라가 칠 때 큰 도움이 된다. 얇은 옷을 여러 벌을 껴입는 것도 좋다. 두터운 점퍼 하나 믿고 갔다가 점퍼를 관통하는 한파 체험을 겪을 수 있다.

먹을 것도 챙겨야 한다. 양쪽이 절벽이라 배고파도 간식을 사 먹을 곳이 없다. 절벽 위에 펜션도 있고 식당도 있지만 얼어붙은 빙벽을 기어오른다는 것은 불가능하다. 중간에 다리나 도로로 올라갈 만한 곳이 있는데 그곳으로 올라가도 따뜻한 식당이나 매점이 기다리고 있는 것은 아니다.

결국 라면을 끓여 먹는 게 최고인데, 이것도 상황이 여의치 못할 때가 있다. 바람이 세거나 눈이 내려도 피할 곳이 그리 많지 않기 때문이다. 추워서 가스버너 불도 잘 붙지 않는다. 신문지나 종이 박스에 불을 붙여서 버너에 불을 붙이는 모험은 권하고 싶지 않다. 수건에 버너를 잘 감싸서 배낭 깊숙이 넣었다가 꺼내자마자 바로 조립해서 불을 붙여야 한다. 이렇게 힘들게 끓인 라면 맛은 말해서 무엇하랴. 가히 꿀맛이다. 라면을 끓이기 어려울 때를 대비해서 열량을 높일 수 있는 단 음식이나 허기를 누그러뜨려 줄 부드러운 카스테라를 따로 준비하는 것도 좋다.

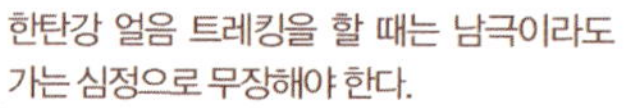

코스 선택 기준은 무리하지 않는 것

한탄강 얼음 트레킹 코스는 직탕폭포에서 태봉대교 밑을 지나 송대소, 승일교를 거쳐 고석정, 순담계곡으로 이어진다. 대개는 직탕폭포에서 고석정까지 약 6km 정도 걷는다. 겨우 6km라고 가볍게 생각하면 고생한다. 미끄러운 얼음 위를 걷기 때문이다. 물살이 빠른 곳은 얼음이 얇거나 아예 얼지 않아 이리저리 돌아가야 한다. 못 잡아도 3시간이다. 간식 먹고 더듬거리며 오면 5시간도 걸린다.

고석정에서 순담계곡까지 둘러보려면 약 2.5km 정도 더 걸어야 한다. 이 길은 물이 깊고 흐름도 빨라 더욱 조심해야 할 구간이다. 군데군데 강 옆 바윗길로 올라서 걸어야 하는 곳도 있다. 산악회에서 한탄강 얼음 트레킹을 추진하면서 직탕폭포에서 순담계곡까지 약 4시간이라고 공지한다. 그들은 매주 산을 타는 사람들이다. 아이젠이며 스틱이며 장비까지 제대로 갖추고 폭풍 질주하듯 걷기만 한다. 그렇게 군인이 행군하듯 앞만 보고 무작정 질주하면 간신히 4시간이 된다. 어쩌다 걷는 일반인은 어림없는 시간이다. 그러므로 욕심을 버리고 직탕폭포에서 고석정까지만 걷자. 아니면 순담계곡에서 고석정까지 올라오는 걸로 하자.

1 고석정에서 바라본 한탄강. 순담계곡으로 가는 길이다.
2 직탕폭포쪽에서 본 태봉대교. 여름이면 번지점프를 하는 곳이다.

1 작은 나이아가라폭포라고 귀여운 허풍을 떠는 직탕폭포
2 한탄강 얼음 트레킹을 하다 보면 한겨울에도 얼지 않고 흐르는 물을 만난다.

얼음 강의 공포

직탕폭포를 흔히 '한국의 나이아가라'라고 하는데 그렇다고 큰 기대를 하면 안 된다. 나이아가라 백분의 일 미니어처로 보이기 때문이다. 게다가 얼어붙어 폭포 같지도 않다. 심지어 한탄강 협곡을 그랜드캐니언이라 말하는 이도 있다. 좋은 것은 좋은 것이지만 과장이 심하면 허풍이 된다. 한탄강은 한탄강 나름의 고유 매력이 있는 곳이다.

'한탄'에서 '탄'은 옅은 바닥이나 좁은 협곡 사이로 빠르게 지나는 물살을 말한다. '강'이라는 지명은 물이 깊고 많음을 뜻한다. 한탄강이라는 이름에는 탄과 강이 둘 다 붙어 있다. 이는 물살이 빠르고 물도 많다는 뜻이다. 래프팅 코스로 이름난 순담계곡은 물이 깊고 속에서 맴돌며 흘러가 여름에도 위험한 곳이다.

직탕폭포에는 음식점이 두세 곳 있는데 그 밑으로 내려가서 강을 따라 걸어 내려가면 된다. 산처럼 길을 잃을 염려는 없다. 얼음 밑으로 강물은 여전히 빠르게 흘러간다. 강물과 얼음 사이에 약간의 공간이 있는데 얼음 어딘가 갈라지면 이 공간에 소리가 퍼져 '쩌엉' 하고 울린다. 가끔 '물에 빠지면 얼음 잡고 올라오지!' 하고 생각하는 사람도 있다. 어림도 없는 소리이니 행여 그럴 수 있을 것이라 꿈도 꾸지 말자. 물이 허리쯤만 차도 빠지자마자 물살에 쓸려 내려간다. 강 위는 얼음으로 덮여 있으니 나올 수도 없다. 제발 조심조심 걷자.

힘든 만큼 만족도 최고!

이토록 힘들고 위험한 것을 왜 하나 궁금하다면 주위를 둘러보자. 28만 년 전에 시뻘건 용암이 쓸고 내려갔던 길이다. 땅까지 녹여 가며 흐른 용암은 양쪽 절벽에 자신의 흔적을 새겨 놓았다. 주상절리라 부르는 바위 절벽의 선들에 하얀 눈들이 틈틈이 박혀 있는 모습은 그 어디서도 보기 힘든 풍경이다. 절벽 위에 선 앙상한 나무들 또한 풍경을 더한다.

고석정에 이르면 강 가운데 뾰족하게 솟은 바위가 보인다. 바위 위에 소나무가 버티고 선 모습은 얼음 트레킹 구간 가운데 풍경이 가장 뛰어나다. 고석정까지 가면 절벽 위로 올라가는 계단이 있다. 그 위에는 따뜻한 커피와 먹을 것을 파는 식당과 매점이 있다. 행여 있을지 모를 위험 때문에 이런저런 잔소리가 길어졌을 뿐 대비만 잘하면 큰 어려움 없는 길이다. 위험과 어려움에 비해 만족도가 아주 높은 트레킹이다. 사실 어려움을 많이 겪어야 기억에도 오래 남는다. 마음이 동했다면 이번 겨울에 바로 도전해 보자. 한탄강 얼음 트레킹!

1 바위 틈틈이 눈이 박혀 있는 주상절리
2 얼음 트레킹 구간 중 가장 아름다운 곳인 고석정은 임꺽정이 묵은 곳으로 알려져 있다.

꼭 챙기자!

아이젠, 스틱, 방한복, 방한모, 목폴라, 방한장갑, 등산화는 기본. 따뜻한 손난로도 있으면 챙겨 보자. 먹을 것과 마실 것은 물론이다. 보온병에 따뜻한 음료를 채워 가면 인기 만점!

여수

향일암에서 일출 보며
10년 인생 설계하기

1년 365일 매일매일 해가 뜨고 해가 진다. 그렇다고 매일 일출을 볼 수 있는 것은 아니다. 구름이 잔뜩 낀 날이나 비 오는 날, 눈 오는 날 등 기상이 좋지 못한 날은 일출을 보지 못한다. 설령 일출을 볼 수 있는 날씨라고 해도 일출을 볼 수 있는 시간이 여의치 않다. 결국 1년 중 어느 날 일출을 볼 수 있다는 것은 큰 행운이다. 그 아름다움도 아름다움이지만, 새 마음 새 뜻으로 굳은 결심을 할 수 있는 계기가 된다. 당장 아름다운 아침 태양을 품고 있는 향일암으로 뜨거운 행운을 만나러 떠나 보자.

• Point •
일출만큼 아름다운 새벽 만나기
아슬아슬한 바위 틈 7번 통과하기

향일암 일출에 빠지다

새벽을 걷다

평소라면 곤히 잠들어 있을 시간, 새벽을 뚫고 향일암으로 향해 보자. 새벽의 정적 속에 발걸음 소리가 유난히 크게 들린다. 금오산 중턱에 위치한 향일암으로 향하는 길이 만만치는 않다. 일주문까지 오르는 길은 경사가 심해 발목이 뻐근해질 정도이다. 일주문에 서면 난코스인 계단과 마주하게 된다. 새벽부터 제대로 운동을 하게 만드는 코스이다. 계단이 싫다면 빙 둘러 오는 길도 있으니 선택은 자유다. 다리는 아파 오지만 생각은 단순해진다. 넉넉잡아 30분 정도 걸리니 성급히 오르려 하지 말자. 새벽의 고요함을 친구 삼아 천천히 걸어 보는 것도 좋다.

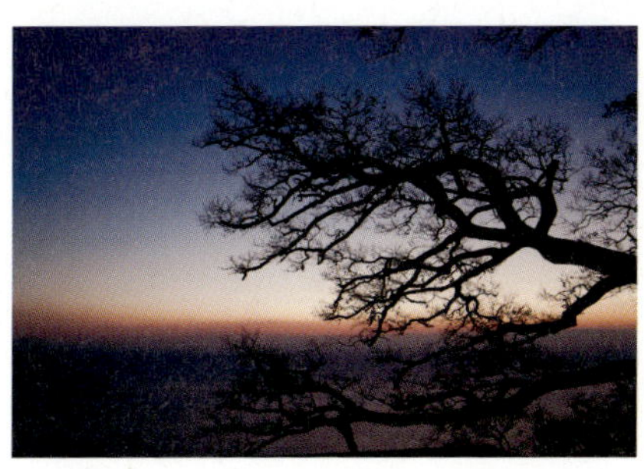

• TIP •
일출 시간 30분 전에 도착하는 것이 좋다. 새벽이 밝아 오는 아름다움은 일출만큼 매력적이니 놓치지 말자.

꼭 챙기자!
두툼한 외투나 가벼운 담요, 간편한 손전등, 카메라

뜨겁게 떠오르는 일출과 마주하기

심장 박동이 조금씩 빨라지기 시작하면 향일암에 도착한다. 그때쯤 되면 어두웠던 하늘색도 점점 바뀐다. 짙은 어둠이 해와 만나는 모습은 장관이다. 일출을 기다리는 사람들에게 자연이 보여 주는 선물 같은 시간이다. 하늘이 조금씩 밝아 오면 여수 바다가 서서히 모습을 드러낸다. 수평선이 붉게 물들기 시작하면 우리가 그토록 만나고 싶었던 일출이 시작된다.

떠오르는 태양을 마음속 가득히 담아 보자. 젊은 시절에 할 수 있는 것, 해야만 하는 것 등을 생각하며 10년 인생 설계를 해도 좋다. 태양을 마주 볼 수 있는 시간은 짧지만 그 여운은 진하게 남는다.

1 하늘과 바다 경계에서 태양이 떠오른다.
2 일출을 보며 마음을 담아 소원을 빌어 보자.
3 향일암으로 오르는 길은 만만치 않다.
  경사가 심한 길과 계단은 보기만 해도 아찔하다.

아침 태양을 향한 향일암

일출을 본 후에는 향일암을 둘러보자. 향일암은 바다를 바라보고 있어 풍광이 아름답기로 유명한 암자다. 2009년 화재로 아픔을 겪었지만 다시 옛 모습을 찾기 시작했다. 원효대사가 659년 원통암이라는 이름으로 창건한 것으로 알려져 있다. '해를 바라본다'라는 뜻이 담긴 향일암은 일출이 시작되면 따뜻한 아침 햇살로 가득 채워진다.

향일암이 있는 금오산은 풍수지리적으로 거북이를 닮았는데 거북이 등껍질 위치에 향일암이 자리하고 있다. 그래서 향일암 주변에는 유독 거북이 모양의 조각들이 많다.

향일암을 오르내릴 때에는 바위 사이로 난 길을 지나게 된다. 웅장한 바위 사이의 폭이 유난히 좁아 한 사람씩 지날 수 있다. 성인이 지나기에 빠듯할 정도로 좁은 곳도 있어 힘을 잔뜩 주고 지나게 된다. 향일암에는 이처럼 바위 틈 사이로 난 길이 7곳이 있다. 바위틈 사이를 모두 통과하면 소원을 들어준다는 전설도 전해진다.

add 전라남도 여수시 돌산읍 향일암로 60
access 여수시외버스터미널 맞은편 정류장에서 111번 시내버스를 타고 향일암 종점에서 하차, 도보 30분 / 여수엑스포역에서 2번 버스를 타고 진남관에서 하차한 후 111, 113번 시내버스를 타고 향일암 종점에서 하차, 도보 30분
open 연중무휴
fee 2,000원(새벽에는 무료)
tel 061-644-4742(향일암종무소)
homepage www.hyangiram.org

1 향일암 돌거북이와 함께 떠오르는 태양을 바라보자.
2 향일암에서 내려오는 바위 사잇길에서는 괜스레 배에 힘을 주고 지나게 된다.

 ## 여수 갓김치 맛보기

여수 대표 음식으로 갓김치가 있다. 향일암에서 일출을 보고 내려오면 갓김치를 판매하는 곳들이 문을 연다. 알싸한 맛이 일품인 갓김치를 시식해 볼 수 있으니 그냥 지나치지 말자. 향일암 주변에 여수 갓김치를 반찬으로 내놓는 식당들이 있다. 아침 일찍부터 문을 여니 따뜻한 아침을 먹을 수 있다.

 **Must-eat**

처갓집식당

add 전라남도 여수시 돌산읍 향일암로 53
open 06:00~19:00
menu 우거지백반 8,000원, 게장백반 12,000원
tel 061-644-7947

서울식당

add 전라남도 여수시 돌산읍 향일암로 70-1
open 07:00~18:00
menu 해물된장찌개 10,000원, 게장백반 12,000원
tel 061-644-7797

전통맏며느리돌산갓김치

add 전라남도 여수시 돌산읍 향일암로 39
open 06:00~17:00
menu 게장백반 10,000원, 갈치조림 10,000원, 해물된장찌개 8,000원
tel 061-644-3990

· TIP · 밤 기차 이용하기

용산에서 출발하는 마지막 무궁화호를 타면 새벽 4시 경에 여수엑스포역에 도착한다. 111번 버스를 탑승하면 향일암으로 갈 수 있다. 111번 버스는 새벽 4시 30분과 새벽 5시 40분에만 여수엑스포역정류장까지 온다. 이후에는 동초교에서 탑승해야 한다. 버스로 여수엑스포에서 출발하면 향일암까지 약 1시간 정도 소요된다.

향일암에서의 1박 2일

일출을 보려면 평소보다 일찍 일정을 시작해야 한다. 가장 좋은 방법은 향일암 근처에서 숙박을 하는 것이다. 특히 일출이 빠른 여름에는 그렇게 하는 것이 좋다. 향일암 근처에 게스트하우스는 없고 민박이나 펜션이 있다. 식당과 함께 민박을 겸하고 있는 곳이 많다.

두 번째 방법은 여수시에서 숙박을 하고 새벽에 첫 버스를 타고 향일암으로 가는 방법이다. 여수엑스포 근처와 진남관 근처에 게스트하우스가 많다. 단, 새벽에 움직일 때는 도미토리에서 함께 숙박하는 사람들에게 피해가 가지 않게 해야 한다.

Accommodation

• 향일암 근처 숙박

뜨레모아

향일암으로 올라가는 길에 위치하고 있어 찾기 쉽다. 펜션과 모텔을 함께 운영하여 깔끔하다.

add 전라남도 여수시 돌산읍 향일암로 64
fee 모텔 2인 40,000~50,000원, 펜션 60,000~130,000원, 주말 요금 별도
tel 061-644-0081
homepage www.tremoa.co.kr

바다가 있는 풍경

향일암 근처에 있어 향일암 일출을 보기에 좋다. 펜션 이름처럼 객실에서 여수 바다가 보인다.

add 전라남도 여수시 돌산읍 향일암로 82
fee 모텔 2인 40,000원, 펜션 60,000~120,000원, 주말·성수기 요금 별도
tel 061-644-5222
homepage www.바다가있는풍경.kr

• 여수 시내 숙박

여수게스트하우스터틀빈

진남관 근처에 있어 주변 관광지와 연결성이 좋다. 향일암으로 가는 버스가 가까이 지나가니 향일암을 오갈 때 묵기 좋다.

add 전라남도 여수시 통제영4길 6-6
fee 도미토리 20,000원, 주말·성수기 요금 별도, 조식 포함
tel 070-7794-1900
homepage cafe.naver.com/turtlebean

그림정원 게스트하우스

여수엑스포 정문에서 도보로 10분 정도 걸린다. 다락방과 예쁘게 꾸며진 옥상정원이 있어 인기가 많다. 도미토리 외에도 온돌방, 트윈룸 등 선택할 수 있는 방이 다양하다.

add 전라남도 여수시 관문서8길 10-2
fee 도미토리 20,000~25,000원, 트윈룸 70,000원, 주말 요금 별도, 조식 포함
tel 010-3968-3556
homepage grimgardeninyeosu.modoo.at

한탄강

카라반에서 이틀 동안
무위도식하기

캠핑은 좋은데 추운 것, 더운 것이 싫다면? 캠핑은 좋은데 텐트가 없다면? 그렇다면 캠핑을 아예 포기해야 하는 걸까? 아니다. 카라반 캠핑이 있다. 카라반에는 집을 축소시켜 놓은 것처럼 하루 이틀 머무는 데 필요한 물건들이 오밀조밀 모여 있다. 냉난방기가 갖춰져 있어 텐트보다 날씨의 영향을 적게 받는 것도 물론이다. 작은 공간에서 함께 음식을 나누어 먹고 도란도란 이야기를 나누는 시간이 즐겁다. 카라반에서 우리만의 밀도 높은 여행이 시작된다.

• Point •
카라반 안에서 게임하며 놀기
야외에서 숯불 바비큐 즐기기

대중교통으로 가는 한탄강오토캠핑장

한탄강오토캠핑장은 뚜벅이 여행자에게 열려 있는 곳이다. 보통 캠핑장의 경우 자가용이 없으면 접근이 어려운 경우가 많다. 그러나 한탄강오토캠핑장은 대중교통으로도 편하게 이용할 수 있다. 버스를 이용할 수도 있지만 지하철 통근열차를 타고 갈 수도 있다. 통근열차는 경원선의 일부로 동두천역과 신탄리역 구간을 운행한다. 1호선 동두천역에서 한탄강역까지 10분 정도 걸린다.

한탄강오토캠핑장은 시설 좋기로 소문이 자자하다. 깨끗하고 조용한 분위기 속에서 캠핑을 즐길 수 있기 때문이다. 뭐니 뭐니 해도 가장 큰 매력은 캠핑장이 아름다운 자연 속에 있다는 것이다. 캠핑장 바로 옆으로 강원도 철원과 평강에서 연천을 지나는 한탄강이 시원스레 흐른다. 수려한 풍경은 기본이고, 상쾌한 강바람까지 덤으로 즐길 수 있다. 산책로도 있어 한탄강을 따라 가볍게 산책하기에 좋다.

add 경기도 연천군 전고읍 전곡리 640
access 1호선 동두천역에 하차 후 한탄강역으로 가는 경원선(매시 10분 출발)을 타면 10분 소요 / 동두천역에서 39, 39-1, 39-5, 3300번 버스를 타고 한탄강역에서 하차
time 14:00~다음 날 11:00
fee 2인용 60,000원(주말·공휴일 80,000원, 성수기 100,000원), 4인 80,000~90,000원(주말·공휴일 100,000~110,000원, 성수기 120,000~130,000원)
tel 031-833-0030
homepage www.hantan.co.kr

※캠핑장 예약은 한 달 전에 오픈한다. 인기가 많은 곳이기 때문에 오픈과 동시에 예약이 마감되므로 서둘러 예약을 해야 한다.(매월 초 예약이 오픈되나 유동적이므로 홈페이지 공지 사항을 참고.)

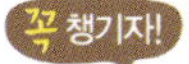

꼭 챙기자!

세면도구(수건은 지급된다),
바비큐 음식 재료, 벌레 퇴치 용품

 # 카라반 캠핑 200% 즐기기

꿈꾸던 로망 카라반

카라반은 이동식 주택을 부르는 말이다. 차 내부에서 생활을 할 수 있게 만들어져 캠핑을 좋아하는 사람들이라면 꿈의 공간이기도 하다. 지금부터 카라반에서의 꿈같은 하루를 시작해 보자.

오밀조밀한 공간에는 침대, 앙증맞은 세면대와 화장실, 샤워 시설까지 고루 갖춰져 있다. 싱크대까지 있어 간편하게 요리도 할 수 있다. 침대로도 사용할 수 있는 탁자와 소파는 좁은 공간에 꼭 맞게 들어가 있다. 구석구석 숨겨진 공간을 하나씩 찾는 재미가 있다. 좁은 공간이지만 구성이 알차다.

카라반에서 놀자

카라반에서 여유로운 시간을 마음껏 누려 보자. 껌딱지처럼 손에 붙어 있던 스마트폰도 잠시 넣어 두고 아날로그적인 소소한 시간을 가져 보자. 좋아하는 음악을 틀어 놓고 한껏 게으름을 피워도 좋고 여행을 떠나온 친구과 폭풍 수다를 나누어도 좋다.

멀리했던 책을 읽으며 편안한 시간을 보내거나 친구들과 함께 할 수 있는 추억의 게임을 해 보는 것도 재미있다.

다양한 야외 활동도 즐겨 보자. 저전거를 대여할 수 있으니 맑은 공기를 마시며 상쾌하게 달려 보는 건 어떨까? 오리배를 타고 한탄강을 누빌 수도 있으니 심심할 틈이 없다.

fee
오리배 15,000원(30분)
자전거 가족자전거 3인용 7,000원(30분),
　　　　 가족자전거6인용 10,000원(30분)

1 오리배 타고 한탄강 누비기
2 폭신한 침대와 깔끔한 이부자리
3 텔레비전, 냉장고, 화장실, 싱크대 등 편의 시설
4 좁은 공간을 알뜰하게 이용한 카라반 내부

캠핑의 꽃, 바비큐 파티

캠핑을 즐기고 싶어도 캠핑 장비 비용을 생각하면 부담스럽다. 한탄강오토캠핑장의 카라반은 대부분의 편의 시설이 갖춰져 있어 이런 부담을 줄일 수 있다. 캠핑에서 빼놓을 수 없는 바비큐 역시 필요한 장비를 빌릴 수 있어 간편하다.

캠핑에서 고기는 진리다. 사실 고기를 먹으러 가는 캠핑족도 많다. 아무리 배가 고파도 성급한 마음부터 진정시키자. 숯불에서는 화력이 세거나 기름기가 많으면 쉽게 고기가 탈 수 있다. 자주 뒤집어 주거나 포일을 석쇠 위에 깔고 굽는 것도 방법이다. 지글지글 익어 가는 고기처럼 카라반 캠핑의 시간도 맛있게 흘러간다.

캠핑의 꽃 바비큐를 즐겨 보자. 지글지글 익어 가는 소리까지 맛있다.

한탄강 오토캠핑장 주변 여행지

오토캠핑장 주변으로 선사 유적을 엿볼 수 있는 흥미로운 곳이 있다. 세계 구석기 지도를 바꿔 놓은 주먹도끼가 발견된 전곡리이다. 한탄강에서 마음껏 놀다가 심심할 때쯤, 유적지나 박물관에서 구석기 시대의 생활을 들여다 보자.

전곡선사박물관

전곡선사박물관은 2012년 한국건축문화대상 우수상을 수상하였다. 선사유적지를 뒤로 하고 첨단 과학 기지를 연상하게 하는 아름다운 건물이 유려한 곡선을 자랑하며 편안하게 누워 있다. 박물관에 들어서면 약 700만 년 전 인류부터 각 시대별 화석 인류를 마치 살아 있는 듯 생생하게 복원해 놓았다. 전곡리에서 발굴된 주먹도끼, 구석기 벽화 동굴 등 다양한 볼거리가 있다. 체험관 옆 카페테리아에서는 한탄강 계곡의 절경을 볼 수 있으며, 박물관 옥상 위에서는 선사유적지를 한눈에 볼 수 있다.

add 경기도 연천군 전곡읍 평화로 443번길 2
access 한탄강 오토캠핑장에서 도보 10분
open 10:00~18:00(7~8월 10:00~19:00, 매주 월요일 휴관)
fee 4,000원
tel 031-830-5600
homepage jgpm.ggcf.kr

전곡리선사유적지

전곡리선사유적지는 구석기 시대의 유물이 발견된 곳으로, 테마공원이 꾸며져 있다. 1978년 발견된 석기로 인해 세상에 알려졌다. 유적지에는 구석기 시대 생활상을 엿볼 수 있는 움집, 전시관 등이 있다. 5월이면 구석기 축제가 열린다.

add 경기도 연천군 전곡읍 양연로 1510
access 한탄강 오토캠핑장에서 산책로를 따라 도보 10분
open 3~10월 09:00~18:00, 11~2월 09:00~17:00(매주 월요일 휴관)
fee 1,000원
tel 031-832-2570
homepage tour.yeoncheon.go.kr

김제

금산사 템플스테이에서 108배 하기

일상은 언제나 빠르게 돌아간다. 새로운 것을 배우고, 익히고, 기다리는 과정이 끊임없이 반복된다. 그러다 보면 어느 순간 일상의 굴레를 멈추고 쉬고 싶다는 느낌이 들 때가 있다. 그럴 때면 몸과 마음을 되돌아보는 시간이 필요하다. 일상에서 벗어나 조용한 산사에서 보내는 템플스테이는 그동안 챙기지 못한 마음을 들여다보는 시간이 될 것이다.

· TIP · 행복 만원 템플스테이
봄 · 가을 여행주간에 '행복 만원 템플스테이'를 진행한다. 만원으로 참여가 가능해 저렴하게 체험할 수 있다. 체험비용이 부담스럽다면 이 기간을 잘 활용해 보면 좋다.
homepage www.templestay.com

· Point ·
푸릇푸릇한 나물 가득한 절밥 먹어 보기
새벽 예불 참석하기

특별한 하루를 선물하기

사찰은 수행자의 삶이 깃든 곳이다. 템플스테이는 짧게나마 수행자의 삶을 경험해 볼 수 있는 시간이다. 전국의 많은 사찰에서 진행되고 있어 어렵지 않게 참가할 수 있다. 참가자들은 사찰의 예절을 배우며 템플스테이를 시작하게 된다. 프로그램에 맞춰 참여하면 되므로 걱정은 잠시 내려 두자. 템플스테이는 종교를 떠나 쳇바퀴 돌듯 바쁘게 살아가는 우리에게 훌륭한 휴식처이다.

금산사에서의 하루

금산사는 김제 모악산에 있는 사  찰이다. 입구에서 사찰로 이어지는 산책로부터 힐링의 시작점이 된다. 산책로를 따라 쉬엄쉬엄 걷다 보면 어느새 금산사에 도착한다. 계절마다 색깔이 바뀌는 숲과 사찰이 어우러져 어느 계절에 찾아도 좋다. 큰 규모만큼이나 긴 역사를 간직한 금산사는 백제 법왕 때 지어졌으며, 국보 제62호 미륵전과 진응탑비 등 많은 보물을 가지고 있다. 아름다운 자연과 오랜 역사를 한꺼번에 경험할 수 있는 시간은 아주 특별하다.

금산사 템플스테이는 365일 참여가 가능하며, 체험형 템플스테이와 휴식형 템플스테이로 나누어 진행한다. 휴식형 템플스테이는 별다른 체험 과제 없이 예불 시간과 공양 시간만 지키면 되므로 오롯이 자신만의 시간을 가질 수 있다. 체험형 템플스테이는 '나를 위로한다'라는 프로그램으로 진행하고 있다. 108배와 염주 만들기, 스님과의 대화, 숲속 걷기 등으로 이루어져 있고, 짝수 달 마지막 토요일에는 '내비둬' 콘서트도 진행하고 있어 다양한 참여가 가능하다.

관람객들이 돌아가는 저녁 시간이 되면 오롯이 금산사를 느낄 수 있다. 템플스테이 참여자에게 주어지는 선물 같은 시간이다. 밤이 깊어지면 산사에는 고요함이 더욱 짙어진다. 고요함 속에 자신과 마주하는 시간은 더할 나위 없이 편안하다.

새벽 예불 참석하기

사찰의 하루는 세상이 잠들어 있는 이른 새벽에 시작된다. 어둠이 채 가시지 않은 새벽 4시 반에 예불을 시작한다. 고요함 속에 울려 퍼지는 목탁 소리로 시작을 알린다. 새벽의 사찰을 느낄 수 있으니 참여해 보자. 목탁 소리에 맞춰 절을 하며 몸을 낮추는 것만으로도 큰 의미가 있다. 새벽 예불 참여는 선택이 가능하다.

add 전라북도 김제시 금산면 모악15길 1
access 전주고속버스터미널에서 79번 버스 (금산사행) 탑승 후 50분 소요/ / 김제버스터미널에서 5번 버스 탑승 후 50분 소요.
fee 1박 2일 50,000원, 2박 3일 100,000원
tel 063-542-0048
homepage www.geumsansa.org

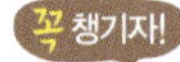 **꼭 챙기자!**

세면도구와 수건은 가져가야 한다.

1 일주문에서 이어지는 소담한 산책로를 따라 걸으면 금산사에 도착한다.
2 국보로 지정된 미륵전의 웅장함을 느낄 수 있다.
3 산사의 고요한 밤은 특별한 선물이다.
4 전각마다 다른 모양의 문살을 보는 즐거움도 있다.

수도권 템플스테이

진관사

서울에서도 템플스테이를 경험할 수 있다. 진관사는 북한산 자락에 위치한 사찰이다. 서울 근교의 4대 명찰로 유명하다. 휴식형과 체험형으로 템플스테이가 진행되고, 데일리 템플스테이도 이용할 수 있다. 휴식형의 경우, 진행되는 프로그램을 선택해 자유롭게 참여할 수 있다.

add 서울특별시 은평구 진관길 73
access 3, 6호선 연신내역 3번 출구로 나와 연서시장 정류장에서 701번, 7211번 버스를 타고 진관사 정류장에서 하차, 도보 15분
fee 휴식형 1박 2일 70,000원, 체험형 1박 2일 70,000원 | **tel** 02-388-7999
homepage jinkwansa.templestay.com

길상사

성북동에 법정스님이 계셨던 유명한 길상사가 있다. 도심 속 사찰이지만 일주문을 통과하면 복잡했던 모습 대신 조용한 사찰의 공간과 만나게 된다. 길상사 템플스테이는 매달 셋째, 넷째 주말에 진행한다.

add 서울특별시 성북구 선잠로5길 68 길상사
access 지하철 4호선 한성대입구역 6번 출구로 나와 60m 정도 직진하면 셔틀버스를 탈 수 있다. 도보 20분
fee 1박2일 50,000원(길상사 템플스테이에 1회 이상 참여 시 30,000원)
tel 02-3672-5945
homepage kilsangsa.info

용문사

용문사는 신라 신덕여왕 때 창건되었다고 전해지는 사찰이다. 특히 수령 1,100년이 넘은 아름드리 은행나무는 그 크기만으로도 오랜 세월을 느낄 수 있다.

add 경기도 양평군 용문면 용문산로 782
access 중앙선 용문역에 하차 후 1번 출구에서 용문사행 버스(30분 간격) 이용
fee 체험형 60,000원(체험형은 주말만 진행), 휴식형 50,000원
tel 031-775-5797
homepage yongmunsa.templestay.com

부산

부산국제영화제에서
하루 종일 영화 보기

매년 10월이면 부산에서 국제영화제가 열린다. 열흘 동안 평소 쉽게 접할 수 없는 각국의 다양한 영화 300여 편이 상영된다. 영화도 영화지만 영화제 때 진행되는 축제 또한 볼거리다. 남포동 상영관 근처의 자갈치 시장이나, 해운대 상영관 근처의 해운대해수욕장에서 즐기는 가을 바다 또한 놓칠 수 없다. 부산의 볼거리와 먹을거리도 놓치지 말자.

꼭 챙기자!

부산국제영화제 스마트폰 어플,
편한 신발, 영화제 티켓, 영화제 카달로그

·Point·
제3세계 영화에 빠져 보기
영화제 속 다양한 행사 즐기기
근처 부산 여행지 둘러보기

부산국제영화제, 그것이 알고싶다

1996년 시작된 부산국제영화제(BIFF)는 세계적인 브랜드로 자리매김한 축제이다. 예전에는 남포동을 중심으로 진행되다가 현재 영화의 전당과 해운대로 옮겨왔다. 프로그램도 나날이 다채로워지고 있다. 걸쭉한 거장들의 신작이나 세계적인 화제작을 만날 수 있고, 평소에 접할 수 없는 파격적인 스타일의 영화도 만날 수 있다. 새로운 시선으로 접근하는 와이드앵글 프로그램은 부산국제영화제의 자랑이다. 뉴 커런츠 프로그램을 제외하고는 비경쟁 부분을 중점으로 하는 영화제이다.

add 부산광역시 해운대구 수영강변대로 120(영화의전당), 해운대 일대 영화관
access 지하철 2호선 센텀시티역 6, 12번(영화의전당) / 해운대역 3, 5번 출구에서 도보 5~10분(해운대 일대 영화관)
open 매년 10월에 개막하며 10일 동안 이어진다.
homepage www.biff.kr

영화제를 즐기기 위한 약간의 준비

개막작과 폐막작, 인기가 많은 영화들의 경우 티켓 오픈과 동시에 분 단위로 매진이 이어진다. 보고 싶은 영화를 놓치지 않기 위해서는 레이더를 세우고 부지런히 움직여야 한다. 표는 현장에서도 구매가 가능하지만 되도록 인터넷 예매를 하는 것이 좋다. 인기가 많은 작품의 경우 예매를 하지 않으면 매진이 되어 보지 못하는 경우가 허다하다. 현장 예매의 경우, 앞 좌석만 오픈되기 때문에 좌석을 선택하는 폭도 좁다.

처음 부산국제영화제를 찾은 사람이라면 암호처럼 펼쳐진 상영표에 눈만 빙글빙글 돌릴지도 모른다. 평소에 보기 힘들었던 낯선 나라, 낯선 감독의 영화를 선택하는 것은 생각만큼 쉽지 않다. 무작정 아무 영화나 보았다가 상영 내내 졸다 나오는 경우도 있다. 그러다 보니 생각보다 영화제가 재미없다고 평하는 사람들이 생긴다. 이런 당혹감을 줄이려면 사전 공부가 필요하다.

영화제에 갈 날짜가 정해졌다면 부산국제영화제 홈페이지나 카달로그의 상영작 정보를 찾아보자. 감독이나 영화를 검색해 리뷰를 읽어 봐도 좋다. 줄거리, 감독의 이

전 작품이나 비평가의 리뷰 등을 보고 보고싶은 영화를 고르는 것은 가장 가슴 설레는 단계이다. 지금까지 없던 시각, 새로운 영상의 영화들이 하루에도 수십 편씩 상영되나 정보는 많지 않으니 마치 보물찾기 같다.

오픈토크로 이루어지는 배우와 감독과의 만남의 시간은 영화제에서만 즐길 수 있는 특권이다. 좋아하는 배우와 감독을 가까이에서 만나려면 관객과의 대화(GV) 시간을 미리 확인하자.

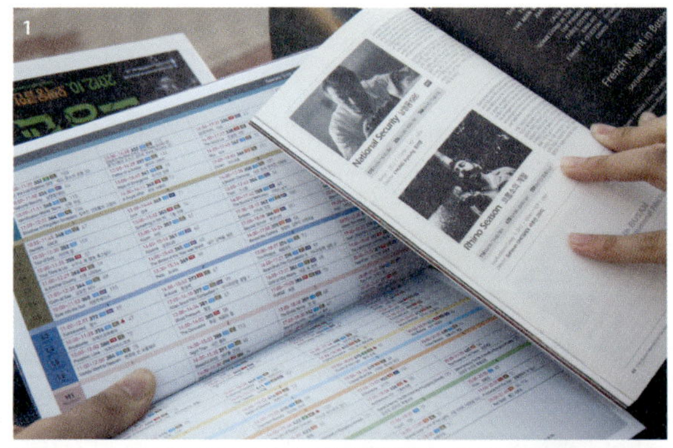

1-2 암호 같은 타임 테이블에서 보석 같은 영화를 찾아내는 즐거움이야 말로 영화제의 백미!

부산의 매력에 풍덩, 해운대

영화를 보다 휴식이 필요할 때는 해운대 바닷가로 향해 보자. 해운대 백사장에 있는 비프빌리지에서 진행되는 이벤트에 참여하는 재미가 쏠쏠하다. 푸른 물결 넘실대는 해운대 바다는 영화 관람으로 피로해진 눈을 시원하게 한다. 해운대를 따라 걸으면 백사장 끝으로 동백섬이 나온다. 동백섬에는 2005년 APEC 회의장으로 사용되었던 누리마루APEC하우스가 있다. 지금은 개방되어 관람이 가능하다. 한국의 정자를 표현한 누리마루는 부산의 매력적인 바다와 어우러져 한 폭의 그림처럼 아름답다.

영화의 전당은 크기만 해도 축구장 2.5배이다. 시네마운틴, 비프힐, 더블콘 등 3개의 건물로 구성되어 있다. 화려한 야간 조명도 볼 만하다.

해운대해수욕장
add 부산광역시 해운대구 달맞이길 62번길 47 | tel 051-749-7614

누리마루APEC하우스
add 부산광역시 해운대구 동백로 116 | tel 051-744-3140

영화의 전당
add 부산광역시 해운대구 수영강변대로 120 | tel 051-780-6000

48년 전통 해운대원조할매국밥

영화제가 열리는 해운대 근처는 국밥 골목으로 유명하다. 소고기국밥 한 그릇은 허기진 배를 채우기에 좋다. 양이 푸짐해 배부르게 먹을 수 있고, 가격도 5,000원으로 저렴하다. 주문과 동시에 뜨끈하게 끓여진 해장국이 패스트푸드 음식보다 빨리 나온다. 다음 영화 시간이 빠듯할 때 먹기에 그만이다.

add 부산광역시 해운대구 구남로21번길 27
access 2호선 해운대역 1번 출구에서 도보 5분, 31번 버스 종점 앞
open 연중무휴, 24시간 영업
menu 소고기국밥 5,000원, 소고기따로국밥 5,500원
tel 051-746-0387

영화를 보는 것도 체력전이다. 소고기국밥으로 든든히 배를 채우자.

지하철로 갈 수 있는 부산 여행지

영화만 하루 종일 보면, 목도 아프고 영화들이 뒤섞여 무얼 봤는지 헷갈리게 마련이다. 이럴 때는 잠시 캄캄한 상영관에서 벗어나 가까운 부산 명소를 돌아보자. 지하철로 쉽게 갈 수 있는 부산의 대표 여행지를 소개한다.

자갈치시장

비프거리에서 영화를 본다면 맞은편 자갈치시장을 들러 보자. 싱싱한 해물 가득한 활기찬 시장을 거닐며 구수한 사투리도 함께 들을 수 있다. 싱싱한 회 한 접시 시켜 먹는 것도 빼놓지 말자. 10월에 부산자갈치축제가 열린다. 영화제 기간 후반부에 부산을 찾는다면 놓치지 말아야 할 축제이다.

access 자갈치역 10번 출구

보수동헌책방골목

자갈치시장을 둘러봤다면 걸어서 10분 거리에 있는 보수동으로 발길을 돌려 보자. 사라져 가는 헌책방을 만날 수 있다. 좁은 골목을 따라 시간의 흔적이 묻은 책들이 가득하다. 근처에 있는 국제시장, 깡통시장, 남포동 비프거리도 함께 볼 수 있다.

access 자갈치역 3번 출구

용두산공원

용두산공원은 나지막한 산이지만 부산의 아름다움을 보기에는 최상의 장소이다. 120m 높이의 부산타워에 오르면 부산항과 시내가 한눈에 내려다보인다. 용두산공원으로 오르는 길에 에스컬레이터가 있어 편하게 갈 수 있다.

access 남포동역 1번 출구

달맞이공원

해운대 동쪽에 위치한 와우산고개에 달맞이공원이 있다. 예부터 월출이 아름답기로 유명한 곳이다. 문텐로드에서는 바다를 보며 나무숲을 걸을 수 있다. 달맞이길을 따라 카페거리가 형성되어 있다.

access 중동역 5번 출구

광안리해변

해운대만큼 크지는 않지만 아름다운 해변을 자랑한다. 해변에 도착하면 다이아몬드브릿지라고도 불리는 광안대교가 쫙 펼쳐진다.

access 광안역 3번 출구

1 시간이 켜켜이 쌓인 책들의 공간, 보수동헌책방골목
2 소나무길이 아름다운 문텐로드
3 부산의 또다른 상징인 광안대교를 만날 수 있는 곳

팝콘호스텔 부산역점

부산역 근처에 있다. 3층은 여성 전용으로 운영되고, 라운지와
옥상 테라스 이용도 가능하다. 싱글룸부터 커플룸, 도미토리까
지 선택의 폭이 넓다. 비프거리가 있는 남포동과도 가깝다.

add 부산광역시 동구 중앙대로 243-15
access 부산역 7번 출구에서 초량역 방향으로 10분 정도 걷는다.
fee 도미토리 13,000원(주말16,000원), 커플룸 30,000~35,000원
(주말 34,000~40,000원), 싱글룸 24,000~27,000원(주말 26,000~
29,000원), 가족실 55,000~60,000원(주말 60,000~65,000원)
tel 051-747-6147
homepage www.popcornguesthouse.com

팝콘호스텔 해운대점

해운대와 가까운 곳에 있어 이동성이 좋다. 라운지 카페와 하늘
정원에서 부산 바다가 펼쳐진다. 라운지 카페는 새벽 3시까지
이용이 가능하며 가볍게 주류도 즐길 수 있다. 세탁 시설과 주방
시설 이용도 가능하다.

add 부산광역시 해운대구 해운대해변로 321
access 지하철 2호선 해운대역 3번 출구에서 도보 10분, 해운대온천
사거리
fee 여성 도미토리 10,000원(주말 17,000원), 혼성 도미토리 10,000원
(주말 17,000원), 패밀리룸 39,000원(주말 90,000원)
tel 051-747-6147
homepage www.popcorn-hostel.com

숨 게스트하우스

해운대와 해운대역의 중간 정도에 위치해 있다. 2인실부터 10인실까지 다양한 객실이 있어 선택의
폭이 넓다. 일행이 많다면 다인실을 같이 이용할 수 있도록 방 배정을 도와 준다. 복층 구조로 이루어
져 있고 깔끔하다. 세탁실 사용이 가능하며 조식이 제공된다.

add 부산광역시 해운대구 구남로12번길 11
access 지하철 2호선 해운대역 5번 출구에서 도보 10분
fee 도미토리 19,000~25,000원, 2인실 50,000원, 주말·성수기 요금 별도
tel 051-744-7740
homepage premium.sumhostel.com

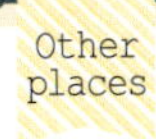

우리나라 영화제

우리나라에는 크고 작은 다양한 영화제가 정말 많다. 열심히 찾아
보면 거의 365일 어디선가 영화제가 열리고 있다. 영화제마다 성
격이 다르니 영화 취향에 따라 골라 가면 된다. 그중에서 자리를 어
느 정도 잡은 영화제는 다음과 같다.

영화제	장소	시기	기간	특징	홈페이지
전주국제영화제(JIFF)	메가박스 전주(객사) 등	4~5월경	10일간	부분 경쟁을 도입한 비경쟁 국제 영화제	www.jiff.or.kr
서울국제 여성영화제	서울 신촌	5~6월경	7일간	세계 최대 규모의 국제여성영화제	www.siwff.or.kr
미쟝센 단편영화제 (MSFF)	서울 이수	6월경	7일간	다양한 장르를 소개하는 단편영화제	www.msff.or.kr
부천국제 판타스틱영화제 (PIFAN)	부천시청과 주변 상영관	7월경	10일간	사랑, 환상, 모험을 테마로 한 판타스틱 장르 영화제	www.bifan.kr
정동진독립 영화제	정동초등학교	8월경	3일간	야외 독립영화제 (무료)	jiff.kr
제천국제 음악영화제	제천 청풍호반무대와 수상아트홀 등 제천시 일원	8월경	6일간	음악영화와 공연을 즐길 수 있는 음악영화제	www.jimff.org/kr
DMZ국제 다큐멘터리 영화제	경기도 고양시 일대	9~10월경	8일간	다양한 다큐멘터리 영화 상영	www.dmzdocs.com

전국

게스트하우스에서
낯선 사람과 친구 되기

여행을 떠날 때면 잠자리 때문에 망설여지곤 한다. 저렴한 찜질방에서는 잠을 설치기 일쑤고 호텔은 부담스럽다. 특히 혼자 여행을 계획한다면 숙박비가 부담스럽기 마련이다. 게다가 여관이나 모텔을 다소 두려워하는 여자라면 큰 고민이 아닐 수 없다. 이런 고민을 해결해 주는 곳이 바로 게스트하우스다. 외국에서는 이미 활발하게 퍼져 있는 여행 문화로, 이제 우리나라에서도 하나의 여행 아이콘이 되었다. 여행 속의 여행이 되어 줄 게스트하우스에서 멋진 하룻밤을 보내 보자.

• Point •
낯선 여행자와 게스트하우스에서 함께
조식 먹기
내게 꼭 맞는 스타일의 게스트하우스 찾기
외국인 여행자와 친구 되기

 **게스트하우스란?**

게스트하우스가 다른 숙소와 가장 다른 점은 다른 여행자들과 함께 방을 이용한다는 점이다. 보통 2층 침대 2~3개가 있는 방에 여럿이 자는 도미토리 덕분에 하루 2만 원이면 편안한 하루를 보낼 수 있다.

대부분 6인실 또는 4인실 도미토리가 가장 많다. 침대가 많은 경우에는 8인실에서 10인실 이상인 곳도 있다. 잠자리가 예민하다면 인원이 많은 도미토리는 피하는 것이 좋다. 우리나라는 남녀별로 방이 나뉘어져 있는 경우가 대부분이다. 간혹 혼실인 경우가 있으니 예약할 때 체크해야 한다.

보통 입실 시간과 퇴실 시간이 정해져 있지만 일찍 도착하는 경우 짐을 보관해 준다. 입실 시간 전에 도착했다면 일단 게스트하우스에 짐을 맡기고 여행을 다니자. 무거운 짐을 덜고 나면 여행이 한결 가벼워진다.

게스트하우스에서는 아침 식사로 간단한 토스트와 시리얼, 커피를 무료로 제공하는 곳이 많다. 한식 또는 개성 가득한 조식이 나오기도 한다. 조식 서비스를 잘 이용하면 든든하게 하루를 시작할 수 있다. 보통 화장실과 샤워실은 공동으로 사용한다. 다음 사람을 위해 깨끗하게 쓰는 센스가 필요하다.

모르는 사람들과 함께 사용하는 만큼 불편함도 따르는 것이 게스트하우스다. 입장을 바꿔 한 번쯤 생각해 보는 배려만 있다면 즐거운 시간을 보낼 수 있다.

보통 4~6인이 함께 사용하는 도미토리

낯설지만 즐거운 만남

게스트하우스에서 다른 게스트를 만나면 낯설어도 용기 내서 먼저 인사를 건네 보자. 여행자라는 공통점을 가지고 있기 때문에 생각보다 쉽게 대화를 이어갈 수 있다. 한두 마디씩 오가다 보면 어느새 화기애애해진다. 마음을 조금만 열고 다가서면 여행은 더욱 풍성해지고 추억은 깊어진다. 여행 정보를 함께 공유하며 알려지지 않은 숨은 여행지를 알게 되기도 한다.

게스트하우스의 가장 큰 강점은 게스트하우스 주인을 포함하여 다양한 사람과 만날 수 있다는 점이다. 다른 지역에 사는, 다른 시각을 가진 사람들과의 만남은 잠시나마 세상을 넓게 보는 계기가 된다. 요즘에는 외국인과 함께 숙박을 하는 경우도 많이 있다. 부끄러움이 많아 먼저 다가서기 힘들다면 게스트하우스에서 함께하는 시간을 적극 활용하는 것도 좋다. 저녁 식사를 함께하는 프로그램이나 술을 마시며 이야기할 수 있는 시간을 마련하는 게스트하우스도 많다. 먼저 마음을 열고 다가서면, 게스트하우스는 또 다른 여행지가 된다.

생생한 여행 네비게이션

게스트하우스에서는 알짜배기 여행 정보를 얻을 수 있다. 나를 포함해 게스트 한 명 한 명이 움직이는 여행 정보 통신원이다. 게스트하우스의 주인이나 스태프 역시 그 지역에 대한 정보가 빠삭하다. 여행지로 이동하는 방법, 알려지지 않은 여행지, 지역 주민만 아는 맛집 등 고급 정보를 쉽게 얻을 수 있다.

이동이 불편한 여행지의 경우 게스트를 대상으로 투어를 진행하는 게스트하우스도 있다. 대중교통으로 가기 어려워 포기했던 장소를 편하게 갈 수 있는 좋은 기회이다. 여행 일정이 비슷한 경우 게스트끼리 함께 움직일 수도 있다.

1 게스트하우스 휴게실은 다양한 여행 정보가 오가는 공간
 기도 하다.
2 빵과 커피를 조식으로 무료 제공하는 게스트하우스가 많
 으니 아침은 꼭 먹고 여행하자.
3 게스트하우스는 여행 추억을 함께 공유하는 곳이다.
4 다양한 컨셉으로 꾸며진 게스트하우스를 방문하는 것도
 여행의 즐거움이다.

게스트하우스의 개성 시대

게스트하우스는 전국의 인기 여행지를 중심으로 분포되어 있고, 계속 늘어나고 있는 추세이다. 게스트하우스의 천국, 제주도의 경우 300여 개가 넘을 정도로 많은 게스트하우스가 존재한다고 하니 게스트하우스 열풍을 짐작할 수 있다.

게스트하우스마다 독특한 테마를 가지고 있어 젊은이들은 더욱 게스트하우스에 열광한다. 경주나 전주에는 한옥을 체험할 수 있는 게스트하우스가 많고, 부산에는 화려하고 이국적인 게스트하우스들이 자리한다. 외국인들이 많이 오는 게스트하우스도 있으니 이젠 해외 배낭여행을 가지 않아도 외국인 여행자와 추억을 나눌 수 있다. 카페를 함께 운영하는 곳도 있고, 카페 못지 않은 쉼터를 마련한 곳도 많아 자기 전이나 아침에 아기자기한 공간에서 커피 한잔 하는 즐거움도 쏠쏠하다.

주인장에 따라 게스트하우스의 분위기는 모두 다르다. 휴식을 중시하는 곳도 있고 함께 어울리는 시간을 추구하는 곳도 있다. 여행의 스타일이나 성향에 맞춰 선택하지 않으면 난감할 수 있으니 미리 블로그나 카페를 꼼꼼히 읽어 보고 선택하자. 시끌벅적한 것을 좋아하지 않는다면 조용한 분위기의 게스트하우스를, 반대라면 사람들과 함께 어울려 즐거운 파티를 여는 게스트하우스를 선택하면 된다.

· TIP ·

게스트하우스를 선택할 때 고려할 점

1. 여행 장소와의 근접성: 뚜벅이라면 여행 동선을 고려해 선택하자.

2. 분위기: 조용한 분위기의 곳도 있고 함께 어울려 노는 분위기를 가진 곳도 있다. 자신과 잘 맞는 곳을 선택하자.

3. 인실, 혼숙 확인: 잠자리가 예민하다면 4만 원 정도의 1인실이 있는 게스트하우스도 있으니 고려해 보자. 혼숙이 흔치 않지만 간혹 있으니 체크해야 한다.

4. 서비스: 조식이 제공되는지, 수건, 샴푸, 비누, 컴퓨터 등이 있는지 예약할 때 미리 확인하자.

5. 미니투어: 게스트하우스에서 투어를 진행하는 경우가 있다. 뚜벅이 여행자에게는 접근성이 좋지 않은 여행지를 쉽게 갈 수 있는 좋은 기회이다.

게스트하우스에서의 예절

1. 규칙: 게스트하우스마다 지켜야 할 규칙들을 미리 알려 준다. 입실, 퇴실 시간부터 소등 시간까지 게스트하우스마다 다르니 꼭 확인하자.

2. 배려: 자신이 불쾌하게 느끼는 부분은 타인도 그렇다. 게스트하우스 시설을 이용할 때는 상대를 배려하는 마음이 필요하다.

전국의 이색 게스트하우스

다양한 테마로 무장한 게스트하우스들을 둘러보자. 여행의 깊은 맛을 느낄 수 있는 게스트하우스와 주인들은 자유 그 자체다.

럭셔리한 부산 게스트하우스

게스트하우스 601

해운대 팔레드시즈콘도 안에 위치하고 있다. 호텔 같은 고급스러운 분위기를 자랑한다. 엘리베이터를 이용해 내려가면 바로 해운대해변이 나타난다. 친구들과 파티도 가능하다.

add 부산광역시 해운대구 해운대해변로298번길 24
fee 30,00~40,000원, 주말·성수기 요금 별도
tel 051-755-0601
homepage www.gh601.com

하이코리아호스텔

해운대와 동백섬이 가까운 곳에 있다. 외국인들이 많이 찾는 곳으로 유명하다. 데스크를 24시간 오픈해 편리하며 편의시설이 잘 되어 있다.

add 부산광역시 해운대구 동백로29번길 24 대성빌딩 6층
fee 도미토리 10,000~12,000원(주말 14,000~17,000원)
tel 010-8033-9102
homepage blog.naver.com/hikoreahoste

게스트하우스 인

해운대 근처에 있어 접근성이 좋다. 깔끔한 디자인으로 꾸며져 있어 쾌적하다. 복층 구조이고 넓은 로비가 여행자들에게 편안한 휴식 공간이 되어 준다.

add 부산광역시 해운대구 구남로12번길 11
fee 도미토리 19,000~25,000원(주말 20,000~28,000원),
2인실 50,000원(주말 60,000원)
tel 051-744-7740
homepage www.innguesthouse.com

나비야

고즈넉한 한옥의 정취와 아름다움을 느낄 수 있는
공간이다. 요즘은 찾아보기 힘든 대청마루가 있어
시원하고 정겹다. 저녁이면 마당에서 숯불 닭갈비
파티가 열리기도 한다. 목공 체험도 가능하다.

add 강원도 춘천시 서면 툇골길 15
fee 도미토리 22,000원, 2인실 50,000원(주말 60,000원),
조식 포함
tel 010-5377-2402
homepage cafe.naver.com/nabiya1054

43번가 게스트하우스

통나무집과 캠핑이라는 독특한 콘셉트가 만난 곳이
다. 여자 도미토리의 경우, 침대 대신 1인용 텐트를
이용하는 것도 재미있다. 휴게실도 캠핑용 의자와
테이블 등으로 꾸며져 있다.

add 강원도 평창군 대관령면 오목길 43-54
fee 20,000원, 동계 요금 별도
tel 010-4335-4343
homepage blog.naver.com/43rdstreet

더하우스호스텔

속초터미널과 가까운 곳에 위치하고 있어 접근성이
좋다. 1층엔 라운지와 테라스가 아기자기하게 꾸며
져 있고 편안한 휴식을 취할 수 있다. 도미토리가 없
는 대신 1인실을 저렴하게 이용할 수 있다.

add 강원도 속초시 중앙로20번길 5
fee 도미토리 18,000원, 싱글룸 23,000원, 더블룸
35,000원, 패밀리룸(4인) 60,000원, 성수기·공휴일 요
금 별도
tel 033-633-3477
homepage www.thehouse-hostel.com

전주아이 게스트하우스

숙박 공간이 넉넉하여 많은 사람을 수용할 수 있는
게스트하우스다. 전주 한옥마을과도 약 5분 거리에
있어 접근성이 좋다. 저녁이면 막걸리 파티도 열리
니 미리 신청해 참여해 보자.

add 전라북도 전주시 완산구 경원동1가 52-1
fee 도미토리 15,000, 1인실 25,000원, 성수기 요금 별도
tel 063-232-0055
homepage guesthousejeonjui.com

현(絃)

한옥마을 안에 위치하고 있어 찾기 쉽다. 깔끔하고
아기자기하게 꾸며진 공간이다. 아침에는 간단한 조
식도 제공된다.

add 전라북도 전주시 완산구 최명희길26-40
fee 1인실 50,000원, 2인실 70,000~80,000원 (주말 요
금 별도, 인원 추가 요금 별도)
tel 010-9989-6973
homepage blog.naver.com/cellonehyun

게스트하우스 숨

전주의 한옥을 체험할 수 있는 곳으로 게스트하우스 곳곳의 아기자기한 소품이 한옥의 멋을 한층 더해준다. 도미토리는 없고 1~4인식의 아늑한 방들이 있다.

add 전라북도 전주시 완산구 전주천동로 58-8
fee 1인실 25,000~35,000원, 2인실 40,000~50,000원, 4인실 80,000~100,000원
tel 010-5534-5397
homepage www.guesthousesum.co.kr

문화 예술 공간이 어우러진 대구 게스트하우스

판 게스트하우스

서문로 중앙초등학교 옆 골목의 한옥과 일본 적산가옥을 개조하여 와인 바와 게스트하우스를 운영하고 있다. 매주 금요일 8시부터는 재즈 공연도 있다. 여행자를 위한 숙소이자 여행의 낭만을 즐길 수 있는 문화 예술 공간이 어우러진 게스트하우스이다.

add 대구광역시 중구 경상감영길 43-11(서내동)
access 서문로 중앙초등학교 옆 골목
fee 도미토리 30,000원
tel 053-252-7529
homepage www.pannguest.co.kr

공감 게스트하우스

대구의 중심지인 중구에 있어 접근성이 좋다. 1~2층은 새터민 아이들을 위한 공간으로 사회적 활동도 하고 있는 곳이다. 외국인들도 많이 방문하고 있고, 굿스테이로 지정되어 있다.

add 대구광역시 중구 중앙대로79길 32
fee 도미토리 22,000~25,000원, 2인실 55,000원
tel 070-8915-8991~2
homepage blog.naver.com/empathy215

대구 더스타일 게스트하우스

싱글룸부터 캡슐형 도미토리까지 선택의 폭이 넓다. 캡슐형 도미토리에는 침대마다 커튼과 콘센트가 설치되어 있다. 내일로 여행자에게 할인 혜택도 제공된다.

add 대구광역시 중구 서성로14길 26
fee 도미토리 22,000~25,000원, 싱글룸 35,000원, 트윈룸 45,000원, 온돌룸 50,000~65,000원(주말 요금 별도)
tel 010-9635-0053
homepage : thestyleguesthouse.modoo.at

※ 제주 게스트하우스는 312쪽 참고

강릉

정동진으로 가는
밤 기차 타기

기차 여행 하면 가장 먼저 떠오르는 것이 정동진으로 향하는 밤 기차다. 모두가 깊이 잠든 밤, 낭만 기차 여행을 떠나 보자. 익숙지 않은 덜컹거림과 철컥철컥 들리는 무궁화호 바퀴 소리는 기차 여행의 설렘을 더해 주는 음향 효과다. 기차에서 마시는 맥주는 기똥차게 시원하다.

꼭 챙기자!

가벼운 담요나 바람막이 점퍼는 필수. 뜨거운 여름에도 새벽은 생각보다 쌀쌀하다. 밤 기차는 밝게 불을 켜고 달린다. 빛에 예민하다면 수면 안대를 챙기자.

•Point•
정동진으로 출발하는 마지막 기차 타기
밤 기차의 낭만 즐기기
뜨겁게 떠오르는 태양 보기

칙칙폭폭 밤을 달리는 무궁화호

무궁화호는 정동진역을 향해 약 5시간 반 정도를 달린다. 서울에서 정동진까지 버스로 3시간이면 도착하는 것을 감안하면 상당히 느린 속도다. 다소 불편하고 피곤할 수도 있다. 하지만 밤 기차에서만 느낄 수 있는 특별함이 있다. 어둠 속에서 드문드문 만나는 마을 불빛은 밤의 낭만 때문인지 무척이나 아름답다. 정차하는 역의 소소한 모습도 만나게 된다. 덜컹거리는 흔들림, 기차가 달리며 내는 소음, 기차 안을 환하게 밝히는 불빛, 사람들의 소근거림 등 불편하다고 느끼면 한없이 불편한 모든 것들이 어느새 기차 여행의 묘미가 된다. 무궁화호는 새벽이 시작될 즈음 정동진역에 가까워진다.

찬란한 아침의 시작

정동진역에 도착했음을 알리는 안내 방송어 나오면, 창밖으로 말로 표현하기 힘든 은은한 빛이 퍼지는 하늘이 보인다. 아침의 시작이 이토록 신비롭다는 것을 알려 주려는 듯 점점 붉게 물들기 시작한다. 일출을 보려면 정동진역을 나와 바닷가 쪽으로 가야한다. 이제부터는 기다림의 시간이다. 서서히 밝아 오는 하늘과 덩달아 붉어지는 바다를 보는 순간 절로 탄성이 쏟아진다. 철썩철썩 밀려오는 파도 소리를 배경으로 뜨거운 태양이 떠오른다. 그 어떤 영화의 명장면보다 감동적이다. 찬란한 아름다움과 마주하는 순간 지금까지 불편하게 달려온 시간조차 잊고 만다. 이 특별함이 밤 기차를 타게 만든다.

add 강원도 강릉시 강동면 정동역길 17
access 매일 저녁 청량리역에서 정동진행 무궁화호가 출발한다.
fee 1,000원
tel 033-520-2523

・TIP・ 일출 기다리기
이른 봄과 가을, 겨울철에는 일출 시간까지 약 2시간 정도 기다려야 한다. 정동진 역사 안이나 근처 식당, 카페를 이용하면 추위를 피할 수 있다.

서서히 하늘 끝이 붉어지기 시
작하면 이제부터 카운트다운 시
작이다. 반짝반짝 눈부시게 아
름다운 아침이 시작된다.

Must-eat

24시초당순두부

순두부는 이른 아침 칼칼한 속을 달래 주기에 그만이다.
부드러운 순두부는 자극적이지 않아 일출을 보기 전이
나, 후에 먹기 좋다. 콩으로 만든 두부는 영양이 풍부해
체력 보충에도 도움이 된다.

add 강원도 강릉시 강동면 정동역길 8
menu 순두부백반 7,000원, 초당모두부 5,000원
tel 033-644-5853

바다 옆 정동진역과 해안 명소

정동진역

정동진역의 가장 큰 아름다움은 뭐니 뭐니 해도 바다를 바로 옆에 두고 있다는 것이다. 우리나라에서 바다를 지척에 두고 있는 역으로는 정동진이 으뜸이다. 조선의 궁궐인 경복궁에서 정동 쪽에 위치하고 있어 정동진이라고 이름 붙였다. 1995년 드라마 〈모래시계〉의 배경이 되면서 일출 장소로 큰 인기를 얻게 되었고, 여전히도 핫 플레이스로 사랑받고 있다.

Hot place-café

썬카페

정동진역에서 가까운 곳에 위치하고 있다. 새벽에 일찍 문을 열어 일출을 기다리는 장소로 유명하다. 따뜻한 커피를 마시며 일출을 기다리기에 좋다.

add 강원도 강릉시 강동면 정동역길 6
menu 아메리카노 7,000원, 카페라떼 7,000원
tel 033-644-5466

모래시계공원

일출도 일출이지만 밤 기차 여행의 매력은 이른 아침부터 하루를 알뜰하게 여행으로 채울 수 있다는 점이다. 정동진을 시작으로 다양한 여행을 즐길 수 있다. 정동진역은

바다를 배경으로 하는 멋진 정동진역

1995년 〈모래시계〉 드라마의 배경이 되면서 그 이름을 알렸다. 모래시계는 현재 정동진의 상징이 되었다고 해도 과언이 아니다. 정동진해변에서 약 500m 정도 떨어진 곳에 모래시계공원이 있다. 세계 최대 크기를 가진 모래시계는 모래가 모두 떨어지는 데 자그마치 1년이라는 시간이 걸린다.

add 강원 강릉시 강동면 정동진리 2
access 정동진 해변에서 서쪽으로 약 500m 떨어진 곳에 위치

하슬라아트월드

조각공원과 미술관까지 볼거리가 풍성한 곳이다. 조각공원에는 100여 가지의 작품이 전시되어 있다. 다양한 테마로 꾸며진 산책로를 따라 돌아볼 수 있는데 사진 찍기에도 그만이다. 특히 하늘정원의 〈그림자 자전거〉와 바다정원의 빌런도르프의 〈비너스〉 작품이 유명하다. 조각공원을 둘러봤다면 미술관으로 이동해 보자. 수많은 종류의 피노키오들도 만날 수 있어 재미를 더해 준다. 하슬라라는 이름은 삼국 시대에 강릉을 부르던 옛 지명이다.

add 강원도 강릉시 강동면 율곡로 1441
access 정동진역에서 111, 112, 113번 버스를 타고 하슬라아트월드에서 하차, 도보 40분
open 09:00~18:00(성수기 08:00~19:00)
fee 공원 6,000원, 미술관 7,000원, 공원+미술관 10,000원(기차 티켓이나 내일로 티켓을 보여 주면 할인 가능)
tel 033-644-9411
homepage www.haslla.kr

하슬라아트월드는 강릉 바다와 어우러져 아름답다. 각 공원을 따라 걷다 보면 다양한 종류의 작품들과 자연스럽게 만나게 된다. 피노키오미술관, 마리오네트미술관 등 흥미로운 테마의 미술관도 있다.

썬크루즈리조트 테마공원

일출을 기다릴 때 가장 먼저 눈에 들어오는 곳이 바로 썬크루즈리조트이다.
해안절벽 60m에 위치하고 있는 곳으로 정동진 해돋이 사진에 트레이드 마
크로 등장하는 곳이다. 야외는 해돋이공원, 잔디공원, 조각공원, 장승공원 등
테마공원으로 꾸며져 있다. 특히 아찔할 만큼 높은 전망대에는 꼭 올라 보자.
바닥이 투명유리로 되어 있어 막힘 없이 시원한 풍경을 감상할 수 있다.

add 강원도 강릉시 강동면 헌화로 950-39
access 정동진 해변에서 모래시계공원을 지나 1km 정도 떨어진 곳에 위치
open 평일 일출 30분 전~일몰, 주말·성수기 04:30~21:00
fee 5,000원
tel 033-610-7000
homepage www.esuncruise.com

정동진독립영화제

8월에는 정동진독립영화제가 열린다. 무더운 여름밤 야외에서 함께 영화를
보며 즐길 수 있다. 저예산으로 만들어진 독립영화들을 다양하게 만날 수 있
는 기회의 장이 되기도 한다. 작은 영화제이지만 2016년 18회를 맞이했을
정도로 내공이 만만치 않은 영화제이다.

add 강원도 강릉시 강동면 헌화로 1055(정동초등학교)
open 8월 첫째 주 금~일요일
fee 무료
homepage jiff.kr

또 다른 밤 기차 여행

정동진 외에도 밤 기차를 이용할 수 있는 곳이 부산, 여수, 목포에 있다. 밤 10시에서 11시 사이에 출발해 새벽 4시경에 도착하는 열차가 운행 중이다. 마지막 기차를 타면 하루를 알뜰하게 보낼 수 있어 다양한 곳을 볼 수 있는 장점이 있다. 체력 소모가 많지만 잊지 못할 추억이 된다.

부산 광안리해수욕장 일출 무박 여행

바다에서 떠오르는 태양이 심심하다면 광안리해수욕장이 정답이다. 다이아몬드 브리지라는 별명을 가진 광안대교와 일출이 만나 이색적인 아름다움을 만들어 낸다.

add 부산광역시 수영구 광안해변로 219

access 서울역에서 21시 50분에 출발하여 부산역에 새벽 3시 8분에 도착하는 밤기차 이용

향일암 일출 무박 여행

향일암은 해돋이 명소로도 유명한 곳이다. 향일암은 금오산 절벽에 지어진 암자로 바다가 바로 앞에 펼쳐진다. 끝없이 펼쳐진 남해 바다에서 뜨거운 태양을 만날 수 있다.

add 전라남도 여수시 돌산읍 향일암로 60

access 용산역에서 22시 45분에 출발하여 여수엑스포역에 새벽 3시 52분 도착하는 밤 기차 이용

유달산 일출 무박 여행

목포의 대표적인 장소인 유달산은 일출로도 유명하다. 산이라지만 30분 정도면 오를 수 있다. 일출뿐 아니라 항구도시의 전경과 바다까지 함께 감상할 수 있다.

add 전라남도 목포시 죽교동 산 27-1

access 용산역에서 23시 10분에 출발하여 목포역에 새벽 4시 2분에 도착하는 밤 기차 이용

가평

재즈페스티벌에서 음악 감상하며 막걸리 마시기

가을이 깊어 가는 10월이면 자라섬에서 재즈페스티벌이 열린다. 잔디밭에 앉아 듣는 잔잔한 재즈 선율은 마음 한 곳을 가득 채운다. 뮤지션들과 함께 호흡하다 보면 즐거운 에너지로 가득해진다. 감성을 따뜻하게 채워 주고, 때로는 말랑말랑하게 해 줄 가평 자라섬국제재즈페스티벌로 음악 여행을 떠나 보자.

꼭 챙기자!

돗자리, 모자, 장우산, 두꺼운 외투, 담요,
간식이나 맥주를 비롯한 먹거리

•Point•
잔디밭에 앉아 재즈 음악 듣기
스테이지를 찾아다니며 음악 감상하기

재즈 선율에 취해 보자

선선한 가을바람이 불어오면 가평 자라섬은 재즈로 가득 채워진다. 선선한 바람을 타고 흐르는 재즈 선율은 마음을 말랑말랑하게 하기에 충분하다. 2004년 첫 시작을 알린 자라섬국제재즈페스티벌은 해를 거듭할수록 인기가 높아지고 있다. 페스티벌을 찾는 관객이 약 20만 명이 넘을 정도로 가을의 대표적인 축제로 자리 잡았다. 축제 기간 동안에는 자라섬과 가평 일대가 재즈 음악으로 가득 채워진다. 아름다운 자연 속에서 듣는 재즈는 더욱 깊고 진하다.

재즈라는 장르가 익숙하지 않다고 미리 겁먹지는 말자. 마음과 귀를 충분히 열고 들으면 어느새 재즈에 빠져들고 있는 자신을 발견하게 된다. 재즈는 연주하는 스타일이 중요한 장르이다. 연주 자체가 감상하는 포인트인 셈이다. 서로 다른 악기들이 만나 새로운 리듬을 만들고, 같은 악기지만 연주하는 방법에 따라 다른 느낌을 준다. 노래가 더해져 매혹적인 음악이 되기도 한다. 아티스트가 바뀌면 재즈의 분위기도 카멜레온처럼 바뀐다. 그래서 같은 음악이라도 늘 다르게 들을 수 있다.

add 경기도 가평군 가평읍 달전리 1-1
access 용산에서 출발하는 ITX-청춘열차를 타고 가평역에서 하차, 가평역에서 도보 15분 / 상봉역에서 출발하는 경춘선 전철을 타고 가평역에서 하차 / 동서울터미널에서 춘천행 시외버스를 타고 가평시외버스터미널에서 하차, 가평시외버스터미널에서 도보 10분
tel 031-581-2813~4
homepage www.jarasumjazz.com

• TIP •
얼리버드티켓을 구매하면 저렴하게 이용할 수 있다. 뮤지션 라인업 시작과 함께 얼리버드티켓을 판매한다. 인터넷으로 예매하면 현장보다 저렴하게 구입할 수 있다.

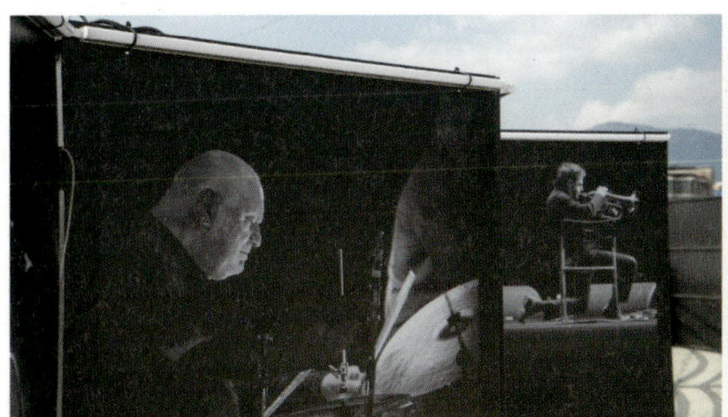

라인업이 시작되면 참여하는 뮤지션들의 음악을 미리 들어 보고 가는 것도 축제를 즐기는 방법 중의 하나이다. 재즈 음악이 한결 친근해지고 지고 직접 라이브로 들을 때의 감동은 배가된다.

음악 따라 유랑하기

세계 정상급 거장들의 연주를 직접 듣는 것은 짜릿한 일이다. 미리 라인업을 확인하고 보고 싶은 공연을 체크해 동선을 정하면 축제를 알차게 즐길 수 있다. 자라섬의 메인 공연장이 있는 중도를 중심으로 다목적 운동장, 이화원 등에서 공연이 진행된다. 가평역 구 역사와 가평읍사무소, 자라섬 곳곳의 스팟에서도 다양한 공연이 열린다. 낮부터 밤까지 이어지는 재즈 음악을 따라 유랑하는 재미가 있다.

자라섬 중도는 메인 스테이지가 있는 곳으로 티켓을 구매한 경우에만 입장이 가능하다. 중도의 경우는 늦은 오후부터 저녁까지 공연을 볼 수 있다. 티켓을 구하지 못했다고 포기하지는 말자. 무료 공연도 알차게 진행된다. 재즈라는 분야가 낯설다면 일단 무료 공연으로 먼저 즐겨 보는 것도 좋다. 잔잔하게 울리는 리듬은 가을이 전하는 아주 특별한 선물이다. 자라섬에서 자연을 벗 삼아 재즈에 취하고 가을 정취에 취하고 와인에 취하는 낭만은 이곳에서만 느낄 수 있다.

페스티벌의 분위기는 매우 자유롭다. 잔디밭에 돗자리를 펴고 삼삼오오 앉아 술잔을 기울이며 음악을 즐긴다. 재즈라고 꼭 와인이나 맥주가 어울리는 것은 아니다. 재즈와 막걸리가 어떤 조합을 이루는지 아는 사람만 안다.

재즈페스티벌 공연은 오후에 시작한다. 공연이 시작하기 전, 오전 시간을 이용해 주변 여행지를 둘러보면 어떨까? 〈그 겨울, 바람이 분다〉의 배경으로 나왔던 제이든가든, 산책하기 좋은 남이섬, 아침고요수목원, 자라섬 바로 옆에 있는 이화원 등 갈 곳이 많아 선택의 폭이 넓다.

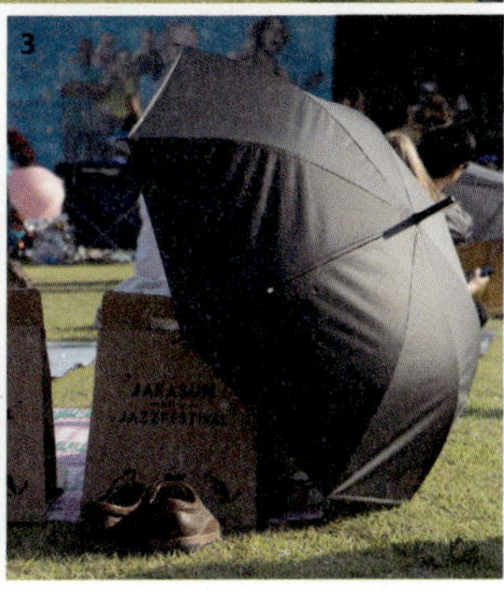

1 삼삼오오 잔디밭에 앉아 즐기는 재즈페스티벌
2 선선한 가을밤, 재즈 음악으로 가득 채워진 공연장
3 뜨거운 가을 햇살을 아래, 페스티벌을 즐기는 방법

• TIP • 재즈 선율에 걸맞는 술 한잔
공연을 보며 와인이나 맥주, 막걸리 등
도 가볍게 즐길 수 있다. 와인은 축제장에
서도 구입할 수 있다. 재즈 하면 와인을 먼저 떠올리기 쉽
지만 의외로 막걸리와도 잘 어울린다. 가평의 특산품인 잣을 넣
은 막걸리와 재즈페스티벌 기간에만 맛볼 수 있는 재즈막걸리
를 추천한다.

삼 척

영 덕

담 양

문 경

강 원 도

설렘이 있는
커플여행지

삼척

멋진 해안선 따라
레일바이크 타기

여행을 다니다 보면 혼자 가고 싶은 곳, 함께 가고 싶은 곳이 따로 있다. 바다와
동굴의 고장 삼척은 연인과 함께라면 더욱 신나는 곳이다. 동양 최대 규모의 환
선굴, 동해를 따라 달리는 레일바이크, 관동팔경 중 으뜸으로 뽑히는 죽서루, 투
명한 바다가 매력적인 장호항까지 아름다운 삼척 곳곳에서 핑크빛 추억을 가득
쌓아 보자.

• Point •
푸른 바다 즐기며 삼척 레일바이크 타기
죽서루 기둥에 기대어 음악 듣기
환선굴 동굴 탐험

신나는 동굴 탐험, 환선굴

삼척 시내와 40분 정도 떨어진 신기면은 대이리동굴지대라고 불리는 곳으로 대표적으로 환선굴, 대금굴이 있다. 그 외에도 양터목세굴, 제암풍혈, 큰제세굴 등의 많은 동굴이 모여 있지만 개방된 곳은 환선굴과 대금굴뿐이다. 그중에서 환선굴이 동굴 탐험의 주 목적지다. 환선굴이 만들어진 시기는 5억 3천만 년 전이다. 어마어마한 시간의 흔적을 간직하고 있는 환선굴에 도착하면 박쥐 모양의 매표소가 가장 먼저 반긴다. 매표소에서 환선굴까지는 30분 정도 걸어야 한다. 중간 지점부터는 환선굴 입구까지 모노레일이 운행되고 있어 편하게 이동할 수 있다. 덕항산의 아름다운 풍경 사이로 모노레일이 달린다. 산안개라도 있는 날이면 신비로운 분위기를 감상하며 달릴 수 있다.

환선굴에 도착하면 그 규모에 입이 쩍 벌어진다. 남다른 스케일을 자랑하는 환선굴은 총 길이 6.2km 중에서 1.5km를 개방하고 있다. 거대한 석회석이 물과 만나며 만들어 낸 모양들을 보면 절로 감탄이 나온다. 동굴 천장, 바닥, 벽면 등 사방에 신기한 모습을 드러내고 있어 눈을 어디에 두어야 할지 모를 정도다. 퇴적암이 만든 '만리

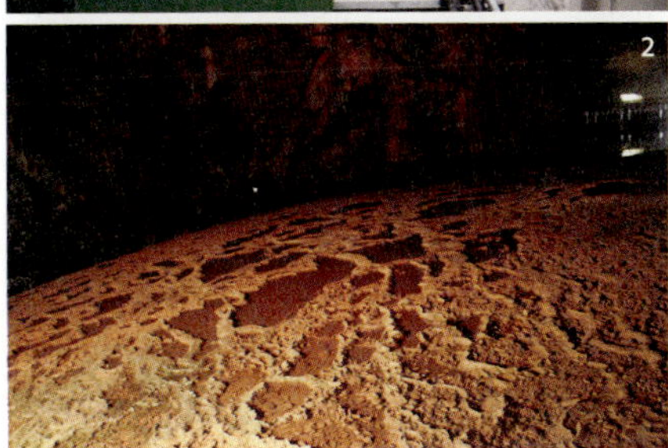

add 강원도 삼척시 신기면 환선로 800
access 삼척시외버스터미널에서 삼척, 도계-환선굴행 버스를 이용
open 3~10월 08:00~17:00, 11~2월 08:30~16:00, 매월 18일 휴일
fee 입장료 4,500원, 환선굴 모노레일 편도 4,000원 왕복 7,000원
tel 033-541-9266

1 모노레일 타고 환선굴로 출발!
2 환선굴에 있는 만마지기논두렁

장성', 사람 모양을 닮은 '미녀상', 계단식 논처럼 생긴 '만마지기논두렁' 등 재미난 모양도 많다. 자그마한 폭포와 계곡이 종유석과 어우러져 장관을 이루고 물이 흐르는 소리는 동굴의 울림과 만나 웅장함을 더해 준다.

아름다운 휴식처, 죽서루

여행도 리듬 조절이 필요하다. 환선굴의 웅장한 모습을 봤으니 이제 한 템포 쉬어 가고 싶다면 삼척 시내에 위치한 죽서루가 제격이다. 삼척 터미널에서 쉽게 걸어갈 수 있다. 죽서루에 올라 마음에 드는 기둥에 등을 기대고 앉으면 그만한 휴식 공간이 또 없다. 기둥 사이사이로 불어오는 시원한 바람과 부드러운 나무 바닥의 느낌이 좋다. 연인과 함께 음악을 들어 보자. 아름다운 풍경에 음악까지 함께하면 최고의 휴식이 된다.

죽서루를 둘러보면 유독 현판이 많이 걸려 있다. 미수 허목 선생이 쓴 편액 제일계정(第一溪亭)에서부터 정조, 율곡 이이, 이규헌 등의 시와 편액이 30여 점 있다. 죽서루의 빼어난 풍경에 대한 찬사를 남겨 둔 것이다.

죽서루는 오십천이 흐르는 절벽 위에 지어졌다. 절벽의 지형을 그대로 이용하고 있는데 특히 눈여겨봐야 할 곳은 누각 아래 기둥이다. 누각을 지탱하는 기둥이 각기 다른 모양의 주춧돌 위에 놓여 있다. 어떤 것은 바위 위에 그대로 박혀 있다. 자연을 그대로 살려 누각을 지으려고 한 정성이 그대로 담겨 있다.

죽서루 옆에는 용문바위가 있다. 커다란 바위 가운데 구멍이 뻥 뚫려 있는 신기한 모습이다. 신라 문무왕이 용이 되어 이곳을 뚫고 지나가면서 생겼다는 전설도 전해진다.

add 강원도 삼척시 성내동 9-3
access 삼척터미널에서 오십천로 방향으로 도보 15분
open 3~10월 09:00~18:00, 11~2월 09:00~17:00
fee 무료
tel 033-570-3670(죽서루관리사무소)

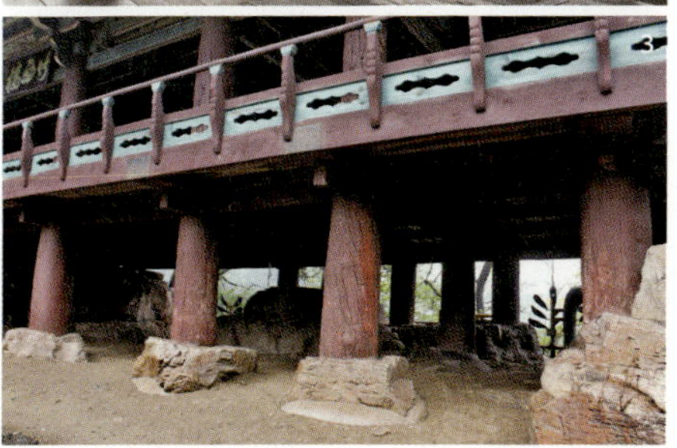

1 관동팔경 중 으뜸인 죽서루
2 죽서루의 든든한 기둥에 기대어 앉아 편하게 쉬어 보자.
3 돌의 원래 모습을 살려 만든 울퉁불퉁한 주춧돌

·TIP· **여행지에서 연인과 이런 음악 어때요?**
〈별빛이 내린다〉(안녕바다)
〈걷자, 집 앞이야〉(스무살)
〈산행〉(베란다 프로젝트)
〈이끌〉(샌디브라운)

바위섬이 아름다운 장호항

장호항은 동해의 시원시원함과 어촌마을의 포근함이 뒤섞인 곳이다. 개발이 많이 되지 않아서 정겨움이 살아 있다. 바다 바닥이 훤히 비칠 정도로 맑아 여름이면 투명카누와 스노클링를 즐길 수 있다. 우리나라에서 스노클링이 가능한 몇 안 되는 곳 중 한 곳이다. 바위섬이 파도를 막아 줘 물놀이를 즐기기에 좋다.

해안 산책로를 걸으면 바위섬이 하나씩 나타난다. 저마다 다른 모습으로 우뚝 솟아 있다. 바람과 파도가 만든 바위섬은 투박하지만 하나하나 다른 매력을 가지고 있다. 가장 큰 솔섬에는 전망대가 있다. 산책로와 솔섬 사이에 놓인 구름다리를 건너면 전망대에 도착한다. 전망대에 오르면 탁 트인 동해와 바위섬이 어우러진 멋진 풍경이 펼쳐진다. 솔섬 앞에는 엄마 고래와 아기 고래 모형이 있다. 드라마 〈태양은 남쪽〉에서 고래 무덤으로 나온 곳이기도 하다. 옛날에는 실제로 길 잃은 고래들이 가끔 장호항으로 들어오기도 했다고 한다.

산책로를 따라 걸으며 바위섬을 볼 수 있다.

add 강원도 삼척시 근덕면 장호리
access 삼척종합터미널에서 24번 버스를 타고 장호1리에서 하차(1시간 20분 소요)
tel 070-4132-1601
homepage jangho.seantour.com(장호어촌 체험마을)

 ## 동해를 색다르게 즐기는 방법, 삼척해양레일바이크

삼척바다를 즐길 수 있는 특별한 방법이 있다. 걷거나 드라이브가 아닌 레일바이크를 타는 것이다. 궁촌역에서 용화역을 잇는 5.4km의 해안선을 따라 레일바이크가 운행된다. 자동차로 5분 정도면 도착할 거리지만 레일바이크로는 1시간 정도 걸린다. 느린 만큼 바다를 천천히 즐길 수 있다.

레일바이크를 타는 동안 바다뿐만 아니라 볼거리가 다양해 지루할 틈이 없다.

장호항에서는 용화역이 가깝다. 삼척 시내로 나가는 24번 버스를 타고 두 정거장만 이동하면 된다. 버스 시간이 맞지 않는다면 삼척로를 따라 30분 정도 걸으면 도착한다. 용화역에서 출발하면 가장 먼저 동해가 반긴다. 바다에서 불어오는 짭짤하지만 상큼한 바람을 따라 신나게 달려 보자. 오르막 코스가 거의 없어 크게 힘들지 않다.

삼척해양레일바이크는 바다뿐 아니라 다양한 볼거리가 준비되어 있다. 달리는 동안 통과하게 되는 세 개의 터널은 각각 다른 테마로 꾸며져 있다. 어두컴컴한 터널은 알록달록한 조명, 레이저 등 화려한 빛으로 꾸며져 환상적인 분위기를 연출한다.

다리가 뻐근해질 때쯤, 초곡휴게소가 나온다. 초곡휴게소에서는 간단한 음료와 간식을 판매한다. 따뜻한 커피 한잔을 마시며 바다를 감상하자. 초곡휴게소에서 10분 정도 휴식 시간을 갖는다. 여기서 궁촌역까지는 해송이 멋들어지게 늘어서 있다. 약

add 강원도 삼척시 근덕면 공양왕길 2(궁촌정거장)
강원도 삼척시 근덕면 용화해변길 23(용화정거장)
access 삼척종합터미널에서 23, 24번 버스를 타고 이동
course 궁촌역 ⋯▸ 해송길 ⋯▸ 억새군락지 ⋯▸ 초곡 1, 2, 3터널 ⋯▸ 용화역(양방향 운행, 1시간 정도 소요)
time 궁촌역 출발 09:00, 11:00, 13:00, 15:00, 17:00, 19:00
용화역 출발 09:10, 11:10, 13:10, 15:10, 17:10, 19:00
fee 주간 2인 20,000원, 4인 30,000원, 야간 2인 22,000원, 4인 33,000원
tel 033-576-0656
homepage www.oceanrailbike.com

간의 경사가 있는 구간은 자동으로 운행된다. 페달에서 발을 내려놓고 풍경을 마음 껏 구경하자. 해송숲이 끝나면 1시간 동안의 신나는 레일바이크 여행이 마무리된다.

레일바이크는 현장 예매도 가능하지만 매진되는 경우가 종종 있으니 미리 인터넷 예매를 해 두는 것이 좋다. 양방향으로 운행하고 있어 용화역과 궁촌역 어디에서도 출발할 수 있다. 바다와 조금 더 가까운 레일을 이용하는 용화역 출발 코스가 조금 더 인기 있다.

바닷가 해변에 위치한 마을에서 민박이 가능하다. 게스트하우스 는 없다. 시내에서 묵는다면 모텔과 호텔 등의 숙박 시설을 이용 할 수 있다. 삼척시외버스터미널과 가까운 곳에 있어 이용하기 편한 문모텔(033-572-4436)은 한국관광공사에서 지정한 굿스테 이다. 장호해변 근처에 있어 해수욕을 즐기기 좋은 장호바다민 박(033-573-5149)은 옥상에서 바비큐를 먹을 수 있다.

1 삼척해양레일바이크는 각기 다른 테마를
　가진 3개의 동굴을 지난다.
2 레일바이크를 타고 파도가 치는 바다를 보
　며 달리는 즐거움은 타 본 사람만 안다.

강원도의 레일바이크

정선레일바이크

삼척해양레일바이크가 강원도의 바다를 볼 수 있다면 정선
레일바이크는 강원도의 산골을 만날 수 있다. 구절리역에서
아우라지역을 달리는 7.2km 코스이다. 철길을 따라 달리며
송천계곡과 정선의 아름다운 풍경을 볼 수 있다. 아우라지역
에 도착하면 풍경열차를 타고 구절리역까지 돌아갈 수 있다.

add 강원도 정선군 여량면 노추산로
745
time 출발 08:40, 10:30, 13:00,
14:50, 16:40(5회차는 동절기에는 운행하
지 않음)
fee 2인 25,000원, 4인 35,000원
tel 033-563-8787
homepage www.railbike.co.kr

강촌레일바이크

add 강원도 춘천시 신동면 김유정로
1383(김유정역), 강원도 춘천시 남산면
강촌리 671-5(강촌역), 강원도 춘천시
남산면 서천리 32-3(강경역)
time 김유정역 출발 09:00~18:00 1시
간 간격으로 운행 (동절기에는 축소 운행),
경강역 출발 09:00, 10:30, 12:00,
14:00, 15:30, 17:00
fee 2인 30,000원, 4인 40,000원
tel 033-245-1000~2(강촌레일바이크
콜센터)
homepage www.railbike.co.kr

강촌레일바이크는 옛 경춘선 철길을 이용한다. 무궁화호를
타며 보았던 춘천의 풍경을 레일바이크를 타고 직접 만나 볼
수 있다. 2개의 코스로 운영한다. 강촌역과 김유정역을 오가
는 코스와 경강역에서 가평철교까지 왕복하는 코스이다. 지
하철을 타고 갈 수 있어 접근성이 좋다.

영덕

연인등대에서
닭살 커플 되기

어두운 바다를 지날 때 한 줄기 빛은 얼마나 큰 힘이 될까? 길 없는 바다를 가는 배는 밤새도록 불을 지키고 있는 누군가에게 한없이 감사한 마음이 들 거야. 삶이라는 거친 바다에서 만난 우리, 등대가 필요해. 빛을 비춰 주렴. 풍랑에도 맞잡은 손 꼬옥 붙잡을 수 있게. 깊은 어둠 속에서도 내 사랑하는 이의 얼굴을 볼 수 있도록.

영덕 강구항의 매력

영덕 강구항은 어떻게 연인들의 여행지가 되었을까? 강구항 언덕에 서 있는 창포말등대 때문일까? 아니면 맛 좋은 영덕대게? 영덕대게는 맛은 좋지만 그 값이 만만치 않다. 둘이 먹어도 10만 원은 족히 나온다.

연인들의 여행지가 된 것은 오십천 하구 풍경 때문일 수도 있다. 영덕과 청송의 경계에서 계곡을 이루며 내려온 강물이 바다와 만난다. 해안가 항구와는 풍경이 확실히 다르다. 운치가 있어 얼핏 외국에 온 것 같기도 하다. 그래서 창포말등대를 가기 전후로 강구항을 배회하게 된다. 어시장도 활기차서 항구 사람들이 사는 모습을 볼 수 있다.

강구항에서 대게 먹기

영덕과 울진 그리고 삼척 앞바다에는 커다란 암반대가 있다. 대게는 그 돌 틈에서 살며 플랑크톤 등을 섭취한다. 영덕대게가 유명해지자 울진과 삼척도 각기 울진대게, 삼척대게라며 내세우는데 사실 바닷속 게들이 여기가 영덕인지 삼척인지 알 수 없다. 그냥 살다 잡혀서 영덕 강구항으로 오면 영덕대게가 되고 삼척 임원항으로 가면 삼척대게가 되고 그런 거다.

대게 다리 속에 꽉 찬 살과 장은 최고의 맛을 자랑한다. 노랗고 푸르고 거뭇거뭇한 장은 사실 가장 맛있는 부위이다. 장은 대게가 먹은 플랑크톤에 따라 색깔이 다르다.

add 경상북도 영덕군 강구면 강구리
access 강구시외버스터미널에서 내려서 다리 하나 건너면 강구항이다.

·TIP· 영덕, 언제 가야 좋을까?
대게는 11월부터 5월까지 잡는다. 이때 잡은 대게가 살이 단단하고 맛있다. 영덕 지품면에 복사꽃이 만발하는 이른 봄에 가는 것도 좋다.

허영만의 《식객》에서는 노란 색깔이 도는 장, 이른바 황장을 최고라 했다. 이 사실을 알려 준 사람도 강구항에서 식당을 하는 대게잡이 어부이다. 황장은 많지 않은 편이고 우리나라 대게 대부분이 녹색 빛깔이 도는 녹장이다. 일본산과 칠레산도 녹장이고 러시아산은 까만 빛깔의 먹장이다.

강구항에 가면 식당마다 박달대게라고 써 붙여 있다. 박달대게는 박달나무처럼 살이 단단하고 꽉 찼다고 해서 박달대게이다. 살이 없고 물렁한 것은 물게다. 박달대게와 물게는 가격 차가 서너 배나 난다. 박달대게는 특상품으로 지자체에서 녹색 스티커를 붙여 준다.

"게 속을 까 봐야 아는 거잖아요? 겉만 보고 어떻게 고르죠?"
그렇다. 대게가 무얼 먹었는지, 살이 튼실한지 보통 사람은 잘 모른다. 그런데 어부들은 대게의 배를 보면 안다. 게의 입 주위와 배가 까맣게 물들었거나 색이 짙으면 살이 튼실할 가능성이 높다. 배를 꾹 눌러 보아 물이 많이 나오면 물게라고 의심하면 된다.

실속 있는 강구항 난전

강구항 난전은 주머니가 가벼운 사람들을 위한 장소이다. 식당에서 부르는 한 마리 가격에 여기서는 서너 마리에서 심지어 대여섯 마리까지 먹을 수 있다. 적힌 가격만 보면 절로 주머니에 손이 갈 정도로 싸다. 다만 물게를 만날 가능성이 아주 높다. 그래서 아예 이름

까지 난전대게라고 따로 부른다. 살아 있는 대게를 직접 고르면 쪄서 주는데 찜비는 별도이다. 홍게라는 붉은 대게도 있는데 다리 외에는 먹을 게 없어서 실망할 가능성이 높다. 살 없는 무른 홍게를 사면 싼 가격임에도 불구하고 먹을 게 없어 분노 게이지가 상승할 우려가 있다. 강구항 어귀 아래쪽에는 다닥다닥 붙어 있는 허름한 식당들이 있는데 여기는 가격이 싸면서 품질도 좋은 편이다. 여행객들은 찾기 쉽지 않으니 강구항을 건너가는 다리에서 강가 바로 옆에 있는 둑을 잘 살펴보고 어디쯤인지 알아 두었다가 내려가야 한다.

이름도 생김도 예쁜 창포말등대

등대는 대부분 흰색이다. 그런데 항구 방파제에 있는 등대는 빨간색과 흰색이 섞여 있다. 바나에서 들어오는 배 쪽에서 볼 때 오른쪽이 빨간 등대, 왼쪽이 흰 등대이다. 노란 등대는 가끔 볼 수 있는데 보통 소형 선박이 다니는 간이 통로를 표시한다. 창포말등대는 몸통인 등탑이 흰색이고 불빛을 비추는 점등실은 빨간색이다. 등탑 한 면에는 대게 집게다리 모형이 붙어 있다. 영덕에 왔으니 대게를 먹으라는 소리이다. 뒤를 돌아보면 하얀 풍차가 빙글빙글 돈다. 바람이 많은 영덕해안이다. 풍력발전기가 쉼 없이 돌며 등대와 이야기를 나누는 것 같다.

블루로드와 함께하는 창포말등대

등대를 보면 가슴 한구석이 아련해진다. 밤바다를 지켜 주는 등대를 보며 느끼는 향수는 만국 공통이다. 그러나 창포말등대는 전혀 외롭지 않다. 사람들로 북적거려 어지간한 스타 부럽지 않다. 창포말등대는 해안길로 이름난 블루로드에 있다. 등대 주변 언덕은 야생화가 흐드러진 공원이다. 절벽길 옆으로 목책 산책로와 계단이 나 있어 바닷가까지 내려갔다 올 수 있다. 1997년 산불이 나 까맣게 타 버린 해안 기슭을 공원으로 가꿨다. 해안 기슭 공원이라는 매력도 있지만 창포말등대, 블루로드 코스 덕분에 사람들 발길이 끊이지 않는다.

access 강구시외버스터미널에서 농어촌버스를 타고 대탄정류장에서 하차, 창포말등대까지 도보 20분

창포말등대 바라보기

아이러니한 것은 등대에서 밖을 바라보는 것보다 밖에서 등대를 바라보는 것이 느낌이 훨씬 좋다는 것이다. 등대 반대편 공원 끝에 나무 벤치들이 줄지어 있다. 여기에 앉아서 등대와 바다를 한눈에 바라보며 이야기를 나누면 시간 가는 줄 모른다. 공원 어딘가에 돗자리를 펴고 뒹굴거리기도 하고 책도 읽으면서 시간을 보내 보자. 등대와 주차장에는 먹을거리를 파는 포장마차도 있다. 강구항 빵집에서 샌드위치나 간식거리를 사도 좋다.

영덕풍력발전단지에서 하룻밤

창포말등대 뒤편 언덕은 평평한 고지이다. 24기의 풍력발전기가 돌아가고 있는 관광 명소이기도 하다. 풍력발전단지가 여행지라고? 그렇다. 풍력발전과 에너지 산업에 대해 알아볼 수 있는 신재생에너지전시관을 비롯해 하늘정원, 바람개비정원 등 데이트 코스와 놀이터, 산책로, 해맞이 명소 등이 있는 이색 여행지이다.

텐트 열 대를 칠 수 있는 오토캠핑장도 있다. 텐트가 없는 이들을

add 경상북도 영덕군 영덕읍 창포리 329-3
access 강구시외버스터미널에서 농어촌버스를 타고 창포리정류장에서 하차, 도보 30분
tel 054-730-7021~6
homepage energy.yd.go.kr

1 민물과 바닷물이 만나는 축산항 해변과 인도교. 이 다리를 지나 남쪽으로 걸어
  가면 대게마을을 지나 강구항까지 간다.
2 창포말등대는 가족과 연인들이 찾는 명소이다.
3 등대 아래로 해상공원이 있고 바닷가까지 내려갈 수 있는 산책로가 나 있다.

위한 캡슐하우스 열 동과 캠핑카 두 대도 있다. 풍력발전단지 옆에 펜션 등 숙박 시설도 있어 새벽 일찍 해맞이를 하고 싶은 여행자에게 최적의 장소이다.

블루로드 최고의 코스

영덕 블루로드는 해안 걷기 길 가운데 최고 클래스에 속한다. 영덕해안 전체를 블루로드라고 하는데 그 길을 다 걷는다는 건 무리이다. 사람들이 가장 많이 찾는 가장 좋은 코스가 해맞이공원에서 축산항까지 가는 B코스이다. '환상의 바닷길'이라는 별칭이 붙을 만큼 바다와 마을, 해변을 지나며 걷는 아기자기한 길이다. 총 15km로 걷는 데 5시간 정도 걸린다.

tel 054-730-6393 (영덕군청 문화관광과)
homepage tour.yd.go.kr (영덕관광포털)

1 영덕풍력발전단지 언덕에는 거대한 풍차가 쉼 없이 빙글빙글 돌아간다. 단지 안에 공원과 캠핑장 등을 갖춰 여행 명소로 거듭나고 있다.
2 영덕블루로드 가는 길에 흔히 보는 항구 마을 풍경

블루로드 달빛기행

보름달이 뜨는 날 뛰쳐나가고 싶다면 영덕 블루로드 달빛 기행을 가 보자. 영덕시민 단체 주관으로 열리는 달빛 걷기 프로그램이 있다. 매월 보름달이 뜨는 밤 영덕야성 초등학교 창포분교 운동장에서 출발하여 풍력발전단지와 해맞이공원, 창포말등대를 돌아본다. 중간에 신재생에너지전시관과 신득청문학비, 윤선도시비, 빛의 거리 등을 지난다. 바다에 뜬 보름달은 공기가 맑은 곳에서 매우 크게 보인다. 달이 바다 위에 낸 빛의 길을 바라보면 빨려 들어갈 것 같다. 바다로 진짜로 뛰어들 생각은 절대 하지 말 것!

고래불해수욕장

명사십리라는 말이 있다. 하얀 모래사장이 10리나 이어진다는 뜻인데 원래 함경남도 원산 바닷가의 백사장 이름이었다. 언제부턴가 백사장이 길고 보기 좋으면 명사십리라는 말을 썼다. 고래불해수욕장은 원산 바닷가보다 그 길이가 무려 두 배이다. 그래서 명사이십리로 불린다. 가서 보면 정말 길다는 걸 느낄 수 있다. 고래불해수욕장과 대진해수욕장까지 모래사장이 쭉 이어진다. 하늘에서 보면 하얀 활처럼 보인다.

옛날 고려 이색이 앞바다에서 고래가 하얀 분수를 뿜는 것을 보고 고래불이라 지었다는 말이 전해 온다. 불은 뻘의 옛말이다. 해변 모래사장 뒤 솔숲도 길게 이어져 병풍처럼 두른다. 고래불해수욕장에서 대진해수욕장까지 송천을 비롯하여 바다로 흘러가는 천이 세 개나 된다. 민물이 바다로 스며드는 풍경은 색다른 느낌을 준다. 우리나라에 해수욕장이 적잖은데 열 손가락 안에 꼽을 수 있는 곳이다.

add 경상북도 영덕군 병곡면
tel 054-732-2001(병곡면사무소)
homepage tour.yd.go.kr

담양

메타세쿼이아길에서
자전거 데이트하기

오글거리는 닭살 커플이 넘쳐나는 곳, 솔로라면 피해야 할 곳이 담양 메타세쿼이
아길이다. 혼자서 잘만 타다가도 남자친구만 다가오면 픽픽 쓰러지는 여자들의
자전거는 대체 왜 그런 걸까? 2인용 자전거를 타는 것은 그래도 낫다. 각기 하나
씩 타고서 '나 잡아 봐라!'를 외치며 달리기라도 하면 자전거 발을 걸어 넘어뜨리
고 싶다. 입장을 바꾸어 커플로 간다면 더없이 좋은 추억을 남기기 좋은 곳이다.

한적한 고장, 담양

죽녹원과 소쇄원, 관방제림, 메타세쿼이아길, 창평슬로시티 그리고 잘 알려지지 않은 담양호까지 담양 여행의 진수는 고즈넉함을 즐기는 것이다. 담양은 조용한 고장이다. 담양읍을 가로지르는 담양천도 느릿느릿 흐르고 사람들도 느릿느릿 걷는다. 그러다 보니 지나는 차들조차 느릿느릿 다닌다.

바람은 산책하듯 슬슬 돌아다니고 담양천 관방제림의 고목 우거진 이파리가 이따금씩 살랑거린다. 송강정과 면앙정, 식영정, 명옥헌까지 담양에 정자가 많은 데는 이유가 있다. 그곳에 앉아 아름다운 경치를 감상하기에 그만이다.

담양은 대나무의 고장이다. 대나무는 종류에 따라 3~4년, 길게는 60년에서 120년 만에 꽃을 피운다. 대나무밭에 꽃이 언제 필지는 아무도 모른다. 시간이 더디게 흐르는 데는 다 이유가 있다. 담양으로 떠날 때는 시계를 볼 생각은 하지 말기를.

access 담양은 광주를 거쳐 가는 편이 차편도 많고 편리하다. 광주역에서 담양행 직행 및 일반 버스가 각기 15분마다 있다. 서울에서 담양행 고속버스를 이용하면 3시간 45분 정도 걸리는데 1일 4회 운행한다.

course
day 1 메타세쿼이아길 ⋯→ 관방제림 ⋯→ 죽녹원 ⋯→ 죽향문화체험마을 ⋯→ 삼지내마을
day 2 담양 버스 투어(정자 문화 투어)
tel 061-380-3150(담양군 관광레저과)
homepage tour.damyang.go.kr

· TIP ·
담양은 대체로 편평한 고장이다. 자전거로 다녀도 어려움이 없다. 담양군청을 찾으면 자전거를 무료로 빌려 준다. 이용 시간은 2시간이다(문의 061-380-3728, 061-380-3726). 담양읍은 그리 크지 않으니 메타세쿼이아길은 충분히 다녀올 수 있다. 관방제림에도 자전거를 대여하는 곳이 있는데 1시간당 1만 원이다.

메타세쿼이아 숲길에서 알콩달콩 자전거 타기

메타세쿼이아를 살아 있는 화석 식물이라 부른다. 중국 쓰촨성 등에 남아 있던 고대 식물이 미국을 거쳐 한국까지 왔다. 높이가 35m, 지름이 2m에 달하니 몸집 커다란 공룡이 살았을 때 어울리는 나무이기는 하다.

담양 메타세쿼이아는 1970년대 심은 것들이다. 대략 40년인데 수백 년 된 소나무보다 훨씬 굵다. 위기도 겪었다. 고속도로를 낼 때 이 나무들이 잘려 나갈 뻔했다. 마을 사람들이 나서서 멀쩡한 나무들을 왜 베냐고 항의하여 고속도로가 옆으로 비껴갔다. 대단한 나무들이다.

메타세쿼이아길은 담양은 물론 순창, 임실 등 인근 고장에도 있다. 담양이 유명해진 이유가 아마도 이런 마을 사람들의 정성 때문이 아닐까 싶다. 걷거나 자전거를 탈 수 있는 구간은 그리 길지 않다. 그 길 끝에서 도로를 만나는데 메타세쿼이아 나무들은 줄지어 계속 도로를 따라간다. 담양에서 순창으로 넘어가는 도로인데 사진 찍겠다고 얼쩡거리면 위험하다. 담양 차들은 천천히 다니는데 이웃 고장에서 온 커다란 덤프트럭은 무지하게 빠르다.

날 좋은 주말이면 걷는 사람, 자전거 타는 사람 등으로 붐벼 혼잡스럽다. 도심 한복판을 방불케 한다. 그래서야 제대로 길의 운치를 느낄 수 없다. 차라리 비 조금 흩뿌리는 날, 흐린 날, 눈 오는 날, 그것도 아니면 평일에 찾자. 실은 그런 날 풍경이 훨씬 좋다.

add 전라남도 담양군 담양읍 메타세쿼이아로 12(담양읍)
access 담양버스터미널에서 10-1번 버스를 타면 약 20분 걸린다.
fee 어른 2,000원
tel 061-380-3149(매표소)

관방제림의 여름과 겨울

머물고 싶은 곳 관방제림

관방제림은 오래도록 머물고 싶은 느낌이 드는 푸근한 둑길이다. 아무래도 이 땅의 유전자 때문이 아닐까 싶다. 300년 전 담양천이 넘쳐 읍으로 흘러드는 걸 막기 위해 둑을 쌓고 나무를 심었다. 약 2km에 느티나무, 푸조나무, 팽나무, 벚나무 등의 700여 그루의 나무를 심었다고 하는데 지금은 절반 정도만 남아 있다. 겨울에는 잎이 다 떨어져 앙상한 가지를 드러내지만 여름에는 숲을 이룬 듯 무성하다.

관방제림은 담양 주민들의 쉼터이다. 저녁이나 주말이면 쌍쌍이 손을 잡고 둑길을 거니는 모습도 자주 볼 수 있다. 여행자들이 주말에 밀려왔다 순식간에 사라지고 나면 관방제림은 담양 사람들 차지가 된다.

add 전라남도 담양군 담양읍 객사리(남산리 일원)
access 메타세쿼이아길 입구 건너서 10-1번 버스를 타면 약 25분 정도 걸린다.

Must-eat

진우네집국수

관방제림 둑길 읍내 쪽으로 국수집이 줄을 잇고 있다. 십여 년 전까지만 해도 몇 집에 불과했는데 진우네집국수가 전국적으로 유명해지며 아예 국수거리가 됐다. 진우네집국수는 주말이면 각지서 찾아온 사람들로 줄을 잇는다. 별미로 파는 약재를 넣고 삶은 계란은 또 먹고 싶어지는 간식이다.

add 전라남도 담양군 담양읍 객사3길 32
menu 멸치국수·비빔국수 4,000원, 구운 계란 2,000원
tel 061-381-5344

대나무 숲길이 아름다운 죽녹원

관방제림에서 담양천을 건너면 죽녹원이다. 울창한 대나무숲 사이로 산책로가 이리저리 나 있다. 2.4km 총 8코스에 이르는 산책로마다 이름도 붙였다. 운수대통길, 죽마고우길, 철학자의 길 등. 연인들의 길은 사랑이 변치 않는 길이다. 대나무처럼 곧고 늘 푸른 사랑을 하라는 뜻인가? 사랑이 변치 않는 길에는 사랑이 꽃피는 쉼터가 있다.

대나무숲에는 음이온이 풍성하단다. 삼림욕보다도 효과가 뛰어나다 하여 죽림욕이라 부른다. 음이온은 혈액을 맑게 하고 자율신경계를 안정시키는 한편 뇌파에도 영향을 미쳐 편안함을 준다. 대나무를 얇게 갈라 색을 물들여 만든 예쁜 상자를 채상이라 하고 이를 만드는 장인을 채상장이라 부른다. 죽녹원 입구 쪽에 채상장전수관을 찾으면 채상은 물론 대나무로 만든 온갖 생활도구를 볼 수 있다.

add 전라남도 담양군 담양읍 죽녹원로 119
access 관방제림 입구에서 향교교를 건너면 죽녹원 매표소가 나온다. / 광주역에서 출발 시 311번 버스를 타면 약 50분 걸린다.
fee 3,000원
tel 061-380-2680
homepage www.juknokwon.go.kr

죽향문화체험마을

죽녹원 입구 반대편 계곡에 있는 옛 마을이다. 죽녹원 산책로를 걷고 죽향문화체험마을로 넘어 갈 수 있다. 먼 곳까지 와서 하루 이틀 일정으로 모든 곳을 둘러볼 수는 없다. 죽향문화체험마을은 그 아쉬움을 달래 주는 곳이다. 담양의 정자를 대표하는 면앙정과 송강정, 식영정 등 여러 정자를 세우고 죽로차 제다실, 소리 전수관 우송당 등을 지었다. 한가로이 쉬며 이야기를 나누기에 죽녹원보다 좋다.

add 전라남도 담양군 담양읍 죽향문화로 378
access 죽녹원 뒤편으로 죽향문화체험으로 가는 길이 이어진다. / 광주고속버스터미널에서 출발 시 311번을 타고 담양도립대학에서 하차, 도보 10분
tel 010-7633-2690
homepage bamboo.namdominbak.go.kr

한가운데 시비공원이 있는데 면앙 송순, 송강 정철 등 조선 중기 이름난 문인들의 작품을 돌에 새긴 공원이다. 하룻밤 묵고 싶은 사람을 위한 한옥 체험장도 있다.

슬로시티 창평에서의 하룻밤? 삼지내마을

담양 창평면 삼지내마을은 우리나라 슬로시티 중에서도 한가롭기 짝이 없는 마을이다. 슬로시티로 지정받은 완도 청산도나 신안 증도는 죽기 전에 꼭 가 봐야 할 여행지로 꼽히는데 창평 삼지천이나 장흥 유치면은 그에 비하면 아는 사람이 많지 않다.

창평 삼지내마을에는 담양 10정자에 드는 남극루와 옛 고가가 몇 채 남아 있다. 슬로시티 체험관에서 탐방 지도를 받아 고가와

add 전라남도 담양군 창평면 창평리
access 담양터미널로 가서 3-1번 버스를 타고(약 1시간 소요) 창평초교정류장에서 하차
tel 061-383-3807
homepage www.slowcp.com

정자를 돌아보며 왜 이곳을 슬로시티로 지정했는지 느껴 보자. 돌담길을 따라 걷다 다리가 아파 오면 창평의 명물 쌀엿을 먹으며 쉬면 된다.

　담양은 생각보다 숙소가 많지 않다. 대도시 광주가 옆에 있어서
하루 여행 코스로 다녀가는 사람이 많다. 담양에서 1박을 하려면 창
평 슬로시티 민박을 이용하는 것도 좋다. 홈페이지에서 민박집을
미리 확인할 수 있다.

담양 버스 투어로 담양의 정자 돌아보기

　우리나라 옛 정자를 한마디로 표현하면 화룡정점의 미학
이라 할 수 있다. 자연이 그린 화폭에 정자라는 점을 찍어 완성시켰
다. 과장이라 생각된다면 자연 풍경에서 정자를 지우고 한 번 바라
보라. 아름다운 자연은 그대로인데 뭔가 밋밋하게 느껴진다. 그 자
연 어느 한 자리에 정자가 들어서면 경치를 완성시킨다.

　담양에서는 식영정과 소쇄원, 면앙정, 명옥헌, 송강정, 독수정, 상
월정, 연계정, 관어정, 남극루까지 10정자를 내세운다. 정자는 곧
사람의 역사이다. 스승 조광조가 기묘사화로 세상을 떠나자 양산보
가 은거한 소쇄원과 인조가 보위에 오르기 전 들렀다는 명옥헌은
조선을 대표하는 민간 정원으로 꼽힌다. 송순은 면앙정을 짓고 면
앙정가단을 만들어 숱한 문인들이 찾아와 시를 짓고 학문을 나누는
장을 마련하였다. 두 나라를 섬기지 않겠다며 벼슬을 버리고 내려

온 고려말 충신 전신민이 세운 독수정, 유배 온 송강 정철이 머물던 송강정, 여류 문인 송덕봉과 혼인하여 처가가 있는 담양으로 온 미암 유희춘이 세운 연계정, 관방제림 언덕에서 담양천 물길과 고기를 바라본다는 관어정 등. 정자에는 정자를 세운 사람, 다녀간 사람들의 자취가 남아 있다.

자동차를 가져가면 모를까 대중교통으로는 아무래도 가기 어렵다. 이럴 때 가장 좋은 방법이 버스 투어를 이용하는 것이다. '남도한바퀴(citytour.jeonnam.go.kr)'는 담양을 비롯한 남도 여러 고장을 버스 투어로 돌아보는 상품을 모아 놓은 곳이다. 홈페이지에 접속하여 주말 노선이나 1박2일 노선을 검색하면 담양과 장성을 함께 돌아보는 버스 투어 코스가 있다. 버스는 광주역에서 출발하므로 기차를 이용하여 광주역까지 간 다음 버스 투어를 이용하면 된다. 같은 방식으로 전라남도 강진, 해남, 완도 등 여러 고장을 버스로 여행할 수 있다.

남도한바퀴 담양 · 장성 주말 코스

AM 10:30	AM 10:55	AM 11:30	PM 12:40
광주 송정역 출발	광주터미널(유스퀘어 34번)	담양 소쇄원	담양 죽녹원(중식)

PM 02:50
담양 메타프로방스/
댓잎소시지 만들기
(선택 관광)

PM 07:25	PM 07:00	PM 05:00	PM 04:00
광주터미널 도착	광주 송정역	장성 백양사	담양 추월산 용마루길

소쇄원과 면앙정

fee 9,900원(입장료 2,500원, 식사 비용은 관광객 별도 부담)
tel 061-360-8502(티켓 예매 콜센터)
homepage citytour.jeonnam.go.kr

문경

문경새재
달빛 걷기

숲은 깊고 어두운데 한 줄기 달빛이 은은한 길이 나 있다. 백두대간 주흘산을 넘는 문경새재. 옛날 영남 지방 아래쪽 사람들이 한양으로 올라가려면 넘어야 했던 길이다. 그 길을 밤에 걷는다. 어둠에 잠긴 숲은 고요하다. 도란도란 나누는 우리들의 이야기는 저 숲 어디론가 스며들어 비밀이 된다. 우리 사랑을 숲과 달에게 맡기러 떠나자. 달빛 타고 흐르는 사랑 이야기, 달빛 사랑 여행이 시작된다.

• Point •
달빛 은은한 숲에 앉아 소곤소곤 이야기하기
전설의 길, 토끼비리와 문경 옛길 걷기
철로 자전거 타고 고모산성 오르기

달빛 밟고 걷는 새재 길

밤에 숲속을 걷는 경우는 드물다. 야간 산행을 즐기는 산꾼들이 아닌 다음에야 누가 밤에 산을 갈까. 그래서 그 느낌을 아는 사람은 많지 않다. 야간 산행에 중독된 산꾼들의 자랑에 감탄사만 흘릴 뿐. 이제 사랑하는 사람과 달빛 여행을 떠나 보자. 문경새재 과거길을 걷는 '달빛사랑여행'이라는 행사가 있다.

달빛사랑여행은 문경시에서 주최하는 축제로 매년 4월부터 10월까지 매월 넷째 토요일(8월~9월 셋째 토요일) 달밤에 문경새재를 걷는다. 새재는 1관문, 2관문, 3관문이 있는데 2관문까지는 평탄하고 이후부터 점차 오르막길이다. 행사는 2관문까지 왕복 약 7km를 다녀온다.

산길이라 하기에는 조금 민망하다. 문경새재 옛길은 숲 사이를 지나는 오솔길이었는데 지금은 차가 두 대 나란히 지날 수 있을 만큼 넓히고 맨발로 다녀도 좋을 만큼 고운 흙을 깔았다. 밤에 다녀도 걸려 넘어질 일이 없다. 밤이지만 여러 사람과 함께 걸으니 무서울 것도 없다.

달이 둥그렇게 뜨는 보름은 한 달에 한 번뿐이다. 홈페이지로 미리 신청해야 달빛 은은한 숲에 앉아 소곤소곤 정담을 나누는 기회를 얻을 수 있다.

> **·TIP·**
> 문경과 점촌이 합쳐져 문경시가 될 때 이름은 문경시를 쓰되 시청을 점촌에 두기로 했다. 때문에 대신 점촌시외고속버스터미널이 더 크고 노선도 많다. 점촌으로 가면 문경읍까지 다시 버스를 갈아타야 한다.

time 4~10월 매월 1회, 오후 3~4시경 출발
access 동서울터미널에서 문경버스터미널까지 곧장 가는 버스가 있다.
tel 054-555-2571(문경문화원)
homepage www.mgmtour.co.kr

달빛 걷기와 1박 2일 문경 여행

문경은 산골이다. 직선 거리로는 가까워 보이지만 골짜기를 돌아가기 때문에 꽤 시간이 걸린다. 산골이지만 할 게 참 많다. 문경관광사격장에서 클레이사격을 할 수도 있고 불정자연휴양림에서 짜릿한 짚라인을 경험할 수도 있다. 문경석탄박물관, 천문대, 문경유교문화관 등 갈 곳이 무척 많아 관광 지도를 보면 어디를 갈까 고민하게 된다. 하지만 이번 여행의 목적은 달빛 걷기다. 목적에 충실하자.

행사는 3시부터 시작한다. 미리 도착하여 문경약돌돼지구이를 맛보면서 기다리자. 행사가 끝나면 밤이다. 문경에서 하룻밤 묵고 이튿날 경북팔경 중에서 첫 손가락으로 꼽는 진남교반을 찾는다. 기암절벽을 크게 돌아가는 물길이 운치를 자아내는 곳이다. 진남역에서 출발하는 철로자전거를 타고 고모산성을 올랐다가 토끼비리와 문경옛길도 걸을 수 있다. 여러 가지를 한 장소에서 할 수 있으니 뚜벅이족에게는 이만한 여행지가 없다.

문경새재 옛길 달빛사랑여행

홈페이지를 찾으면 한 해 행사 날짜가 쭉 나온다. 미리 예약을 해야 하지만 인원이 채워지지 않았다면 현장에서도 접수할 수 있다. 프로그램은 매년 업그레이드되고 계절에 따라 약간씩 달라진다. 대개 도립공원 입구 야외공연장에 모여서 행사 안내를 받고 옛길박물관을 관람한 후 생태공원을 돌아본 다음 제1관문을 지나 본격적으로 걷기 시작한다.

옛길을 따라 조령원터를 지나고 길가 주막에서 막걸리와 묵도 맛본 후 교귀정까지 갔다가 되돌아 내려오는 게 행사 코스이다. 교귀정은 옛날 신임 영남관찰사와 전임관찰사가 서로 임무 교대를 하던 정자다. 굵은 소나무 두 그루가 운치 있게 달빛 그늘을 드리운다. 오픈 세트장 경복궁과 강녕전 세트에서 옛날 구중궁궐을 가상으로나마 체험하며 차를 마시는 것으로 프로그램을 마친다.

여러 사람과 함께 다니느라 번거로울 수도 있지만 문화해설사의 상세한 설명과 문경 특산물을 골고루 접할 수 있는 기회이기도 하다.

1 문경새재 오픈 세트장. 드라마나 영화에 따라 고려 마을이 되었다가 조선 마을이 되기도 하는 등 그때그때 바뀌는 실물 크기의 마을이다.
2 새재를 넘기 전 막걸리 한잔으로 피로를 풀던 옛 주막에는 옛 사람들의 시가 남아 있다.
3 문경새재 입구에 있는 옛길 박물관. 새재와 조선의 옛길에 대해 알아볼 수 있는 곳이다.

진남교반에서의 한나절

진남교반은 영강을 가로지르는 진남교 부근의 풍경 좋은 곳을 말한다. '교반(橋畔)'은 다리 주변을 뜻한다. 진남교반 일대에 영강 물길이 빙 돌아가는 모습이 마치 한반도 지형과 비슷하다. 물길을 따라 옛 도로와 철길이 나 있다. 새로 난 국도는 진남교반을 관통한다. 기암절벽을 뚫어 안타깝지만 어찌되었건 아쉬운 대로 절경은 절경이다. 진남교반 영강에서 보트를 타거나 물놀이를 즐기는 것도 좋다.

진남교반을 한눈에 바라보는 위치에 고모산성이 있다. 삼국 시대에 신라가 쌓은 것으로 짐작하는데 산성의 흔적만 남은 것을 순차적으로 복원하는 중이다. 고모산 능선을 따라 이어진 성벽을 따라 오르면 진남교반을 내려다보는 평지가 나온다.

고모산성에서 내려오는 길에 토끼비리로 가는 길이 있다. 진정한 문경 옛길이다. 협곡의 벼랑을 따라 난 아슬아슬한 길인데, 이 위험한 길로 얼마나 많은 사람이 지나갔는지 길바닥의 돌이 다 맨질맨질하다.

철로자전거

옛날 문경에는 석탄을 실어 나르는 기차가 다녔다. 이제는 기차가 다니지 않는 폐선로를 이용하여 철로자전거를 운행한다. 진남역에서 한 구간만 운행하던 철로자전거는 계속 확대되어 지금은 불정역과 가은역, 구량리역 세 곳에서 출발한다. 가장 중심이 되는 곳은 구량리역이다. 강을 따라 달리는 철로자전거는 숲길과 다리, 터널을 지난다. 왕복한다면 대략 1시간 정도 걸린다.

add 경상북도 문경시 마성면 구량로 20(구량리역)
경상북도 문경시 불정강변길 187(불정역)
경상북도 문경시 가은읍 대야로 2445(가은역)
access 문경에서 점촌 방향으로 가다 고모산성 아래 삼거리에서 우회전하여 구량리역까지 간다.
tel 054-571-4200(구량리역), 054-554-8300(불정역)
054-572-5068(가은역)
homepage www.mgrailbike.or.kr

 ## 문경의 대표 먹거리

약돌돼지구이와 매운탕

낯선 곳에 가면, 새로운 맛을 즐길 수 있어 더욱 즐겁다. 문경 하면, 약돌돼지구이와 매운탕을 빼놓을 수 없다. 문경에서만 맛볼 수 있는 독특한 맛의 세계를 체험해 보자.

문경에서 나는 거정석이라는 검은 돌을 갈아 사료에 넣어 먹이면 돼지 특유의 냄새가 없고 육질이 쫄깃하다. 그렇게 키운 돼지를 약돌돼지라 하는데 새재도립공원 입구에 약돌돼지전문점이 즐비하다. 모두가 몇 십 년 전통이라고 하니 어디를 들어갈까 망설이게 되는데 솔직히 고기 맛에서는 큰 차이를 느끼기 어렵다. 고기와 함께 나오는 반찬의 솜씨를 보고 선택하는 편이 낫다.

 Must-eat

새재할매집

새재할매집도 40년 전통을 자랑한다. 고추장양념석쇠구이정식이 있다.

add 경상북도 문경시 문경읍 새재로 922
menu 고추장양념석쇠구이정식(1인분) 13,000원
tel 054-571-5600

진남매운탕

도시 사람들의 입맛에 맞게 맵고 짠 맛이 좀 덜하다.

add 경상북도 문경시 마성면 진남1길 210
menu 잡어매운탕(1인분) 17,000원
tel 054-552-7777

영남매운탕

고장 입맛을 고집하여 좀 맵고 짜다.

add 경상북도 문경시 마성면 신현리 55
menu 잡어매운탕(소) 30,000원
tel 054-552-9863

• TIP • 어디서 잘까?

여행의 낭만 중에 하나가 숙박이다. 문경읍에 모텔이 여러 군데 있지만 멀리까지 와서 모텔을 이용하고 싶지 않다면 예쁘고 아기자기한 펜션을 방문해 보자. 다만 문경 산골 곳곳에 있다는 게 문제다. 그중에는 민박집 수준의 펜션도 폭탄처럼 숨어 있다.

주소지가 문경시라고 해서 쉽게 오갈 수 있는 것은 아니다. 펜션 하나 찾자고 산골짜기 하나를 돌아가다 보면 1시간이 넘게 걸릴 수 있다. 진남교반에도 펜션이 몇 군데 있는데 깨끗한 민박집 정도로 생각하면 된다. 분위기는 약간 아쉬울 수 있어도 다음 날 새벽 강을 볼 수 있다는 큰 장점을 가지고 있다.

강원도

대관령 목장길 따라
바람처럼 걷기

마음의 넓이는 얼마나 될까? 눈으로 보는 곳까지이다. 지금 눈앞에 바다가 있으
면 바다 끝까지라고 할 수 있고 산이 펼쳐져 있으면 그 능선 끝까지이다. 드넓은
풍경을 만나면 가슴이 탁 트이고 마음은 한없이 넓어진다. 이제 그만 스마트폰이
나 노트북 따위의 조그만 화면에서 벗어나 살아 있는 풍경을 만나러 가자.
대관령으로!

• Point •
선자령 VS 대관령 목장 VS 양떼목장
비교하기

한국에서 만나는 이국 풍경

우리나라에는 경치가 아름다운 곳이 많다. 그중에는 이국적인 풍경을 보여주는 곳도 꽤 있다. 풍차가 서 있는 언덕으로 유명한 영덕풍력발전소, 메밀이나 보리가 펼쳐진 너른 들판이 이색적인 고창학원농장, 아파트만 보이지 않는다면 유럽 어느 목장과도 같을 안성팜랜드 등. 그런 풍경 중에서 단연 최고라고 할 수 있는 곳이 삼양목장과 양떼목장 그리고 선자령이 있는 대관령이다. 커다란 풍차들이 빙글빙글 돌아가는 풍경, 구릉을 이루는 널따란 초지 덕분에 이국적인 느낌이 물씬 나는 곳들이다.

영동고속도로 구간에 대관령터널이 생기면서 대관령을 구불구불 넘어가는 옛 도로는 잊혀져 가는 길이 되었다. 아이러니하게도 한적하기 때문에 드라이브하기엔 운치 있는 길이 됐다. 도로를 따라 올라가면 고개를 넘기 직전에 휴게소가 있다. 선자령을 가려면 그 휴게소에 차를 세워야 한다.

add 강원도 평창군 대관령면 경강로 5721(대관령휴게소)
access 횡계버스터미널에서 택시를 타면 1만 원 정도 나온다. 시내버스는 하루 3회 운행(10:30, 11:40, 14:00)을 하는데 휴게소까지 왔다가 곧바로 횡계로 되돌아간다.
tel 033-332-3383(대관령마을휴게소)

풍차를 스치는 바람처럼 걷고 또 걷자

백두 대간 능선을 따라가는 길을 선자령 풍차길이라고 한다. 하얀 풍차들이 아담해 보이지만 산이 높고 시야가 넓어서 그런 것일 뿐 막상 아래로 가 보면 엄청나게 높다. 바우길이라는 이름도 보인다. 바우길은 강릉의 바다와 산들을 지나는 길이다. 총 16구간인데 제1구간이 바로 선자령 풍차길이다. 강릉에서 백두 대간을 넘던 옛길이 선자령을 지나기에 붙은 이름이다.

선자령으로 들어가는 길은 양떼목장 옆으로 난 흙길과 국유림관리소 쪽으로 가는 시멘트 포장길이 있다. 시멘트 길은 아무래도 운치가 떨어진다. 국사성황당을 지나면 다시 두 길이 만난다. 길이 꽤 기니 휴게소에서 물이나 간식을 충분히 챙기자.

선자령 정상에서 보면 동해 저편까지 풍경이 보인다. 물론 너른 시야는 날씨가 좋아야 가능한 일이다. 멀리 보이지 않는다고 서운해 할 필요는 없다. 1,157m 해발 1,000m 높이에서 살아가는 나무와 꽃도 선자령 정상에서 만날 수 있다.

길은 야트막한 관목 사이를 지나고 울창한 숲과 초지를 가로지르기도 한다. 비스듬한 구릉 사이로 하얀 풍차가 이정표처럼 반겨 준다. 선자령 정상에 서면 백두대간 선자령이라는 커다란 표지석이 있다. 올 때는 8부 능선을 따라 난 숲길로 돌아온다. 울창한 숲에 들어서면 높은 산이라는 게 실감이 나지 않는다. 아담한 숲길을 산책하는 듯한 평탄한 길이다. 국사성황당 쪽으로 되돌아 나오면 된다.

강릉 바우길 1코스 선자령 풍차길(12km, 4시간 소요)

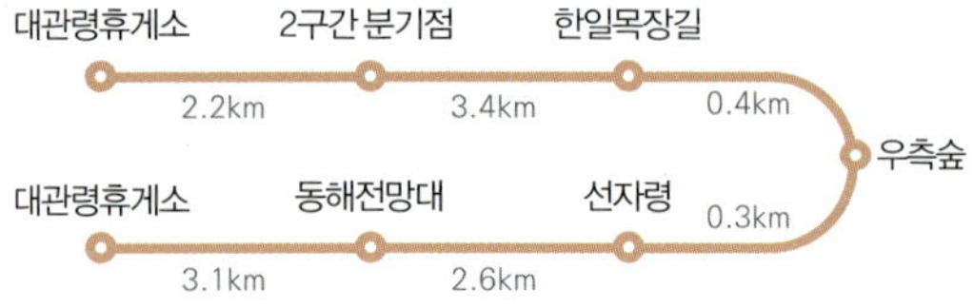

access 대관령휴게소에서 걸어간다.
tel 033-645-0990((사)강릉바우길)
homepage www.baugil.org

·TIP·
선자령 풍차길은 늦봄 또는 초가을에 걷기 좋다. 길은 험하지 않다. 다만 한쪽은 바다, 다른 쪽은 내륙이라 날씨 변덕이 심하다. 꼭 날씨가 좋은 계절, 맑은 날 찾아가자.

1 선자령 풍차길에는 초지만 있는 것이 아니다. 우거진 숲길은 한여름 더위를 식혀 준다.

2 100m가 넘는 능선길에 야생화와 갖가지 열매를 만날 수 있다.

3 선자령 풍차길은 왕복 4시간 정도 잡아야 한다. 단, 바삐 걸었을 경우이다.

4 자작나무숲이 보이면 다 온 것이다. 힘을 내자.

삼양목장 VS 양떼목장

대관령에는 이름난 목장 두 곳이 있다. 바로 삼양목장과 양떼목장이다. 두 목장의 느낌은 천지차이이다. 삼양목장이 넓고 거친 자연의 느낌이 살아 있는 곳이라면 양떼목장은 잘 가꾼 정원처럼 예쁜 목장이다. 선자령에서 가기에는 양떼목장이 가깝다. 대관령휴게소에서 바로 들어가니 같은 곳이나 마찬가지이다.

양떼목장

양떼목장은 예쁜 사진을 찍는 것을 좋아하는 연인이나 어린 자녀를 둔 가족이 찾기에 알맞다. 목장이 크지 않아 한나절이면 둘러볼 수 있다. 목장을 한 바퀴 둘러보는 산책길도 30분에서 1시간 정도로 길지 않고 양털도 잘 다듬어져 있어 예쁘다. 사람들은 양이라면 하얗고 털이 복슬복슬한 모습만 생각하는데 의외로 지저분한 녀석들도 많다. 비라도 와서 흙 범벅이 된 양들이 가까이 다가오면 뒤로 물러나게 된다.

add 강원도 평창군 대관령면 대관령마루길 483-32
access 대관령휴게소에서 걸어간다.
open 1~2월, 11~12월 09:00~17:00 / 3월, 10월 09:00~17:30 / 4월, 9월 09:00~18:00 / 5~8월 18:30
    (설, 추석당일 휴무)
fee 양 먹이 4,000원(입장료를 따로 받지 않지만 사람마다 양 먹이 건초를 구입해야 들어갈 수 있다.)
tel 033-335-1966
homepage www.yangtte.co.kr

대관령삼양목장

양떼목장이 크지 않다는 건 대관령삼양목장과 비교해서 그렇다는 말이다. 삼양목장은 말 그대로 고원 초지의 광대함을 보여 준다. 워낙 높은 곳이라 하늘 끝까지 보이니 마치 초지가 세상 끝까지 이어진 듯한 착각이 든다. 광활해서 어디를 쏘다닌다는 것이 쉽지 않다. 입구에서 셔틀버스를 타고 동해전망대까지 올라갔다가 천천히 내려오는 게 가장 무난하다.

동해전망대에 올랐다고 해서 바다를 볼 수 있을 거라는 기대는 하지 말자. 워낙 날씨가 변화무쌍하여 바다까지 볼 수 있는 날은 1년에 몇 차례 안 된다. 아침에 맑다가도 점심 때 구름이 끼면 아무것도 안 보인다. 무엇보다 안개가 많이 서린다. 대신 쨍쨍한 날보다 운치가 확실히 좋다. 선자령처럼 커다란 풍차들이 곳곳에 있는 모습 또한 눈길을 끈다.

삼양대관령목장은 차가 없다면 이동이 불편하다. 대관령휴게소에서 횡계읍까지 와서 택시를 타야 한다. 대중교통이 따로 없으니 어쩔 수 없다. 약 7km로 1만 3,000원 정도 나온다. 친구끼리라면 십시일반, 혼자라면 일행이라도 찾아보자.

add 강원도 평창군 대관령면 횡계2리 산 1-107
open 매표 마감 시간 11~1월 16:00, 2~10월 16:30, 3~4월, 9월 17:00, 5~8월 17:30(연중무휴)
fee 9,000원(매표를 해야 동해전망대까지 가는 셔틀버스를 탈 수 있다.)
tel 033-335-5044
homepage www.samyangranch.co.kr

·TIP·
양떼목장이나 대관령목장의 사계는 이미 많이 알려져 있다. 인터넷에서 멋진 풍광을 미리 찾아보고 구도를 익힌 다음 내 카메라에도 담아 보자. 멋진 풍광 앞에서는 없던 사진 실력도 급상승한다.

서울

청주

춘천

인천

가평

훌쩍 떠나는
당일치기 여행

서울

북악산
한양도성길 걷기

서울한양도성은 600년 동안 한양을 품에 안고 오랜 시간을 굳건히 지켜 왔다. 북악산, 인왕산, 남산, 낙산을 중심으로 역사를 고스란히 담고 있는 보물이다. 비록 일부가 무너지고 사라져 온전한 모습은 만날 수 없지만 역사적 당당함은 여전히 살아 있다. 산등성이에 곡선을 그리며 이어진 성곽에 깃든 옛 이야기에 귀 기울이며 빼곡한 빌딩숲을 이루고 있는 지금의 서울을 바라보자.

·Point·
청운대에서 굽이굽이 이어진 성벽과 서울의 전경 만끽하기
부암동 거리에서 가볍게 커피나 맥주 즐기기

 ## 오랜 시간을 견뎌 온 서울한양도성

북악산에는 한양을 둘러싸고 있던 도성을 따라 걷는 길이 있다. 시간의 흔적을 품고 있는 도성의 숨겨진 역사를 살펴볼 수 있는 곳이다. 도성과 발맞춰 걸으며 도심 속 자연도 만끽할 수 있다. 호젓한 길을 따라 걷는 행운도 누리고 600년 세월의 흔적도 느껴보자.

한양도성은 일제 강점기와 해방 이후 개발이 진행되면서 많은 부분이 사라졌다. 다행히도 북악산은 성곽의 원형이 잘 남아 있다. 굽이굽이 유연하게 이어져 있어 지형을 이용한 지혜를 엿볼 수 있다.

한양도성은 태조 이성계가 한양으로 천도를 하면서 만들어졌다. 이후 도성은 숱한 전쟁과 굴곡진 역사의 무게를 고스란히 담아 왔다. 성곽은 서울의 주산(主山)인 북악산을 기준으로 인왕산·남산·낙산의 지형을 최대한 활용해서 만들었다. 그 길이만 해도 5만 9,500자로 18.2km에 달한다. 처음 만들어질 당시 49일 동안 팔도의 백성이 올라와 성벽을 하나하나 쌓아 올렸다. 백성들의 고된 땀과 정성이 고스란히 담겨 있다. 이후 세종과 숙종 때 보수를 하여 지금의 성곽이 완성되었다.

꼭 챙기자!

반드시 신분증(주민등록증, 여권, 운전면허증)이 필요하다. 운동화 착용은 필수! 물, 모자도 꼭 챙겨가자.

access 지하철 4호선 혜화역 1번 출구로 나와서 종로 08번 마을버스를 타고 명륜3가 종점에서 하차한다. 계단을 따라 걸어 올라가면 말바위안내소까지 30분 정도 걸린다. / 지하철 3호선 안국역 2번 출구로 나와서 종로 02번 마을버스를 타고 성균관대 후문에서 하차한 후 와룡공원으로 오르면 성곽길로 이어진다.
course 혜화문 ⋯▶ 와룡공원 ⋯▶ 숙정문 ⋯▶ 촛대바위 ⋯▶ 곡장 ⋯▶ 청운대 ⋯▶ 1.21사태소나무 ⋯▶ 백악마루 ⋯▶ 창의문
open 3~10월 09:00~16:00, 11~2월 10:00~15:00(매주 월요일 휴무)
tel 02-765-0297~8(말바위안내소), 02-747-2152~3(숙정문안내소), 02-730-9924~5(창의문안내소)
homepage www.bukak.or.kr

북악산 한양도성과 강렬한 첫 만남

　　북악산 한양도성길은 혜화문에서 창의문까지 이어진다. 혜화문에서 와룡공원까지는 훼손된 구간이 있어 와룡공원에서 시작하는 것이 좋다. 와룡공원에서 출발하면 높다란 성벽과 만나게 된다. 차곡차곡 쌓아 올린 성벽을 자세히 살펴보면 돌의 모양이 다르다. 자연석에 가까운 모양은 태조 때, 양쪽 모퉁이를 둥글게 다듬어 차곡차곡 올린 모양은 세종 때, 아주 반듯한 사각형으로 다듬어 올린 모양은 숙종 때 만들어진 성벽이다. 서로 확연한 차이를 보여 어느 시대에 쌓은 것인지 맞추는 재미가 쏠쏠하다. 여러 시대에 걸쳐 쌓고 보수하여 완성한 길을 걸으면 조선 역사의 여러 장면이 주마등처럼 스쳐 지나간다.

북악산 한양도성길 입장하기

말바위안내소로 이어지는 길은 소나무 숲길로 걷는 내내 진한 솔향기가 풍겨 온다. 성곽은 지형에 맞춰 리드미컬하게 곡선을 그리며 이어진다. 발걸음도 자연히 그 리듬에 맞추어 느려지거나 빨라지곤 한다. 와룡공원에서 말바위안내소까지 20분 정도 걸린다. 북악산 한양도성길은 하루에 정해진 시간에만 길이 열린다. 입장 시간과 마감 시간이 정해져 있는데 그 시간이 지나면 입장이 불가능하다. 입장 마감 시간은 하절기는 오후 4시, 동절기는 오후 3시다. 마감 시간에 가까워졌다면 속도를 높여 말바위안내소까지 부지런히 걸어야 한다.

　　북악산 한양도성길은 군사 지역으로 우리에게 개방된 지 얼마 되지 않은 구간이다. 2006년부터 개방되었지만 약간의 제약이 있다. 제한된 시간 동안만 출입이 가능하고 신분증이 반드시 있어야 들어갈 수 있다. 출입 신청서를 작성하고 받은 출입증을 목에 걸고 출발한다. 불편하기는 하지만 왠지 비밀 공간으로 들어가는 기분도 든다.

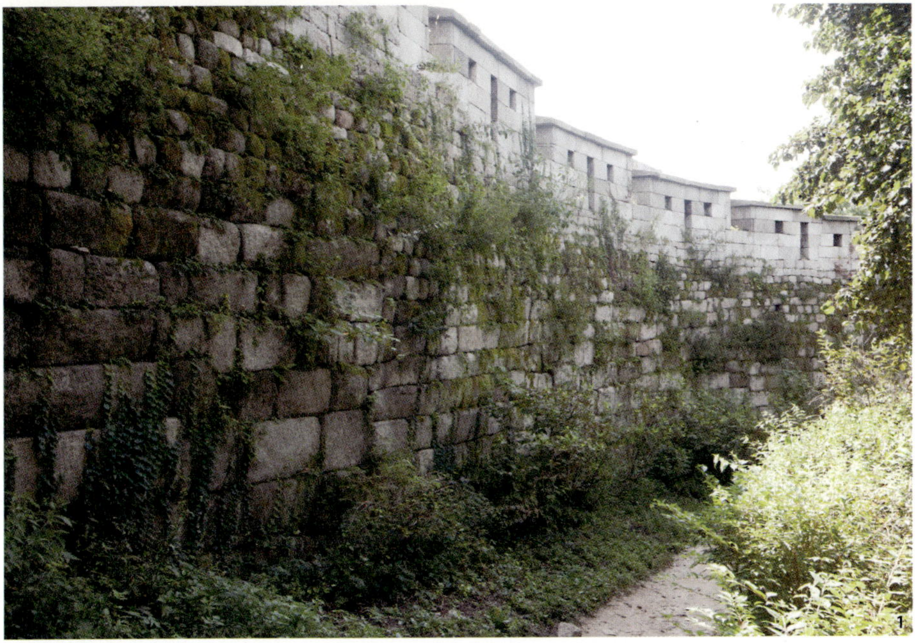

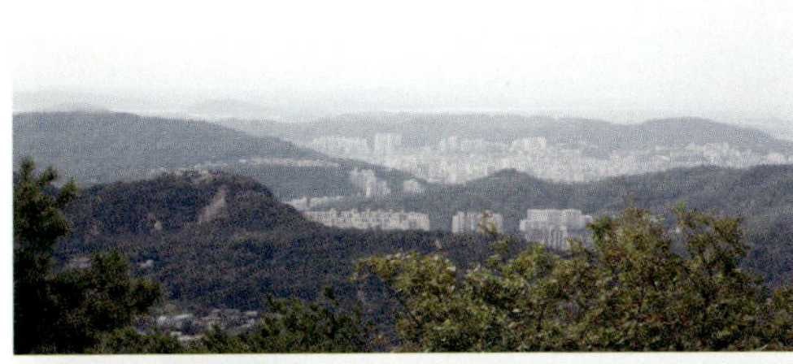

1

2

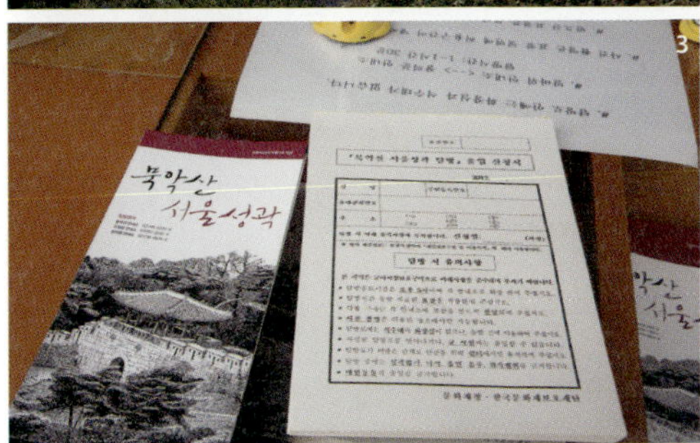

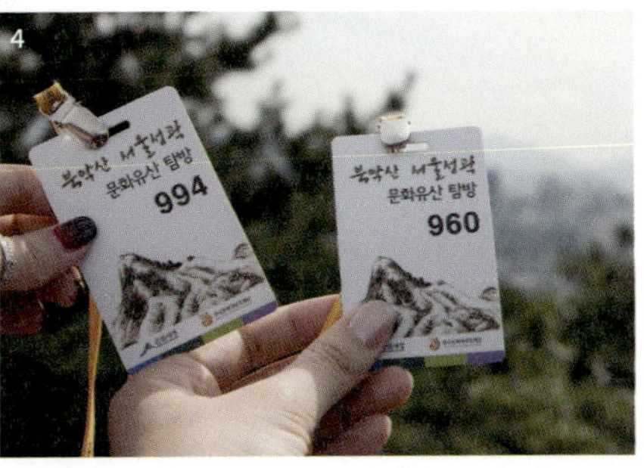

1 서로 다른 시대의 돌이 어깨를 맞대어 더욱 견고
해진 성곽

2 북악산 한양도성길에서 바라본 서울의 전경

3 북악산 한양도성길 신청서

4 출입증을 받았으니 이제 출발!

3

4

도성을 따라 걸으며 눈으로 풍경 담기

북악산은 해발 324m로 도성이 지나는 4개의 산 중 가장 높은 산이다. 그렇다고 미리 겁먹고 걷기를 포기하지는 말자. 쉬엄쉬엄 걸으면 2시간이면 충분하다.

말바위안내소에서부터 창의문까지 걷는 동안 다양한 볼거리를 만날 수 있다. 특히 사대문 중 북대문인 숙정문이 이곳에 있다. 사람이 다니기 위해 지어진 문이 아니기 때문에 다른 사대문에 비해 소박하다. 숙정문을 지나면 부지런히 계단을 올라야 한다. 성곽이 능선을 따라 오르락내리락 유연하게 흐른다. 일제 강점기 때 쇠말뚝을 박아 놓았던 촛대바위를 지나면 곡장과 만나게 된다. 곡장은 방어를 위해 성곽의 일부를 돌출시킨 것을 말한다. 북악산 곡장은 서울성곽에 남아 있는 두 개의 곡장 중 하나로 유일하게 들어갈 수 있는 곳이다. 그러니 그냥 지나치지 말고 꼭 올라 보자.

다리가 뻐근해질 때쯤이면 청운대에 도착한다. 이때 걸어온 길을 다시 돌아보면 성벽의 아름다움을 한눈에 담을 수 있다. 경복궁에서 광화문광장과 세종로가 길게 이어지는 모습을 볼 수 있는 곳이기도 하다.

1 일제 강점기 때 말뚝이 박혔던 아픔을 간직한 촛대바위
2 사대문 중 북문인 숙정문

彰義門 총탄 흔적 선명한 소나무와 가파른 경사

한양도성길은 현대사의 아픔을 간직하고 있다. 총을 맞은 소나무가 바로 그것인데, 1·21사태소나무라고 부른다. 1968년 청와대를 습격할 목적으로 북한에서 내려온 무장공비와 벌인 치열했던 총격전의 흔적이다. 이 상처 입은 소나무를 지나면 백악마루로 이어

진다. 이제부터 북악산 도성길의 최대 난코스다. 아찔한 경사를 따라 성벽과 계단이 자리 잡고 있다. 창의문까지 연결된 계단을 내려가다 보면 절로 다리가 후들거린다. 창의문에서 시작하면 이 계단을 올라야 하기 때문에 와룡공원에서 시작하는 것이 좋다. 이렇게 심한 경사에도 굴하지 않고 도성을 차곡차곡 쌓은 것이 신기하기만 하다. 따뜻한 햇살 담은 성벽에 의지해 한걸음씩 내딛으며 도성 너머로 펼쳐지는 풍경도 눈에 담아야 한다. 부암동의 아름다움도 볼 수 있으니 힘들다고 멀리 바라보는 것을 잊지 말자. 창의문에 도착하면 북악산 한양도성길은 끝난다. 역사와 아름다운 자연이 함께하는 낭만 한양도성길 걷기 2시간. 서울 안에서 즐길 수 있는 매력적인 하이킹 코스이다. 하산하며 만나는 부암동 거리는 가볍게 커피나 맥주를 마시기에 그만이니 분위기 좋은 카페나 레스토랑에서 즐거운 시간을 이어가자.

> **·TIP· 북악산 한양도성길에서의 사진 촬영**
> 북악산 한양도성길은 출입에서부터 제약이 많다. 사진 촬영 역시 허가된 장소에서만 가능하다. 숙정문, 촛대바위, 1·21사태소나무, 백악마루, 백악쉼터, 돌고래쉼터까지 총 6곳에서만 촬영을 할 수 있다. 촬영이 제한되니 눈앞에 스쳐 지나는 풍경들이 더 아름다워 보인다. 사진으로 남길 수 없어 조금 더 오래 바라보게 된다.

서울한양도성 스탬프투어

서울한양도성에도 스탬프투어가 있다. 흥인지문, 숭례문, 돈의
문, 숙정문에서 스탬프를 찍을 수 있다. 흥인지문에서는 인(仁), 숭례문에서
는 예(禮), 돈의문에서는 의(義), 숙정문에서는 지(智)가 새겨진 스탬프가 준
비되어 있다. 4개의 도장이 다 찍히면 성곽을 완주한 기념으로 배지도 받을
수 있다.

종로문화관광에서는 무료 투어 신청을 받고 있다. 종로문화관광 홈페이
지(tour.jongno.go.kr)에서 코스별로 신청을 할 수 있다. 도성을 따라 걸으
며 자세한 설명을 들을 수 있다. 도성에 대해 자세히 알고 싶거나, 도성길 찾
기에 자신이 없다면 무료 투어를 신청해 보자.

한 칸씩 채워가는 재미가 있는 스탬프 투어

 **뜨는 동네, 부암동에서 뒤풀이**

말바위안내소에서 걷기 시작하면 창의문이 종착점이 된다. 창의문이 있는 부암동은 아기자기한 카페과 맛있는 음식들로 유명하다. 성곽길만 걷기에는 살짝 아쉬움이 남으니 부암동에서 맛있는 시간을 가져 보자.

 **Must-eat**

계열사

계열사는 치킨이 맛있기로 소문이 자자하다. 프라이드 치킨과 감자튀김이 함께 나오는 것이 특징이다. 따끈한 치킨과 시원한 맥주 한잔이면 성곽길을 걸으며 쌓인 피로가 싹 풀린다.

add 서울시 종로구 백석동길 7
open 12:00~23:00
menu 프라이드치킨 20,000원
tel 02-391-3566

자하손만두

부암동에서 맛집으로 소문이 난 곳이다. 화학조미료를 사용하지 않아 깔끔한 맛을 느낄 수 있다. 만둣국, 만두전골 등 다양한 만두 요리를 맛볼 수 있어 많은 사람들이 찾는다.

add 서울 종로구 백석동 12
open 11:00~21:30
menu 만둣국 12,000원, 떡만두국 12,000원
tel 02-379-2648

Hot Place-Café

제비꽃다방

부암동 주민센터 맞은편 2층에 위치한 카페이다. 카페이자 문화 전시도 하는 복합적인 공간이다. 커피 한잔과 함께 전시를 즐겨 보자.

add 서울시 종로구 창의문로 146 2층
open 13:00~24:00
menu 아메리카노 5,000원, 군산팥빙수 13,000원
tel 02-379-2741
homepage www.flat274.com

서울한양도성길 이런 코스도 있어요

아름다운 풍경을 만나는 인왕산 코스 약 2시간 30분 소요

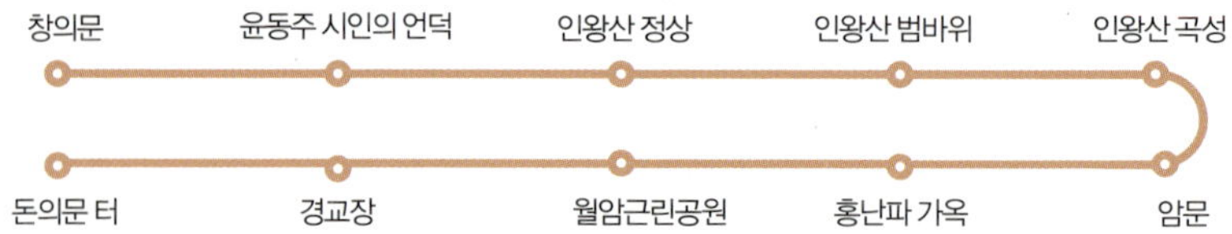

창의문 — 윤동주 시인의 언덕 — 인왕산 정상 — 인왕산 범바위 — 인왕산 곡성

돈의문 터 — 경교장 — 월암근린공원 — 홍난파 가옥 — 암문

access 경복궁역 3번 출구에서 1020, 7212, 7022번 버스를 타고 자하문고개에서 하차해 창의문까지 걸어간다.

인왕산 성곽길은 창의문에서 숭례문까지 5.3km 정도 되는 코스이다. 사실 인왕산을 벗어나 숭례문으로 이어지는 구간은 성곽이 끊어진 곳이 많다. 성곽을 따라 걷고 싶다면 창의문에서 돈의문터인 강북삼성병원까지 가는 것이 좋다. 다른 코스에 비해 계단의 압박도 크고, 화강암으로 이루어진 산답게 돌로 이루어진 곳도 제법 많다. 그렇다고 길이 험하지는 않으니 걱정하지는 말자. 인왕산의 곳곳에서 만나게 되는 바위의 모습은 감탄을 쏟아 내기에 충분하다.

정상에서 바라보는 서울의 모습은 인왕산 한양도성길의 포인트이다. 빌딩숲과 자연이 조화롭게 어우러진 모습을 볼 수 있다. 탁 트인 서울 풍경에 답답한 마음이 시원해진다. 그 모습이 간직하고 싶어 사진기를 들 때는 주의가 필요하다. 인왕산 정상에서 청와대 방향으로는 사진 촬영이 제한된다.

소담한 산책이 필요하다면, 남산 코스 약 4시간 30분 소요

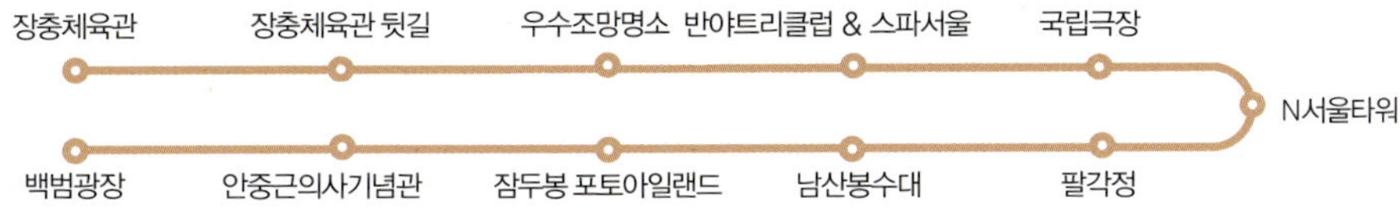

access 동대입구역 5번 출구에서 장충체육관까지 도보로 이동

승례문에서 광희문까지 이어지는 길이다. 남산도서관에서 봉수대로 오르는 길이 성곽길 코스이다. 우리가 자주 다니던 남산도 성곽의 일부라니 새로운 느낌으로 다가온다. N서울타워에서 국립극장으로 가는 길에도 성곽을 만날 수 있다. 특히 장춘체육관에서 시작해 하얏트호텔로 이어지는 구간이 걷기에 좋다. 성곽길을 따라 산책로가 잘 되어 있어 걷기에 부담이 없다. 특별한 준비 없이 찾아도 쉽게 걸을 수 있다. 성곽의 보존 상태도 좋아 성곽의 원형을 거의 그대로 볼 수 있다. 둥근 돌이 차곡차곡 쌓인 부분과 각이 반듯이 잡힌 성곽이 사이좋게 어깨를 맞대고 있다. 성벽을 쌓을 당시 새겨 놓은 글자들도 어렵지 않게 만날 수 있다. 성인의 키를 훌쩍 넘는 성곽의 모습이 든든하다.

화려한 야경이 보고 싶다면, 낙산 코스 약 1시간 소요

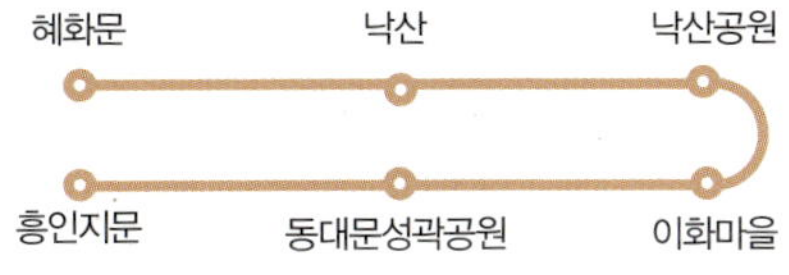

access 한성대입구역 4번 출구에서 혜화문까지 도보 5분

광희문에서 시작해 혜화문으로 이어지는 코스이다. 북악산, 인왕산 코스가 부담스럽다면 낙산 코스가 적당하다. 난이도가 낮고 거리도 짧아 가벼운 마음으로 걸을 수 있다. 특히 홍인지문에서 혜화문까지는 성곽이 쭉 이어져 길을 찾기에 어려움이 없다. 다른 구간과 달리 도심 속에 깊숙이 스며들어 있어 우리의 삶의 모습과 어우러진다. 다른 구간에 비해 접근성도 좋은 편이다. 해질 무렵 낙산공원에 도착하면 성곽과 도심의 불빛이 어우러진 아름다운 야경을 볼 수 있다.

청주

수암동 벽화마을에서
아마추어 사진작가 되기

수암골의 좁다란 골목길에는 재미난 이야기가 많다. 요리조리 골목길을 따라 걷
다 보면 다양한 벽화를 만날 수 있다. 귀여운 벽화들의 재잘거림에 절로 신이 난
다. 그 모습을 오래 남겨 두고 싶어 카메라 셔터를 '찰칵찰칵' 누르게 된다. 그림
속 이야기를 들으러 수암골로 출발해 보자.

소곤소곤 들려주는 벽화 이야기

수암골은 청주 우암산 자락에 있는 작은 마을이다. 제법 높다란 곳에 위치한 청주의 마지막 달동네로, 한국전쟁 이후 피난민이 정착하며 형성되었다. 이곳도 다른 달동네처럼 사라질 뻔했으나 2007년 공공예술 프로젝트가 진행되며 다시 태어났다. 벽화가 그려지면서 골목길마다 스토리가 생기고 젊은이들이 카메라를 들고 놀러 오는 문화 골목이 되었다.

동네 어귀에 다다르면 어르신들이 반가운 인사로 맞아 주신다. 마을 입구에 있는 삼충상회는 마을 어르신들의 사랑방이자 안내소 역할을 하는 곳이다. 벽화는 요란하거나 화려하지 않고 수암골이 가진 소담한 모습을 그대로 담고 있다. 시간에 흐려진 벽화에는 수암골의 시간이 총총히 배어 들어 있다. 그림은 마법이 되어 무너진 벽면을 아이스케키 가게로, 빗물받이를 콩나무로 바꿔 놓았다. 그림 속에서 함박웃음을 짓는 아이들의 웃음이 그대로 전해지고, 삐뚤삐뚤 써 둔 철수의 일기장을 보면 큭큭 웃음이 난다.

add 충청북도 청주시 상당구 수동 1
access 청주시외버스터미널, 고속버스터미널에서 205, 511, 516, 747, 831번, 청주역에서 711, 721번 시내버스를 타고 우암초등학교정류장에서 하차(약 20분 소요), 도보 10분. 수암골 벽화마을까지 안내판이 잘 되어 있어 찾기 쉽다.
fee 무료
tel 043-200-2231(청주시청 문화관광과)

꼭 챙기자! ▶ 카메라

골목길 따라 아기자기한 벽화가 그려져 있는 수암골

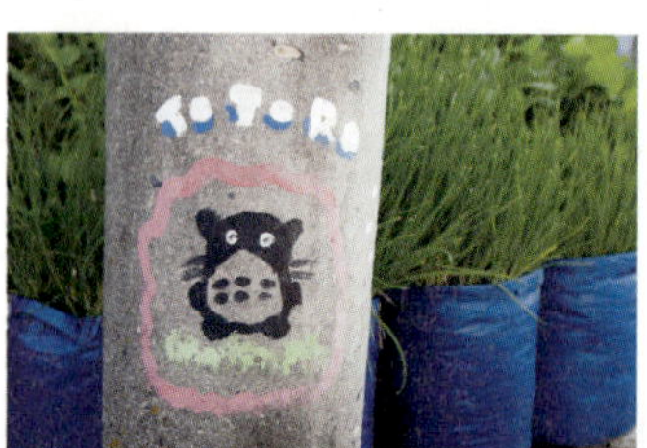

전봇대의 토토로, 순박하게 웃는 그림 속 아이들,
마을 고양이로부터 따뜻한 온기를 한 아름 선물받는다.

벽화 속의 재미난 이야기를 따라 걷다 보면 '상상의 골목길'이라는 수암골 대표 벽화와 만나게 된다. '상상의 골목길'은 전봇대와 뒤쪽 벽면의 벽화를 잘 맞춰 보면 숨어 있던 상상의 골목길을 발견할 수 있다. 전봇대에 그려진 양 갈래 머리를 한 소녀의 경쾌한 발걸음에 덩달아 신이 난다. 바로 옆에 있는 피아노 계단을 밟으면 아름다운 선율이 흘러나올 것 같다. 그 모습들을 사진 속에 생생히 담아 보자. 보물찾기 하듯 골목길을 걷다 보면 청주 시내가 내려다보이는 명당에 다다른다.

 **Hot Place-Café**

풀문(full moon)

수암골 벽화마을 바로 옆에는 카페 풀문이 있다. 드라마 〈영광의 재인〉을 촬영한 곳이기도 하다. 청주에서는 유명한 곳이라 주말에는 줄을 서야 한다. 청주 시내가 내려다보여 전망이 좋고 카페가 러블리하게 꾸며져 있어 보는 즐거움도 있다. 특히 치즈빙수가 유명하다.

add 충청북도 청주시 상당구 수암로36번길 21-4
open 10:30~23:00
menu 치즈빙수 1인분 7,500원, 아메리카노 5,500원
tel 043-224-5152

팔봉제빵점

전국을 강타했던 드라마 〈제빵왕 김탁구〉의 세트장으로 사용된 팔봉제빵점이 수암골 입구에 있다. 아직도 팔봉제빵점에는 〈제빵왕 김탁구〉의 흔적이 많이 남아 있다. 팔봉제빵점에는 몇 가지 종류의 빵과 커피가 판매된다.

add 충청북도 청주시 상당구 수암로 57-1
open 10:00~24:00
menu 크림빵 1,500원, 단팥빵 1,500원, 아메리카노 5,000원
tel 043-223-7838

수암골의 소소한 골목 이야기

수암골 벽화만 둘러보고 간다면 겉만 보는 여행이다. 차곡차곡 쌓인 시간의 흔적을 만나는 즐거움을 빼놓으면 안 된다. 할머니가 들려주시는 옛날 이야기를 듣듯 골목길의 이야기에 귀 기울여 보자. 속도를 줄이면 소소한 이야기들이 하나씩 보이기 시작한다. 골목 탐험에 나선 아이처럼 골목 구석구석을 걸어 보자.

창문 너머로 텔레비전 소리가 흘러나오기도 한다. 수돗가 옆에 걸린 거울은 어릴 적 화장실에 하나쯤 걸려 있던 그 모양 그대로이다. 이곳에서는 대문에 걸린 저마다 다른 모습의 문패마저도 하나의 이야기가 된다.

골목길에서 가장 많이 만나게 되는 것은 화분이다. 곱게 꽃을 피운 화분도 있고, 싱그럽게 커 가는 채소가 탐스러운 화분도 있다. 작은 화분들이 텃밭이자 화단인 셈이다. 화분들이 모여 회색의 골목길에 생기를 불어넣는다. 좁다란 공간을 활용하여 살뜰하게 텃밭으로 가꾸는 모습을 볼 수 있다. '밭에 들어가지 마유, 담 무너져유.'라는 경고문이 정겹다. 삶의 향기가 짙은 골목길을 걷는 동안 가슴 한 켠이 따뜻해진다. 팍팍했던 마음에 따뜻한 온기를 한 아름 선물 받는다.

Must-eat

쫄쫄호떡

'호떡집에 불난다'는 여기를 두고 하는 말인 듯하다. 기다리는 수고를 마다하지 않고 많은 사람들이 찾는다. 이곳의 호떡은 굽지 않고 기름에 튀기는 것이 특징이다. 그래서 호떡 하나가 완성되는 시간이 5~10분 정도 걸린다. 겉은 바삭하고 속은 쫀득쫀득해 별미이다. 즉석 떡볶이도 먹을 수 있다.

add 충청북도 청주시 상당구 남문로2가 85
open 11:00~21:00
menu 쫄쫄호떡 1,000원, 즉석떡볶이 1인분 5,500원
tel 043-221-2208

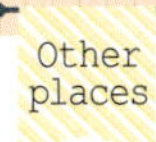

벽화마을, 이런 곳도 있어요

서울 이화동 벽화마을

북적거리는 화려한 대학로에서 얼마 떨어지지 않은 곳에 이화동 벽화마을이 있다. 1960~70년도에 형성된 마을로 옛 시절의 모습을 그대로 간직하고 있다. 회색 빛깔의 골목 계단이 있고 벽에 아름다운 그림이 그려져 있다. 계단과 벽마다 화사한 꽃이 피어나고 귀여운 토끼와 기린이 살고 있다. 이화동을 지키고 있는 무적의 영웅들도 만나게 된다. 외국인도 찾아올 정도로 인기가 높다.

add 서울특별시 종로구 이화동
access 지하철 4호선 혜화역 2번 출구에서 낙산공원 방향으로 이동

전주 자만벽화마을

전주에는 고즈넉한 한옥의 멋만 있는 것이 아니다. 자만마을에서 전주의 소소한 마을 풍경과 알록달록한 벽화를 만날 수 있다. 오목대에서 이목대로 이어지는 오목대육교를 건너면 벽화마을 입구에 도착한다. 꽃·동화·풍경 등이 그려진 벽화가 골목길을 채우고 있다. 소담소담 이야기를 나누며 걷기에도 좋다. 이목대도 함께 둘러볼 수 있다.

add 전라북도 전주시 완산구 자만동2길 5(이목대)
access 전주역에서 시내버스 12, 60, 79, 109번 등을 타고 전동성당(한옥마을)정류장에서 하차. 태조로를 따라 오목대 근처까지 이동한 후 오목대육교를 건너면 도착한다.

춘천

배 타고 강 건너
천년 고찰 만나기

목적지로 가는 것만이 여행의 전부는 아니다. 여정도 여행의 한 과정이다. 청평사 여행은 ITX– 청춘열차, 배, 버스까지 다양한 운송 수단을 타고 가는 여정 때문에 더욱 특별하게 느껴진다. 여기서 끝이 아니다. 청량한 계곡을 따라 오르면 고즈넉한 청평사에서 여유로움까지 누릴 수 있다. 여정이 여행이 되고 그 끝에 만나는 한적함이 힐링이 된다.

비행기 빼고 다 탄다?

청평사로 가는 길은 약간의 과장을 더해 비행기를 뺀 웬만한 이동 수단을 다 이용한다. 열차, 버스, 배 그리고 도보까지 이동 시간이 지루할 틈이 없다.

첫 스타트는 ITX-청춘열차이다. 경춘선 무궁화호의 빈 자리를 채워 주며 생긴 새로운 추억 열차이다. 덕분에 춘천으로 가는 길이 훨씬 가까워졌다. 서울에서 1시간 정도면 도착하니 당일 여행으로 가뿐하게 다녀올 수 있다. 춘천역에 도착하면 소양댐으로 향하는 시내버스를 탄다. 소양댐까지는 40분 정도 걸린다. 청평사로 들어가는 배는 소양댐의 물살을 가르며 출발한다. 육로도 있지만 물길 따라 만나는 풍경을 놓치는 건 아쉬우므로 배로 가는 것이 좋다.

> **• TIP • ITX-청춘열차 VS 경춘선 지하철**
>
> ITX-청춘열차는 용산역에서 출발하여 종착역 춘천까지 운행되는 열차이다. 용산역에서 춘천역까지 1시간 15분 정도면 도착한다. 특히 ITX-청춘열차의 4, 5호차는 2층으로 되어 있어 특별한 시간을 보낼 수 있다. 2층 좌석은 인기가 많아 서둘러 예약을 해야 이용할 수 있다.
>
> 시간은 넉넉하고 비용이 빠듯하다면 상봉역에서 출발하는 지하철을 이용하자. 일반 지하철과 똑같이 거리당 추가 요금만 부과되니 ITX-청춘열차보다 훨씬 저렴한 교통비로 춘천에 갈 수 있다. 상봉역에서 춘천까지 1시간 30분 정도 소요된다. 지하철은 1시간에 2회에서 3회 정도 운행되므로 미리 시간을 알아보는 것이 좋다.
>
> 주말에는 춘천역에서 소양댐으로 가는 사람이 많아 소양댐행 시내버스에서 자리를 잡는 것이 쉽지 않다. 남춘천역에서 내려 11, 150번 시내버스를 타는 것도 하나의 방법이다.

춘천 여행에서 기차를 빼놓으면 앙꼬 없는 찐빵과 같다.

add 강원도 춘천시 북산면 오봉산길 810
access 춘천역 1번 출구로 나와 길 건너 정류장에서 11, 12, 150번 버스를 타고 종점인 소양댐에서 내린다. 소양댐 선착장에서 15분 정도 배를 타고 소양호를 건넌 후, 30분 정도 산책로를 걸으면 청평사에 도착한다.
time 09:30~17:30(배 시간)
fee 입장료 2,000원, 왕복 배삯 6,000원
tel 033-244-1095(청평사), 033-242-2455(소양관광개발)
homepage www.cheongpyeongsa.co.kr

 Hot Place-Café

이디오피아집

2대째 이어 오고 있는 커피숍으로 실내 분위기가 빈티지스럽다. 다양한 커피 사이에 맥심과 초이스 커피도 있다. 밤이 되면 커다란 창으로 공지천의 야경을 볼 수 있다. 춘천역에서 이디오피아집으로 바로 온다면 공지천 산책로를 이용하는 것도 좋다.

add 강원도 춘천시 이디오피아길 7
access 춘천역 2번 출구로 나와 공지천을 따라 공지천조각공원 방향으로 이동 / 춘천역 2번 출구에서 200번 버스를 타고 조각공원정류장에서 하차
open 10:00~22:00
menu 아메리카노 5,000원(테이크아웃 3,500원)
tel 033-252-6972

호젓한 산책로를 따라 청평사로

청평사로 이어지는 산책길은 마음을 사로잡기에 충분하다. 아름다운 풍경과 마음속까지 시원해지는 계곡 소리를 들으며 걸어 보자. 계곡물이 흐르는 소리가 청평사로 오르는 동안 함께한다. 그 어떤 음악보다도 맑은 리듬을 온몸으로 느낄 수 있다.

공주를 사랑한 남자의 슬픈 전설

이곳에는 당나라 공주를 사랑한 죄로 억울하게 죽은 청년과 남겨진 공주의 슬픈 이야기가 전설로 전해진다. 죽은 청년은 상사뱀으로 환생하여 공주에게 찰싹 붙어 떨어지지 않았다. 상사뱀을 떼어 내기 위해 이곳저곳을 떠돌던 공주는 청평사까지 오게 되었다. 공주가 청평사 아래 굴에서 하룻밤을 묵으며 스님께 가사를 지어 올리자, 그 공덕으로 청평사 회전문을 통과하던 상사뱀이 윤회를 하게 되었다는 전설이다. 청평사로 오르는 길에 만나는 공주굴, 공주탕, 공주탑 등에 전설이 서려 있다.

구성폭포

또 하나 눈길을 사로잡는 곳이 있다. 바로 구성폭포이다. 폭포 소리에 귀를 기울이면 아홉 가지의 소리가 들린다 하여 붙여진 이름이다. 아무리 폭포 아래에 앉아 귀를 쫑긋 세워도 아홉 가지 소리를 듣기는 어렵지만 시원하게 쏟아지는 폭포 소리와 너럭바위로 떨어지는 모습을 마음에 온전히 담아 보자.

청평사 공주상

1 청평사 구성폭포. 아홉 가지 소리가 들리는지
귀를 쫑긋 세워 보자.

2-3 계곡을 따라 청량사로 가는 산책로가 있다.

4 청평사에 도착한 공주가 머물었다는 공주굴

천년 고찰 청평사 둘러보기

호젓한 산책길의 끝에 높이 뻗은 계단을 오르면 청평사에 도착한다. 절 안으로 들어가기 전에 잠시 벤치에 앉아 청평사와 오봉산을 바라보자. 한 템포씩 쉬어 갈 때 여행지의 숨겨진 멋을 발견하기도 한다.

고려 광종(973년) 때 창건된 천년 고찰 청평사에는 보물 제164호로 지정된 회전문이 있다. 6·25전쟁 당시 청량사의 전각 대부분이 불타고 회전문만 살아남아 홀로 천년의 기억을 간직하고 있다. 이름이 회전문이라고 해서 빙글빙글 도는 문이라고 생각한다면 오산이다. 다른 절의 사천왕문에 해당하는 곳으로 불교의 윤회 사상을 담아 회전문이라 불린다.

정갈한 회전문을 지나 경운루 아래 계단을 오르면 대웅전에 도착한다. 대웅전이 있는 경내는 작은 마당을 가운데 두고 사방으로 전각이 둘러져 있다. 특히 대웅전과 마주 보는 경운루에서 바라보는 풍경이 아름답다. 누각의 큼직한 창문 사이로 보이는 풍경이 한폭의 그림 같다. 청평사로 들어오면서 지났던 회전문이 저 아래 내려다보인다. 대웅전 뒤쪽 언덕배기에 있는 대웅보전에 오르면 청평사의 전경을 볼 수 있다.

Must-eat

원조숯불닭불고기

춘천이라면 어디에서나 닭갈비를 먹을 수 있다. 특히 춘천의 명동에는 닭갈비골목이 있다. 이번에는 색 다르게 숯불닭갈비를 먹어 보는 것은 어떨까?

add 강원도 춘천시 낙원길 28-4
open 10:30~21:00
fee 뼈 없는 닭갈비 1인분 10,000원
tel 033-257-5326

인천

차이나타운에서 짜장면 먹기

하루 부담 없이 재밌게 놀 데를 찾는다면 인천 차이나타운이 딱이다. 전철 타고 인천역에 내리면 그 앞에 바로 차이나타운이 나온다. 인천역 광장에서 보면 커다란 중국식 대문이 있다. 중국어로는 패루라고 부른다. 여권 없이 갈 수 있는 중국, 인천 차이나타운으로 가 보자.

• Point •
중국·일본·유럽을 동시에 느낄 수 있는
이국적인 거리 거닐기
원조 짜장면 먹어 보기
화덕만두, 꿀타래 등 다양한 간식 즐기기

짜장면의 원조를 찾아서

인천 차이나타운에는 중국 국기 하면 떠오르는 붉은색이 천지다. 휘장도 간판도 다 붉은색이다. 그러나 그것보다 먼저 중국 하면 생각나는 게 있다. 바로 짜장면이다. 짜장면은 피자가 급부상하기 전까지 아이들이 좋아하는 음식 1순위였다. 자다가도 벌떡 일어나고 울다가도 뚝 그친다는 짜장면은 차이나타운 공화춘에서 처음 탄생하였다.

차이나타운의 역사는 100년을 훌쩍 넘는다. 조선 말기 1882년 임오군란이 일어나자 조정은 청나라에 파병을 요청했다. 청나라 군대와 함께 군수물자를 조달하는 상인들이 들어와 인천항에 자리를 잡았다. 이후로 청나라와의 교역이 늘어나며 북성동 일대에 중국인들이 몰려 사는 거주지가 생겼고, 이를 청관거리라 하였다. 이곳에 공화춘의 전신인 산동회관이 영업을 시작하면서 중국 요리를 처음 선보였다.

원래 짜장면은 산동 지방에서 면과 채소, 고기, 춘장을 비벼 먹던 자장미엔이었다. 우리나라에 건너와 춘장의 맛도 조리 방식도 바뀌어 정작 산동에 가도 우리나라 짜장면 같은 음식은 없다고 한다.

공화춘이 짜장면의 원조라고 소개되면서 음식점에는 사람들이 줄을 잇기 시작했다. 주말 점심께 가면 번호표를 받고 기다려야 한다. 번호표를 받고 주변을 둘러보거나 아예 포기하고 다른 집을 찾아가야 된다. 선택은 자유다.

add 인천광역시 중구 선린동 북성동 일대
access 인천역 1호선에서 내리면 광장 맞은편에 차이나타운 제1패루가 있다.
tel 032-777-1330(인천역 관광안내소)
homepage www.ichinatown.or.kr

청관의 청나라 백짜장

다이어트는 포기하고 든든하게 먹어 두자

중국 음식은 세계적으로 알아준다. 종류도 많고 조리 방법도 다양하다. 광동 지방에 가면 '의자 다리만 빼고 다 먹는다'는 우스갯소리도 있다. 그만큼 다양한 중국 음식 메뉴가 준비되어 있으니 다이어트는 애초에 포기하는 것이 좋다. 거리 대부분이 식당이고 집집마다 만두와 빵 등 갖가지 주전부리를 내놓고 사람들을 유혹한다. 그 가운데 줄 서서 먹는 집이 몇 곳 있는데 일명 화덕만두로 이름난 십리향이 그중 하나이다. 화덕 옆에 붙여 구운 옹기병은 속에 고기나 고구마, 단호박, 검정깨 등을 넣는다. 먹을 것이 많은 거리이니 든든하게 먹고 간식도 챙기자. 이제부터 엄청 걸어야 한다.

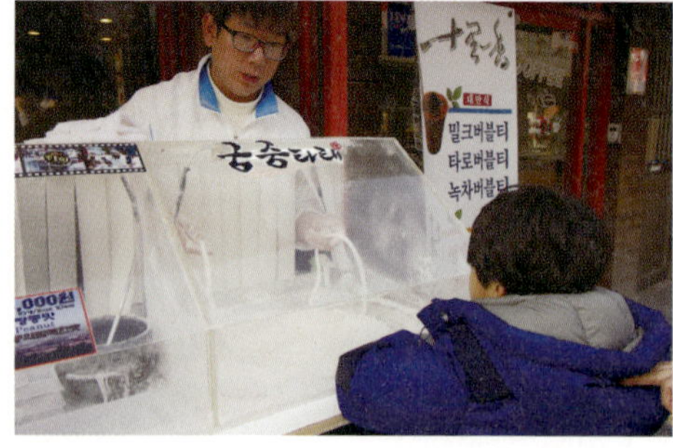

인천 근대 역사 속으로

인천은 수도의 관문 역할을 한 항구다. 수많은 문물과 사람이 드나들며 역사를 써 내려간 곳이다. 다니다 보면 이 작은 항구에서 참 여러 일이 벌어졌다는 생각이 절로 든다.

인천자유공원

공화춘 옆으로 가파른 계단이 있다. 곧장 올라가면 인천자유공원이 나온다. 공원 언덕 위에는 선글라스를 낀 외국인 동상이 있다. 인천상륙작전의 지휘관이었던 맥아더 장군의 동상이다. 차이나타운의 옛 모습이 많이 남지 않은 이유는 인천상륙작전 때 엄청난 포격으로 잿더미가 되다시피 했기 때문이다. 그러나 상륙작전의 성공으로 6·25전쟁의 판도가 달라졌고, 결국 대한민국이 승기를 잡을 수 있었다. 승리의 기쁨과 폐허의 슬픈 명암이 교차하는 곳이다.

차이나타운 뒤편에는 자유공원이 있다. 계단을 따라 올라가면 벚나무길이 나온다. 자유공원에 들어서면 인천상륙작전의 주역 맥아더 장군의 동상이 바다를 보고 있다. 상륙작전으로 초토화되었던 차이나타운에 그의 동상이 선 것이 아이러니하다.

1 온통 붉은 깃발이 날리는 차이나타운 곳곳에 근대의 흔적이 남아 있다.

2 구한말 인천에 몰려든 서구 열강의 정치인과 로비스트, 상인들의 사교장 역할을 했던 제물포구락부

3 청일조계지를 나눈 계단. 이 계단을 바라보고 왼편에 중국인들이, 오른편에 일본인들이 살았다.

청과 일을 나눈 계단

자유공원 맥아더 동상 앞을 돌아 내려오면 다시 차이나타운으로 길이 이어진다. 가는 길에 제물포구락부 건물을 만날 수 있다. 구한말 인천에 몰려든 외국인들의 사교장이었던 곳이다. 일본과 청나라는 물론 러시아, 유럽 등 세계 각국의 인사들이 드나들었다고 한다. 좀 더 내려가면 중국 삼국 시대를 다룬 벽화로 물든 골목이 나온다. 골목 입구 왼쪽으로는 청일조계지를 나눈 계단이 있다. 이 계단 좌우로 한쪽은 중국 사람이 다른 한쪽은 일본 사람이 살았다. 각자 자기 나라 방식으로 집을 지었기 때문에 전체적인 느낌이 묘하다. 이쪽을 보면 중국, 저쪽을 보면 일본이 생각난다.

유럽풍 근대 석조 건물들

일본인들이 살았던 거리를 따라가면 인천중구청 앞 사거리가 나오는데 아래쪽 길로 유럽풍의 근대 석조 건물이 나온다. 옛 일본영사관이나 일본제일은행, 일본58은행과 18은행 등이다. 청일전쟁 이후 일본이 승기를 잡고 인천 상권을 장악하며 세운 건물들이다.

청일전쟁에서 승리한 일본이 점차 우리나라를 점령하기 시작하였다. 유럽 근대 건축 양식을 따라 지어 그 역사적 가치를 인정받고 있다.

예술의 향기 가득한 인천아트플랫폼

인천항에 교역 물자가 늘어나면서 갯벌을 메워 창고를 지었다. 세월이 지나 덩그렇게 남은 옛 창고를 개조하여 지금은 문화 예술 공간으로 사용하고 있다. 인천아트플랫폼은 1899년 매립한 해안동에 세운 창고 건물을 이용한 복합 문화 공간이다. 무료 상설 전시를 비롯 다양한 문화 행사가 이뤄진다. 규모가 커서 다 돌아보려면 한참 걸린다. 맞은편에는 한국근대문학관이 있다. 이곳에서는 김소월, 서정주를 비롯한 구한말부터 일제 강점기까지 활동했던 문인들의 작품을 감상할 수 있다.

아트플랫폼에서 다시 차이나타운 쪽으로 가면 중국식 처마를 이은 커다란 건물이 나온다. 바로 한중문화관이다. 화교의 역사와 삶, 경극이나 기예 공연 등을 접할 수 있다. 한중문화관을 지나 짜장면박물관까지 가면 오늘의 일정은 대충 마무리된다. 짜장면의 역사가 뭐 볼 게 있을까 생각하기 쉽지만 의외로 재밌다. 1970년대 중국집 풍경을 그대로 옮겨 놓은 전시물이 흥미롭다. 짜장면은 오랫 동안 서민들의 한 끼 식사로, 아이들의 외식 음식으로 그 역할을 톡톡히 해 왔다. 오죽하면 짜장면 값으로 물가가 얼마나 올랐는지 가늠했을까?

add 인천광역시 중구 제물량로218번길 3(인천아트플랫폼)
open 하절기 3~11월 10:00~18:00, 동절기 12~2월 10:00~17:00(매주 월요일 휴관)
tel 032-760-1000
homepage www.inartplatform.kr

인천항 물류창고 등을 개조하여
인천 문화 예술의 한 축으로 가꿔
가고 있는 인천아트플랫폼

삼치골목에서 뒷풀이

차이나타운을 한 바퀴 다 돌면 부르던 배도 푹 꺼진다. 그럴 때는 배를 다시 채워야 한다. 월미도로 건너가서 회를 먹을 수도 있고, 신포시장으로 가서 그 유명한 닭강정을 맛볼 수도 있다. 식사 후에는 자유공원을 가로질러 일본인들이 뚫었다는 홍예문을 보고 외지인에게는 비교적 덜 알려진 동인천 삼치거리로 가자.

동인천이라고 해서 엄청나게 걷는 것은 아니다. 자유공원 언덕 능선을 따라 20분 정도 걸으면 된다. 그러면 작은 골목길이 나오는데 삼치와 고등어구이를 파는 집이 즐비하다. 어느 집이 맛있을까? 정답은 역시 사람들이 붐비는 집이다. '인하의 집'과 '인천집'이 대체로 사람이 많다. 두툼하고 커다란 삼치나 고등어 구이도 좋고 망둥어 구이도 별미이다. 맛도 맛이지만 풍부한 양과 저렴한 가격을 자랑한다. 삼치골목에서 동인천역까지 5분이면 걸어간다.

 **Must-eat**

인하의 집
add 인천광역시 중구 전동 19
menu 삼치구이 6,000원
tel 032-773-8384

인천집
add 인천광역시 중구 우현로67번길 53
menu 삼치구이 6,000원
tel 032-764-6401

동인천역 앞 삼치거리에서 삼치와 망둥어 튀김 등을 값싸고 푸짐하게 즐길 수 있다.

가평

6,000원으로
가평 일주하기

"주말에 여행 가고 싶어."

"어디 가고 싶은데?"

"아무데나"

"……."

여자친구의 말에 우물쭈물했다면 이거 큰일 났다. 여자친구의 짜증 지수가
올라가는 건 시간 문제일 테니까. 이럴 때는 가평이 딱 알맞다. 수도권에서
가깝고 다양한 취향을 만족시킬 수 있는 볼거리, 놀거리 가득한 곳이다.

09:02	10:15	12:40	15:30
자라섬 & 이화원	남이섬	쁘띠프랑스	아침고요수목원

데이트 코스 가평 미리 보기

〈겨울연가〉로 연인들의 섬이 된 남이섬과 재즈페스티벌로 이름난 자라섬, 화려한 꽃이 천지로 펼쳐진 아침고요수목원과 동화 속 성 같은 쁘띠프랑스, 수려한 북한강과 드넓은 청평호까지 가평 곳곳은 연인들의 발길이 끊이지 않는 명소가 많다.

봄·여름·가을·겨울 사계절 다 좋다. 봄 호숫가에 차오르는 푸르른 봄빛, 여름 청평호에서 즐기는 수상레저, 가을 자라섬 재즈페스티벌, 겨울 남이섬 메타세쿼이아 숲길의 눈 또는 아침고요수목원의 오색별빛정원전 등 사계절 테마가 있는 곳이다.

요즈음은 주요 도시마다 시티투어버스를 운영한다. 알뜰 여행자들이 늘어나면서 시티투어버스도 점차 이용객이 늘어나는 추세이다. 시티투어버스는 짧은 시간 동안 여러 곳을 둘러보고 싶은 욕심 많은 뚜벅이들에게 편리하다. 대개 관광지를 순회하는 버스를 타고 내리고 싶은 여행지에 내린 후 관광한 후에 다음 버스를 타는 방식으로 운행된다. 가평 역시 시티투어버스를 이용하면 주요 여행지를 손쉽게 다녀올 수 있다. 수도권에서 가까워 시티투어버스로 여행지를 미리 섭렵해 두면 한참 동안 여행지 고민을 하지 않아도 된다.

course 가평터미널 ⋯▸ 자라섬(이화원·캠핑장) ⋯▸ 가평역 ⋯▸ 남이섬(짚와이어) ⋯▸ 금대리회관 ⋯▸ 복장리삼거리 ⋯▸ 쁘띠프랑스(청평페리유람선·유미재갤러리) ⋯▸ 호명리 ⋯▸ 청평터미널 ⋯▸ 청평역 ⋯▸ 임초교앞 ⋯▸ 아침고요수목원(취옹예술관)
fee 6,000원
homepage www.gptour.go.kr

• TIP • 가평 시티투어버스
가평 시티투어버스는 가평터미널과 아침고요수목원을 오간다. 가는 길에 남이섬과 쁘띠프랑스 등 가평의 주요 여행지를 모두 들른다. 당일 티켓 한 장을 끊으면 어디서든 환승이 가능하다. 내려서 여행지를 돌아보고 다음 버스로 목적지에 가면 된다.

자라섬과 이화원

아침 일찍 가평에 도착하자. 가평터미널에서 걸어서 10분 정도 가면 자라섬캠핑장과 이화원이 있다. 시티투어버스로 2분이면 족하다. 9시 출발 버스를 타자.

북한 강가에 있는 자라섬캠핑장은 이미 널리 알려진 오토캠핑장이다. 강가에 텐트를 치고 자라섬으로 건너가 북한강의 정취를 즐기는 테마가 있다. 가을 재즈페스티벌이 열리면 전국에서 사람들이 몰려드는 명소이다. 하지만 평상시에는 한적한 캠핑장이다. 캠핑장 바로 옆에 이화원이 있다. 작은 공원과 그리 크지 않은 식물원이 있는 곳이다. 아열대 식물을 둘러보고 예쁜 꽃을 배경으로 사진 찍는 데 30분 정도 걸린다. 그 후에는 브라질커피가든에 가서 따뜻한 커피를 마신다. 잠시 휴식했다가 10시 2분에 도착하는 3회차 시티투어버스를 탄다.

자라섬캠핑장은 가평읍과 가평역 가까이에 있어 주변 여행을 다니기에도 알맞다. 캠핑 장비가 없는 사람들이 이용할 수 있도록 모빌홈과 카라반 시설을 제공한다. 가평읍과 남이섬 중간에 있으며 교통 길목이기 때문에 주위에 음식점이 많다. 따로 식사 준비를 하지 않아도 되니 가볍게 떠날 수 있다는 점이 편리하다.

add 경기도 가평군 가평읍 자라섬로 60
tel 031-580-2700
homepage www.jarasumworld.net

1 잠시 산책하기 좋은 이화원
2 카라반이 늘어서 있는 자라섬오토캠핑장

남이섬

남이섬은 오랜 시간에 걸쳐 가꾼 여행지다. 좁은 오솔길, 외진 나무 하나까지도 있어야 할 곳에 있는, 잘 단장한 여배우와 같은 섬이다. 보통 메타세쿼이아 숲길을 중심으로 한 볼거리나 먹을거리에 몰리는데, 남이섬의 진면목은 강가의 산책길에 있다. 선착장에서 내리자마자 우측 산책길로 빠져 섬을 크게 한 바퀴 돌아보자. 섬 중심의 복닥복닥한 곳은 나중에 또 올 일이 있을 테니 과감하게 미련을 버려도 좋다. 중간에 간식으로 기운 보충을 꾸준히 해야 한다. 온종일 돌아다니려면 세끼만으로는 부족하다. 남이섬에서 하루를 즐기는 것도 좋다. 하지만 오늘은 시티투어 답사라는 목적이 있으니 아쉽지만 2시간 정도만 머물자. 12시 25분 시티투어버스를 타기 위해 시간에 맞춰 나가면 된다.

add 강원도 춘천시 남산면 남이섬길 1
time 첫배 07:30(가평나루발),
막배 21:45(남이나루발)
fee 10,000원(왕복 도선료 포함)
tel 031-580-8114

• TIP • 짚와이어

남이섬으로 건너가는 달전리 선착장에 높은 철탑이 있다. 남이섬까지 순식간에 날아갈 수 있는 짚와이어를 타는 곳이다. 아시아에서 가장 긴 짚와이어로 최고 시속 80km이다. 매우 짜릿하지만 왕복으로 타기에는 비싸다. 갈 때는 짚와이어를 타고 올 때는 배를 타고 오는 것으로 예산을 짜자.

add 경기도 가평군 가평읍
달전리 144
time 09:00~18:00(매주 화요일 휴무)
fee 38,000원(남이섬 입장료 포함)
tel 031-582-8091

쁘띠프랑스

쁘띠프랑스는 작은 프랑스 마을을 통째로 옮겨 온 듯하다. 아기자기한 이국풍의 건물과 골목 덕분에 〈시크릿가든〉, 〈별에서 온 그대〉 등 드라마나 영화 배경으로도 자주 나왔다. 《어린왕자》와 《야간비행》을 쓴 프랑스 작가 생텍쥐페리기념관과 갖가지 오르골을 보고 들을 수 있는 오르골하우스, 유럽 인형의 집과 골동품전시관 등 마을 곳곳에 전시관과 공연 등 볼거리가 많다. 모두 둘러보는 데 꽤 많은 시간이 걸린다. 구석구석 사진으로 담고 싶은 곳도 많다. 북한강 청평호를 내다볼 수 있는 야외 카페에서 가벼운 점심을 즐겨 보는 건 어떨까? 다음 버스는 2시 40분에 오는 것으로 타자.

add 경기도 가평군 청평면 호반로 1063
open 09:00~20:00
fee 8,000원
tel 031-584-8200

아침고요수목원

아침을 여는 수목원이지만 느지막한 오후에 서서히 그늘이 내리는 숲을 지켜보는 것도 잊을 수 없는 추억이 된다. 축령산 자락 산골이라 한여름을 제외하면 일찍 어둠이 내리는 편이다. 테마형 수목원이 곳곳에 늘어나고 있는데 아침고요수목원은 그 원조 격이라고 생각하면 된다. 5,000여 종의 꽃과 식물이 계절마다 화려하게 피어난다. 겨울에는 꽃 대신 밤마다 화려한 오색 전등이 수목원을 뒤덮는다. 사계절 사람들의 발길이 끊이지 않는 곳이다.

온실까지 다녀오려면 시간이 부족할 정도로 산책로가 길다. 아침고요수목원의 묘미는 온갖 꽃들로 단장한 산책로에 있으니 온실은 과감하게 포기하자. 6시 30분에 출발하는 버스를 타면 청평역에 6시 55분, 청평터미널에 7시에 도착한다. 역이나 터미널 주위에 닭갈비집 등 음식점이 많으니 식사를 하고 서울로 가는 기차나 버스를 타면 된다.

add 경기도 가평군 상면 행현리 산255
fee 9,000원
tel 1544-6703
homepage
www.morningcalm.co.kr

· TIP ·
수도권에서 이용할 때는 경춘선 전철을 이용하는 게 편리하다. 갈 때는 가평역에서 내려서 시티투어버스로 아침고요수목원까지 갔다가 청평역으로 나와서 돌아오면 된다. 가평터미널이나 청평터미널도 가까우니 목적지에 따라 선택할 수 있는 폭이 넓다.

1 쁘띠프랑스는 갤러리와 박물관, 문화 예술 공연을 관람
할 수 있고 숙박도 가능한 복합 문화 예술 마을이다.

2 프랑스 전통 가옥의 내부를 재현한 거실 공간에서 기념
사진 한 컷!

3-4 산속의 정원 아침고요수목원

대전

새로움과 추억이 공존하는
원도심 거닐기

도심 여행에는 몇 가지 테마가 있다. 그중의 하나가 옛 시대의 흔적을 찾는 여행이다. 전주한옥마을이나 대구근대문화골목, 군산근대거리 등이 대표적이다. 한 시대의 화려한 시절이 스쳐 간 거리에 추억이 뒹굴고 있다. 그 추억은 쓸쓸하지 않다. 한때 줄어들었던 사람들의 발길이 이어지며 살면서 그 시절을 이야기한다.

• Point •
젊음이 넘실대는 으능정이거리 둘러보기
성심당 튀김소보로 먹어 보기

대전은 계획도시?

대도시가 경제 발전으로 눈부시게 발전하면 새롭게 진화하기 시작한다. 인구 증가 문제를 해결하기 위해 도시 옆으로 신시가지를 만드는 것이다. 아파트와 대형 건물이 서고 생활 편의시설이 들어서면 그쪽으로 사람들이 몰린다. 그래서 한때 도시의 중심 역할을 했던 구시가지는 쇠락의 길을 걷는다.

대전 원도심이 그렇다. 원도심이란 원래의 도심이었다는 뜻이다. 충청남도 도청 앞으로 중앙로가 쭉 뻗어 있고 양옆으로 길이 나 있다. 그 길이 대전의 옛 도심이었다. 최근 조성한 신시가지로 사람들이 많이 옮겨 갔지만 그래도 중앙로 대로를 오가는 사람들의 발길은 여전하다. 다만 오래된 건물과 한 블록만 가도 한산한 거리가 옛 영화를 잃어 가고 있음을 짐작케 한다.

대전 원도심 또한 한때는 계획도시였다. 1901년 경부선철도를 내면서 당시 충청도의 중심이었던 공주를 지나야 했지만 그렇게 할 수 없었다. 중심가에 땅을 가진 당시 공주 지방 유지들로서는 무식하게 커다란 쇳덩이가 자신의 땅 앞을 지난다는 것을 용납할 수 없었다. 철도 노선은 사람이 많지 않은 땅을 지나야 했고 그리하여 그 옆으로 새로 역을 내고 대전이라는 도시를 만들었다. 철도 부설권을 일본이 가지고 있었기 때문에 일본인 기술자와 철도 승무원, 그의 가족들이 몰려와 일본인 거리와 철도관사촌도 들어섰다. 구한말의 신도시였던 셈이다.

1932년에 공주에 있던 충청남도청을 옮겨 오면서 대전이 충청 지방의 중심이 되었다.

서울에서 KTX를 타고 1시간이면 대전에 도착한다.

어른에게는 추억, 젊은이에게는 문화의 거리

100년 동안 대전 역사의 중심이었던 중앙로에 관공서와 학교, 은행, 백화점, 시장이 몰려 있었다. 그 후 상권이 점차 신시가지로 옮겨 가면서 어느새 추억의 거리가 되었다. 그렇다고 중앙로를 그대로 묻어 둘 수는 없었다.

대전 사람들은 대흥동 일대와 중앙로 은행동 으능정이거리를 살려 중앙로 주변을 문화 예술의 거점으로 가꿔 가기 시작했다. 빈 건물은 화랑이나 공연장, 미술관으로 이용하고 예부터 있던 골동품점이나 도예점은 전통을 살려 홍보하고 있다. 2013년에는 은행동 대로에 스카이로드라는 LED 스크린을 설치해 볼거리까지 만들었다.

중앙로는 밤이면 몰려드는 수많은 인파와 액세서리가 즐비한 리어카, 떡볶이와 순대 등을 파는 뒷골목 포장마차로 북적인다. 도심 한가운데를 가로지르는 대전천과 목척교 등을 건너다니며 데이트를 하는 연인들의 모습도 자주 볼 수 있다. 살아 있는 거리란 바로 이런 것을 두고 하는 말이다.

1 으능정이거리의 명물 스카이로드
2 대흥동 거리 벽마다 벽화나 조형물로 치장하여 문화 예술의 거리로 거듭나고 있다.

80년 동안 충청남도 행정의 중심 역할을 한 옛 충청남도청 건물이다. 충남도정역사관으로 바꾸고 충청남도와 대전의 역사와 문화를 전시하고 있다.

옛 충청남도청

대전역에 내리면 일단 버스를 타고 옛 충청남도청까지 간다. 몇 정거장 되지 않아 금방 간다. 일제 강점기부터 2013년까지 충청남도를 관할하던 행정의 중심이었던 만큼 오랜 역사의 흔적이 배어 있다. 근대 유럽식 건물만 봐도 세월이 짐작 간다. 지금은 충남도정역사관으로 이름을 바꾸고 대전과 충청남도의 역사를 돌아보는 전시관 역할을 하고 있다. 도지사 집무실까지 다 둘러볼 수 있다.

add 대전광역시 중구 선화동 287-2(충남도정역사관)
tel 042-270-4535

아기자기한 중앙로

도청 앞으로 중앙로가 쭉 뻗어 있는데, 그 끝이 대전역이다. 옛 도청 앞 삼거리에서 지하도로 오른편으로 건너간다. 도청이 있을 당시에는 사람들로 붐볐겠지만 지금은 한산하다. 오래된 화방인 일신필방과 옛날식 다방이 눈에 띈다. 유기농 과일만 팔며 원도심에서만 쓰는 화폐를 이용할 수 있는 신개념 과일가게 사과나무, 여행자 카페 시티트래블러, 뽕잎차나 연잎차 등 차 문화를 보급하는 소산원 등이 길을 따라 하나둘 눈앞에 나타난다.

1 도심 여행의 기점이랄 수 있는 대흥동에 있는 일신필방
2 유기농 과일을 전국으로 배달까지 해 주는 특이한 과일가게 사과나무

Hot Place-Café

시티트래블러

젊은 여행작가가 운영하는 여행자 카페이다. 대흥동은 산호
다방처럼 옛 다방 그대로의 모습을 간직한 과거의 카페와 시
티트래블러와 같은 신세대 카페가 공존한다.

add 대전광역시 중구 보문로260번길 17
access 지하철 중구청역 1번 출구
tel 070-4656-1997
homepage www.citytraveller.co.kr

소산원

소산원은 뽕잎차, 연잎차 등 기능과 맛을 갖춘 차들을 연구·
개발하고 보급하는 찻집이다.

add 대전광역시 중구 중앙로112번길 38
access 지하철 중구청역 1번 출구
tel 042-625-8333
homepage www.sosanwon.com

대전창작센터

카페거리를 지나면 술집이 몰린 거리가 나온다. 다시 길을 건너면 대전창작센터가
나온다. 이렇듯 대전 원도심은 새로움과 추억이 공존하는 특이한 거리로 진화하고
있다. 여행자들은 벌새가 이 구멍 저 구멍을 들여다보듯 거리를 거닐며 이 집 저 집
발길 닿는 대로 눈길 가는 대로 다니면 된다. 그렇게 목척교까지 해찰하며 가는 길이
한나절은 걸린다.

add 대전광역시 중구 대종로 470
access 지하철 중앙로역 2번 출구로 나와서 직진

대전의 젊은 예술인들의 보금자리
역할을 하는 대전창작센터

Hot Place-Café

성심당

가는 길에 100년 전통을 자랑하는 성심당이 있
다. 튀김소보로가 맛있는 집으로 군산 이성당과
안동 맘모스제과와 함께 우리나라 3대 빵집으로
꼽힌다. 대전역사에도 분점이 있는데 집으로 가
는 길에 구입해 가는 사람들이 많다.

add 대전광역시 중구 대종로480번길 15
access 지하철 중앙로역 2번출구
tel 042-256-4114
homepage www.sungsimdang.co.kr

튀김소보로로 유명한 성심당은 대전뿐만 아니
라 외지에서도 찾는 빵집이다.

일본식 마을 철도관사촌

　　대전역에서 중앙로 반대편 출구로 나오면 11시 방향으로 단층집으로 이어진 마을이 보인다. 20분 정도 걸어가면 소제동 철도관사촌이 나온다. 경부선 철도를 운행할 때 철도승무원들이 머물던 관사이다. 소제동은 원래 호수가 있던 땅인데 일본인들이 이를 메우고 승무원들을 위한 관사를 지었다.

　　일제 강점기의 유산이라 오랫동안 아무도 돌보지 않았다. 대부분 사람들이 살고 있음에도 담장이 허물어지고 기와가 무너진 집이 보인다. 무속인의 집도 꽤 되는데 골목에는 사람이 거의 다니지 않으니 여럿이 어울려 가는 게 좋다. 여자 혼자라면 좀 두려울 수도 있다.

　　관사촌을 둘러보고 나면 소제동 옆에 있는 대전전통나래관을 가 보자. 대전의 역사와 문물을 살펴볼 수 있다. 근방에서 가장 높은 현대식 건물이라 한눈에 들어온다.

철도관사촌이 있는 소제동 길거리를 다니면 마치 1960~70년대로 돌아간 듯하다. 소제동에 있던 이발소를 개조하여 문화의 거리로 바꾸기 위한 시도가 이뤄지고 있다.

대전의 대표 먹을거리

대전 칼국수 여행

대전의 중심가인만큼 맛집도 많은 편이다. 특히 칼국수가 이름나서 '칼국수 맛집을 따라가는 대전 칼국수 여행'이라는 안내지도도 있다. 대흥동에도 칼국수를 하는 집이 많은데 스마일칼국수는 대전 사람이 특히 많이 찾는다. 맞은편 부잣집곰탕 또한 줄을 서서 먹는 집이다.

 **Must-eat**

스마일칼국수

기본 칼국수에 들깨가 들어가 있는 것이 특징이다. 점심 시간에는 줄을 서서 기다려야 할 만큼 사람이 많다.

add 대전광역시 중구 보문로230번길 82
menu 손칼국수 6,000원 김밥 5,000원
tel 042-221-1845

부잣집곰탕

오래된 가정집을 개조한 식당이다. 김치와 함께 나오는 조개젓이 일품이다. 스마일칼국수 근처에 위치하고 있다.

add 대전광역시 중구 대흥로139번길 10
menu 곰탕 8,000원
tel 042-256-7746

우도

올레7코스

오름

동부해안

게스트하우스

청춘,
제주를 여행하는 법

제주 우도

자전거 타고
우도 일주하기

자전거 한 대만 있으면 이 신비로운 섬 구석구석을 자유롭게 달릴 수 있다. 피부 깊숙이 우도의 바다와 바람을 만나 보자. 스쳐 지나가는 섬길 따라 근심 걱정도 저만치 사라진다.

·Point·
두 바퀴로 우도의 해안선 달리기
제주 삶의 흔적 찾기
우도 망루에 올라 하트 원담과 사진 찍기

꼭 챙기자!
선크림, 모자, 선글라스, 물, 우도 지도, 얇은 긴팔, 바지(한여름에는 햇살이 뜨겁기 때문에 짧은 옷보다는 얇은 긴팔이 좋다.)

우도 여행의 착한 속도

소가 누워 있는 모습이 닮았다 하여 이름 붙여진 우도는 제주 속의 작은 제주다. 우도를 둘러보는 방법은 다양하다. 자동차, MTV, 자전거, 바이크, 전기자동차, 셔틀버스, 도보……. 주어진 시간과 각자의 취향에 따라 선택하면 된다.

환경까지 생각하는 착한 자전거 여행

이중에서도 자전거 여행은 꼭 한번 해 볼 만하다. 상쾌한 바닷바람과 바라보기만 해도 행복해지는 푸른 바다, 시원하게 들려오는 파도 소리는 자전거 여행 내내 쫓아온다. 마음에 드는 곳 어디서든 멈출 수 있으니 무한 자유 여행이다. 자전거는 매연이 나오지 않아 아름다운 우도를 보호하는 착한 여행 방법이기도 하다. 건강도 챙기고, 자연도 보호하고, 우도의 매력까지 함께 누릴 수 있는 일석삼조 여행이다.

우도 둘레는 17km로 자전거를 타고 둘러보면 3~4시간 정도 걸린다. 자전거 도로가 잘 갖춰져 있는 것은 물론이다. 우도봉이 있는 남동쪽만 약간의 경사가 있을 뿐 길도 완만하다. 자전거의 중심만 잡을 줄 알면 누구나 쉽게 탈 수 있다.

작은 섬이지만 저마다 다른 매력의 해변, 우도봉, 기이한 해식동굴 등 다채로운 풍경들이 연신 나타나 지루할 틈이 없다. 우도, 두 바퀴로 달려 보자.

add 제주특별자치도 제주시 우도면
access 성산항과 종달항에서 우도로 들어가는 배를 탈 수 있다.
tel 064-782-5671

·TIP·
제주시외버스터미널에서 710,710-1번 번영로버스와 701번 동일주버스를 이용하면 성산항에 도착한다. 번영로(제주-성산부두)는 성산부두까지 빠르게 도착하는 버스다. 동일주로(제주-세화-성산-서귀)의 경우 시간은 좀 걸려도 해안 쪽으로 달려 아름다운 풍경을 볼 수 있다. 버스 시간은 제주도 관광 정보 사이트(www.jejutour.go.kr)에 들어가면 확인할 수 있다. 성산항에서 우도로 들어가는 배편은 하목동항과 천진항에 도착한다. 요일과 월별로 운행하는 시간이 다르므로 확인이 필요하다. 성산항에서 우도까지는 배로 15분 정도 소요된다.

우도의 진한 삶의 흔적을 만나다

하우목동항에 도착하면 자전거를 빌려 타고 출발한다. 하우목동항에서 하고수동해변까지 달리는 동안 우도의 멋진 풍경과 더불어 제주의 소소한 삶과도 마주하게 된다. 해안선을 따라 달리다 보면 허리 정도 높이로 돌벽을 쌓아 올려 안에 공간을 만든 것이 보이는데, 바로 불턱이라 불리는 곳이다. 지금은 사용하지 않지만, 예전에는 해녀들이 물질을 하고 난 후 바람을 피하고 불을 지펴 언 몸을 녹였던 곳이다.

바다를 보며 달리다 보면 원꼴 모형으로 돌을 쌓은 한 쌍의 방사탑을 만나게 된다. 북쪽 방향에 있는 것이 하르방탑, 남쪽 방향에 있는 것이 할망탑이다. 재물이 많이 들어오라는 의미에서 밥주걱을, 재난으로부터 지켜 달라는 의미에서 솥을 묻고 탑을 쌓았다고 한다. 방사탑 꼭대기에 올려놓은 돌은 새를 나타낸 것으로, 나쁜 기운을 쪼아 멀리 보낸다는 의미다. 땅에는 밥주걱과 솥이, 하늘에서는 새가 우도의 마을을 철통 방어하고 있다.

1 해녀들의 사랑방이자 휴식처였던 불턱
2 소박한 모습의 방사탑. 우도는 우리가 지킨다!

우도 속 핫 스폿

망루에 올라 바다 감상하기

우도의 북쪽으로 달리면 하얀 등대와 함께 망루가 나온다. 검은 현무암으로 쌓은 망루는 횃불과 연기로 소식을 전하던 봉수대였다. 지금은 소식을 전하는 대신 우도를 찾은 이들에게 탁 트인 바다를 보여 주는 전망대의 역할을 하고 있다. 망루에 올라서면 검은 돌로 만들어진 커다란 하트가 나타난다. 이 하트는 단순히 포토존 역할을 하기 위해 만들어진 것이 아니다. 사실 바닷물이 들고 나는 것을 이용해 멸치를 잡던 돌그물 '원담'이다. 원담 옆에 있는 하얀 등대는 섬과 바다를 배경으로 그림처럼 자리 잡고 있다.

> **·TIP· 자전거 대여 방법**
> 자전거는 성산항에서 출발한 배가 도착하는 하우목동항과 천지항에서 쉽게 대여할 수 있다. 자전거 대여는 3시간을 기준으로 1만 원 정도에 이용할 수 있다. 우도는 요일에 따라, 시간에 따라 도착하는 항구가 다르니 미리 확인하는 것이 좋다. 금~일요일은 천진항으로 들어가는 배편이 자주 있다. 반대로 월요일부터 목요일까지는 하우목동항에 도착하는 배편이 자주 있다. 짐이 많을 경우 자전거 대여점에서 맡아 준다.

우도보물섬레저
add 제주특별자치도 제주시 우도면 우도해안길 336
tel 064-782-7744

우도한바퀴
add 제주특별자치도 제주시 우도면 우도해안길 84-2
tel 010-3483-7567

1 망루에 올라서면 제주 바다가 한눈에 들어온다.
2 하트 모양의 원담도 재미난 볼거리다.

고요한 아름다움이 있는 하고수동해변

이번에는 우도의 풍경에 풍덩 빠져 보자. 하고수동해변은 에메랄드 물감을 풀어 놓은 듯한 빛깔을 자랑한다. 수심이 깊지 않아 여름에는 해수욕을 즐기기에 그만이다. 해변의 커다란 해녀상도 하고수동해변의 볼거리다. 떠나기 아쉬워 멈춰 서기를 여러 번 반복하게 되는 곳이다.

제주의 동쪽 날개, 비양도

해안선을 돌아서면 우도 속의 또 다른 섬인 비양도가 나타난다. 제주도에는 비양도라는 이름을 가진 섬이 동쪽과 서쪽에 하나씩 있다. 그중 동쪽의 비양도가 우도와 연결되어 있다. 잠시 우도에서 이탈해 방파제를 따라 비양도로 달려 보자. 비양도는 등대와 바다가 멋스럽게 펼쳐지는 곳이다. 일출 명소로도 유명하니 우도에서 하룻밤을 잔다면 새벽 녘 비양도로 달려가자.

웅장한 검멀레해변

한바탕 남쪽으로 달리면 지금까지와는 다른 색다른 풍경을 보게 된다. 검멀레해변이 한눈에 보이는 언덕배기에 다가서면 아찔하게 깎인 기암괴석과 짙푸른 바다를 볼 수 있다. 그야말로 절경이다. 검멀레해변은 독특하게도 모래가 검은색이다. 검은 현무암이 부서져 모래가 되었기 때문이다. '멀레'는 제주어로 '모래'라는 뜻으로 '검멀레'는 검은 모래라는 의미이다. 검멀레해변에는 썰물 때만 들어갈 수 있는 동안경굴이 있다. 옛날 커다란 고래가 살았던 곳이라고 전해지는 곳으로 우도팔경 중 한 곳이다. 동안경굴에서는 물이 빠졌을 때 근사한 음악회가 열리기도 한다. 검멀레해변으로 가는 길은 우도에서 유일하게 경사가 있다. 여기서는 자전거에서 내려서 오르는 것이 좋다.

> **· TIP · 검멀레해변 보트투어**
> 검멀레해변에서는 보트를 타고 우도를 둘러볼 수 있다. 동안경굴과 후해석벽 등을 바다에서 볼 수 있어 매력적이다.
> **tel** 010-2738-8477, 010-3699-8666
> **fee** 10,000원

1 고운 모래와 에메랄드 바다가 매력적인 하고수동해변
2 동쪽 날개를 담당하고 있는 비양도
3-4 감탄이 절로 쏟아지는 검멀레해변

섬의 머리, 우도봉에 오르기

검멀레해변에서 우도봉으로 향하는 길은 우도에서 최고 난이도의 언덕길이다. 자전거에서 내려 마을 풍경을 보며 천천히 오르면 되니 걱정하지 말자. 파란 지붕이 오손도손 모여 있는 마을을 구경하다 보면 언덕길이 끝나고 우도봉으로 향하는 길이 나온다. 자전거 대여 시간이 넉넉하게 남았다면 우도봉에 올라 보는 것도 좋다. 우도봉은 우도에서 가장 높은 곳으로 지두청사라고도 부른다. 소의 머리 부분이 이곳인 셈이다. 우도봉에 오르는 시간은 넉넉히 30분 정도 잡아야 한다.

초입에 도착하면 초록의 잔디밭이 드넓게 펼쳐진다. 이곳이 우도팔경 중 한 곳인 이유가 명확히 이해된다. 우도봉에 오르면 푸른 제주 바다와 우도의 모습이 한눈에 내려다보인다. 날씨가 좋은 날에는 성산일출봉, 지미봉, 다랑쉬오름뿐만 아니라 한라산까지 볼 수 있다.

Mission

날씨가 화창하다면 우도봉에서 한라산을 찾아보자.
성산일출봉과 다랑쉬오름 등 제주의 오름도 함께 볼 수 있다.

우도봉에 가까워지면 멋진 풍경이 짠 하고 나타난다.

1 우도에서만 볼 수 있는 홍조단괴해빈
2 보는 순간 반하게 되는 홍조단괴해빈해변

우도의 백미 홍조단괴해빈해변

우도봉에서 해안도로로 내달리면 마지막 코스인 홍조단괴해빈해변이 나온다. 우리나라에 하나밖에 없는 산호해수욕장이다. 우도에는 세 가지 색깔의 해변이 있다. 고운 모래가 일품인 하고수동해변, 검은 모래가 매력적인 검멀레해변 그리고 천연기념물로 지정된 홍조단괴해빈해변이다. 서빈백사라고도 불리는 이곳은 모래가 아닌 홍조단괴가 해변을 이루고 있다. 튀밥같이 생긴 것에서부터 울퉁불퉁하게 생긴 것까지 생김새도 다양하다. 새하얀 홍조단괴와 청량한 바닷물이 어우러진 모습은 우도의 자랑이다. 우리나라에서 유일하게 홍조단괴를 볼 수 있는 곳이기도 하다. 새하얀 홍조단괴해빈 외에 바다 건너 보이는 제주의 풍경도 일품이다. 넘실거리는 푸른 바다와 어우러진 성산일출봉과 다랑쉬오름이 한 폭의 그림이다.

• TIP • **가져가면 안 돼요**
홍조단괴해빈이 예쁘다고 주머니에 슬쩍 넣으면 안 된다. 오래도록 보존하기 위해 밖으로 반출을 금한다.

우도를 여행하는 또 다른 방법

우도는 자전거 외에 다양한 방법으로 돌아볼 수 있다. 자전거보다는 속도가 빠른 스쿠터와 ATV, 전기자동차 등을 이용하면 시간을 절약할 수 있다. 단, 비용이 자전거보다 비싼 편이라 예산을 넉넉히 잡아야 한다. ATV와 스쿠터의 경우 운전면허가 있어야 가능하니 운전면허증도 챙기도록 하자. 운전면허증이 없어도 실망할 필요는 없다. 우도의 핵심 포인트를 볼 수 있는 우도버스가 있다. 5,000원짜리 프리패스를 사면 하루 동안 자유롭게 타고 내릴 수 있다. 다음 버스가 올 때까지 머물렀다 이동하며 여유롭게 둘러보면 된다. 우도봉, 검멀레해변, 하고수동해변, 홍조단괴해빈해변에 정차한다. 구석구석을 볼 수는 없지만 짧은 시간 동안 알차게 둘러볼 수 있어 인기가 높다. 마지막 방법은 튼튼한 두 다리만 있으면 누구나 가능한 걷기다. 우도에는 올레 1-1 코스가 있다. 해안선을 따라 걸으면서 우도를 둘러볼 수 있다. 자전거보다 시간이 조금 더 오래 걸리지만 천천히 우도를 둘러보기에 그만이다. 자신이 원하는 속도를 선택해 우도를 여행해 보자.

우도 버스 투어
course 우도항 ··· 검멀레해변(20분, 50분) ··· 비양도(25분, 55분) ··· 하고수동해변(30분, 정시) ··· 홍조단괴해빈해변(40분, 10분)
fee 5,000원

우도 별맛 식당

자전거를 타고 우도 일주를 하려면 일단 배를 든든히 채워야 한다.
제주 향기 물씬 나는 해산물부터 수제 햄버거까지 입맛대로 선택하자.

Must-eat

로뎀가든

한치주물럭을 먹은 다음 볶아 주는 한라산볶음밥이 유명하다. 제주가 만들어지는 과정에 대한 이야기를 함께 들을 수 있어 재미있다.

add 제주특별자치도 제주시 우도면 우도해안길 264
open 09:00~18:00
menu 한치주물럭 15,000원, 한라산볶음밥 4,000원
tel 064-782-5501

모실래기해녀해물촌

홍조단괴해빈해변이 있는 해안도로에 위치하고 있어 찾기 쉽다. 싱싱한 성게로 만든 비빔밥과 미역국이 별미이다.

add 제주특별자치도 제주시 우도면 우도해안길 248
open 08:00~21:00
menu 성게비빔밥 10,000원, 성게미역국 10,000원
tel 064-784-0732

Hot Place-Café

하하호호카페

하우목동항에서 자전거를 타고 북쪽으로 달리다 보면 하하호호카페와 만나게 된다. 해안도로에 위치하고 있어 찾기 쉽다. 이 자그마한 카페에서는 특별한 음식을 맛볼 수 있는데 수제버거가 그 주인공이다. 수제버거에는 제주산 흑돼지로 만든 두툼한 패티가 들어간다. 버거 속에 땅콩을 넣을지 마늘을 넣을지는 선택할 수 있다. 수제버거 하나가 1.5인분으로 양도 푸짐하다. 돼지고기 패티 대신 수제소시지가 들어간 마늘핫도그와 땅콩핫도그도 별미다.

add 제주특별자지도 제주시 우도면 연평일 859
fee 수제 흑돼지 땅콩버거·마늘버거 12,000원, 수제 우도 땅콩핫도그·마늘핫도그 12,000원, 한라봉차 4,500원, 아메리카노 4,000원
open 09:00~17:00
tel 010-2899-1365
homepage www.snname.com/wdhahahoho

제주 자전거 여행, 이것만은 꼭!

준비물 모자, 선글라스, 선크림, 자전거 펌프, 펑크 패치, 여분의 옷

배낭 최대한 가볍게 짐을 챙겨야 체력을 아낄 수 있다. 장시간 배낭을 메고 자전거를 타면 허리에 무리가 간다. 되도록 배낭은 자전거에 묶고 짐은 가볍게 챙기는 것이 좋다.

시간 주도의 도로에는 가로등이 거의 없다. 해가 지면 급속도로 어두워지기 때문에 해가 떠 있을 때만 움직이는 것이 바람직하다.

체력 자신의 체력에 맞게 일정을 잡자. 체력을 생각하지 않고 무리하면 아픈 추억만 생길지도 모른다.

방향 반시계 방향인 북쪽 ⋯▶ 서쪽 ⋯▶ 남쪽 ⋯▶ 동쪽으로 타는 것이 좋다. 해변을 옆에 두고 달릴 수 있고 내리막이 많아 더 유리하다.

자전거 자신의 자전거를 가져가거나 제주도에서 대여할 수 있다.
- 비행기로 자신의 자전거를 가져갈 시 분리해서 박스 포장을 해야 한다.
- 배로 자신의 자전거를 가져갈 시 따로 분리할 필요는 없다. 자전거 그대로 배에 싣고 갈 수 있다.
- 제주시에 대여점이 많다. 하루에 1~3만 원 정도로 대여할 수 있다.

Accommodation

노닐다

천진항 근처에 있어 천진항으로 들어오는 배편을 이용하기 편하다.

add 제주특별자치도 제주시 우도면 우도해안길 84-3
fee 도미토리 25,000원, 2인실 80,000원, 조식 포함
tel 064-784-5460
homepage www.nonilda.co.kr

초원 게스트하우스

하도목동항으로 들어와야 이용하기 편리하다. 항구에서 조금 떨어진 위치에 있어 픽업 서비스를 진행하고 있다.

add 제주특별자치도 제주시 우도면 우도로 225
fee 도미토리 25,000원, 2~4인 60,000~70,000원(비수기 요금 별도)
homepage woodochowon.fortour.kr

우도봉에 오르면 우도의 진면목을 볼 수 있다.
우도의 예쁜 마을과 논밭, 바다가 언덕 너머로 펼쳐진다.

제주 자전거 일주

제주는 자전거 도로가 잘 갖춰진 편이다. 해안선을 따라 신 나
게 달리며 제주를 내 것으로 만들어 보자.

2박 3일 제주 자전거 일주

난이도가 상당히 높은 일정이다. 하루에 달려야 할 거리가 약 80km로 약 7시간 정도 자전거를
타야 완주할 수 있다. 우도는 일정상 빼는 것이 좋다. 여행지를 많이 둘러보지는 못한다. 자전거
로 제주 일주를 하는 것이 목표이거나 일정이 짧은 경우에 알맞은 코스이다.

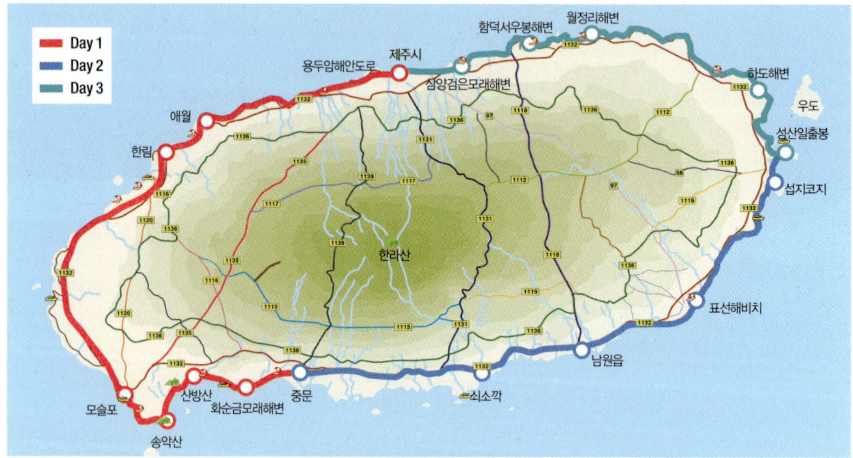

course **day 1** 제주시 용두암해안도로 ⋯ 애월 ⋯ 한림 ⋯ 모슬포 ⋯ 송악산 ⋯ 산방산 ⋯ 화순금모래해변 ⋯ 중문
         day 2 중문 ⋯ 천제연폭포 ⋯ 쇠소깍 ⋯ 남원읍 ⋯ 표선해비치 ⋯ 섭지코지 ⋯ 성산일출봉
         day 3 성산일출봉 ⋯ 하도해변 ⋯ 월정리해변 ⋯ 함덕서우봉해변 ⋯ 삼양검은모래해변 ⋯ 용두암해안도로

· TIP ·

1. 공항 픽업 서비스를 제공하는 자전거 대여점이 많다. 미리
체크하면 편하게 이동할 수 있다.
2. 자전거 일정이 벅차 중간에 멈추고 싶다면 중간 반납 서비
스를 이용하자. 일정 비용을 지불하면 중간 지정 장소에 반납
할 수 있다. 대여점마다 다르니 출발 전에 알아보자.

3박 4일 제주 자전거 일주

생각보다 일정이 여유롭지는 않다. 우도를 제외한다면 여행지 한두 곳 정도 포함시켜도 괜찮다.

course   **day 1** 제주시 용두암해안도로 … 애월 … 한림 … 모슬포

    day 2 모슬포 … 송악산 … 산방산 … 용머리해안 … 화순금모래해변 … 중문 … 천제연폭포 … 외돌개 … 이중섭거리 … 쇠소깍

    day 3 쇠소깍 … 표선해비치 … 섭지코지 … 성산일출봉 … 하도해변

    day 4 하도해변 … 월정리해변 … 함덕서우봉해변 … 삼양검은모래해변 … 용두암해안도로

4박 5일 제주 자전거 일주

하루에 목표로 하는 거리가 짧아지므로 체력적인 부담을 덜 수 있다. 여행지를 함께 둘러볼 수 있는 여유로움도 있다.

course   **day 1** 제주시 용두암해안도로 … 애월 … 한림

    day 2 한림 … 모슬포 … 송악산 … 산방산 … 용미리해안 … 중문 … 천제연폭포 … 외돌개 … 천지연폭포 … 이중섭거리

    day 3 이중섭거리 … 쇠소깍 … 건축학개론 촬영지 … 표선해비치 … 섭지코지 … 성산일출봉

    day 4 성산일출봉 … 우도 … 하도해변 … 제주해녀박물관 … 평대리

    day 5 평대리 … 월정리해변 … 함덕서우봉해변 … 삼양검은모래해변 … 제주시

제주 올레 7코스

제주 올레길
걷고 싶은 만큼 걷기

타박타박 걸어야만 볼 수 있는 제주 풍경이 있다. 왼쪽으로는 바다, 오른쪽으로는 푸른 제주의 숲, 마을을 두고 걷다 보면 성게 다듬는 할망, 할아방도 지나고, 알록달록 빨래 넌 어느 집 앞마당도 지난다. 멀리 섬이 한참을 따라와 계속 모습을 바꾸는데 가끔은 하얀 동네 개가 앞서거니 뒤서거니 길동무를 해 준다. 거친 제주 바람을 하루 종일 맞으며 움직이다 보면 땀도 나고 발바닥도 아파 오지만 제주의 속살을 만난 기쁨에 오히려 고단함이 기분 좋게 느껴진다. 어느 올레길도 좋지만, 쉽게 걸을 수 있고 많이 찾는 7코스로 시작해 보자.

·Point·
동네마다 달라지는 바다 색깔 관찰하기
바다 바라보며 해물라면 먹기
올레우체국에서 편지 쓰기

올레길은 다양하다

같은 제주도지만 동서쪽과 남북쪽은 그 느낌이 다르다. 사람들이 가장 많이 찾는 올레길은 주상절리와 외돌개 등이 있는 7코스이다. 올레길은 해안가 마을과 마을을 잇고 있어 비교적 안전하지만 평일에 아무도 없는 길을 가다 보면 무서울 수도 있다. 7코스는 서귀포시에 있는 남쪽 바닷길이라 교통이나 숙박, 탈출로 등이 많아 첫 올레길로 택하기에 알맞다. 사람들도 많이 오가는 편이라 올레길을 걷는 적응 훈련을 하는 데 최적이다.

걷는 데도 적응 과정이 필요하다. 평지만 걸을 거라 생각하고 대충 채비를 했다가 혼난다. 한 번 걸었다 하면 최소 4~5시간 길게는 6~7시간이다. 이 시간은 걷는 데 단련된 올레꾼들을 기준으로 한 것이다. 초보 걷기꾼이 어기적거리며 걸으면 시간은 무한정 늘어난다. 중간에 지치면 버스라도 타고 돌아가야 하는데 한적한 길에서는 막막하기 짝이 없다.

해가 뜨면 뜨거운 제주이니 선크림은 필수다. 날씨 변덕이 잦기 때문에 날이 흐리다 싶으면 우비나 바람막이도 챙겨야 한다. 길가에 가게가 있는 것도 아니니 물과 간식도 챙기자. 특히 신발은 걷기 편해야 한다.

올레 7코스 총 14.2km, 4~5시간 소요

외돌개	돔베낭길	수봉로	법환포구
2.6km	1.8km	1.2km	1.5km

일강정바다올레

월평마을 아왜낭목	월평포구	강정천	서건도 앞
1.9km	3.3km	1.4km	0.5km

access 제주국제공항에서 600번 버스를 타고 서귀포시 뉴경남호텔 앞 정류소에 내려서 택시를 타면 외돌개까지 기본 요금이 나온다.

올레길 표식

길을 잃지 않도록 파란색과 주황색 화살표나 리본, 간세로 중간중간에 표시되어 있는데, 찾아가며 걷는 재미가 있다.

길을 잘못 들어 화살표 표시가 더 이상 나타나지 않으면 미아처럼 불안해지기 시작한다. 혼자 걷는 길이라면 더욱 그렇다. 그때 조그만 올레 리본이라도 찾으면 어찌나 반가운 마음이 드는지 가본 사람만 안다. 파란색은 정방향, 주황색은 역방향을 뜻한다.

1-2 화살표 바위, 전봇대, 나무 기둥, 길바닥 등 다양한 곳에 붙어 있는 화살표는 가장 눈에 잘 띄는 올레길 표식이다.

3 간세 갈림길에 있는 조랑말 모양의 표식이다. 간세의 머리가 향한 쪽이 길의 진행 방향이다. 간세의 몸통 위에는 현재 진행하는 코스, 위치 번호, 앞으로 남은 거리가 표시되어 있다.

4 리본 주로 나무에 많이 묶여 있고 어느 집 대문에 묶여 있기도 한다. 바람에 팔랑팔랑 나부끼는 올레 표식이다.

환상의 워킹 올레 7코스

7코스를 완주하고 나면 우리나라에 제주도가 있다는 것을 감사하게 여기게 된다. 내륙에서는 볼 수 없는 수목이 도열한 7코스는 아름답기로 유명하다. 길은 외돌개에서 시작한다. 시작점과 끝점은 올레를 개척한 사람들이 길이와 마을 등을 고려해 붙인 것이다. 처음과 끝에 연연하지 않는다면 서귀포 중간 어귀에서 걸어가도 좋다.

7코스는 외돌개와 속골천, 범섬전망대, 법환포구를 지나 강정마을 앞을 질러 월평포구로 간다. 가는 길 내내 바다가 함께한다. 길가에는 야자수들이 잎사귀를 나부끼며 인사하는 듯 반겨 준다.

가다 보면 천도 건너고 포구도 지난다. 개천이 흘러 바다로 가는 속골천에서 쉬고 밤섬전망대에서도 또 쉬자. 바쁠 것 하나 없으니 쉬엄쉬엄 가자. 오늘 다 걷지 못해도 상관없다. 길이 없어지는 것도 아니고 다 걸었다고 자격증 주는 것도 아니니까. 길가에 핀 꽃도 다시 한 번 보고, 멀리 있는 밤섬도 보고, 파도가 무슨 말을 하는지 들어도 보자. 천천히 걸으면 그게 바로 슬로길이다.

돔배낭길

외돌개

7코스 시작점이라는 것을 알리듯 바다에서 불쑥 솟은 외돌개는 사진 찍기
좋은 포토존이다. 주변에 나무데크가 해안가를 따라 이어져 있어 유치원 아
이들도 씩씩하게 잘 걷는다. 소나무 숲이 시원함을 전해 주고 아기자기한
공원도 꾸며져 있어 가족들의 쉼터로 좋다.

수봉로

수봉로는 오르막길이다. 이 길을 힘들게 오르면서 올레길을 낸 사람들의 수
고를 생각하며 걷자. 염소나 다니던 가파른 길에 곡괭이와 삽으로 계단을
내고 길을 만든 사람들이다. 수봉로 입구에는 스토리 우체통이 있다. 비치
된 엽서에 마음을 담아 써 넣으면 1년 후에 배달된다.

법환포구

아기자기한 카페와 식당, 게스트하우스가 몰려 있는 마을이다. 그냥 지나치
기 아쉽다면 바다를 보며 커피 한잔의 여유를 즐기자. 먹을 만한 식당들도
이곳에 몇 개 있으니 점심은 여기에서 해결하는 게 좋다. 게스트하우스가
많아 하루 머물기에도 좋은 곳이다.

 **Must-eat**

바당소풍

바당소풍은 샌드
위치나 해물라면
같은 간단히 요
기를 할 수 있다.
5,000원짜리 근사
한 해물라면을 바다를 바라보며 먹어 보자.

add 제주특별자치도 서귀포시 막숙포로 39
menu 해물라면 5,000원, 샌드위치 4,500원
tel 070-8737-8606

 **Hot Place-Café**

5room

센스와 아이디어가 돋보이는
소품이 눈에 띈다. 주인의 개
성이 녹아 있는 제주의 커피
숍에서 마시는 커피는 그 맛
이 매우 특별하다.

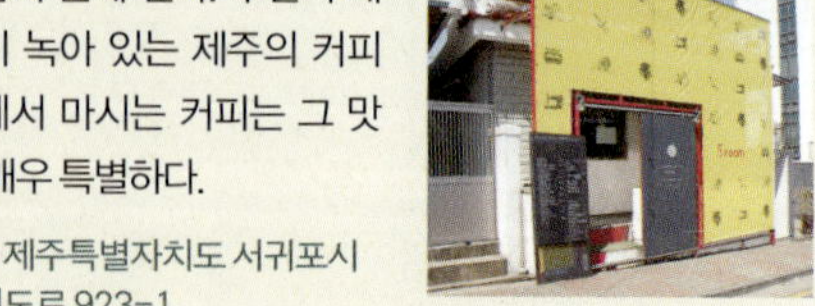

add 제주특별자치도 서귀포시
이어도로 923-1
menu 아메리카노 2,800원, 까페라떼 3,300원
tel 064-738-5015

1 탁 트인 바다에 우뚝 솟은 외돌개
2 외돌개 해안가의 깎아지른 듯한 절벽
3 수봉로 해안길. 멀리 범섬이 보인다.

바닷가우체국과 강정천

풍림리조트 뒤쪽으로 바닷가우체국이 있다.
잠시 들러 바닷가우체국 정자에서 쉬어 가
자. 음수대도 있고 시원한 나무 그늘이 드리
워져 있다. 다시 길을 걸으면 천연 암반수가
사시사철 흐르는 강정천이 나타난다. 맑은
강정천이 흘러 흘러 바닷물이 되는 모습은
놓치기 아까운 광경이다.

월평포구

강정포구를 지나 다소 지루한 바닷길을 걷
다 보면 보기 드문 예쁜 포구가 나온다. 배가
네다섯 척 정박해 있는 작은 포구로, 다른 곳
과 달리 해안절벽 안으로 쑥 들어간 곳에 있
다. 지형을 이용한 천연 포구인 셈이다. 포구
아래는 용천수가 솟아 나오는데, 고기가 잘
잡히는지 낚시꾼들이 낚싯대를 드리우고 있

다. 전망을 볼 수 있도록 나무데크가 깔려 있으니 올라가 월평 해안의 풍경을 눈에 담
아 보자.

굿당산책로와 월평마을

월평마을의 안녕을 기원하던 굿당이 있어
굿당산책로라 불리는 아기자기한 숲길을 지
나면 월평마을이 나온다. 송이슈퍼 앞에서
올레 스탬프도 찍고, 월평마을 사람들이 운
영하는 달마루집에서 김밥과 라면을 먹어도
좋다.

올레길에서의 착각

올레를 걸을 때면 몇 가지 착각을 하게 된다.

첫 번째, 올레길을 걷다 보면 어느새 동네 개가 앞서거니 뒤서거니 따라올 때가 있는데 마치 올레길을 안내해 주고 있는 듯한 느낌이 든다. 대부분 행복한 표정을 짓고 있는데, 내가 좋아서인지 주인이 있는 가게로 데려가려고 하는 건지 도무지 알 수가 없다. 어떤 개는 여행객의 인사에도 아랑곳 않고 유유자적 어디론가로 가 버리기도 한다.

두 번째, 올레길을 걷다 보면 앞으로 가는 데만 집중한 나머지 눈앞에 보이는 풍경이 전부라고 생각하기 쉽다. 그러나 옆을 보면 멀리 한라산도 보이고 뒤따라오는 섬이 시시각각 모습을 달리한다. 이제껏 걸어온 길을 보며 숨을 고르다 근사한 사진을 찍게 되기도 한다. 제주의 풍경은 여행객의 앞과 옆, 뒤까지 가득하다.

세 번째, 인기 있는 올레길을 걸을 때는 여행객들을 만나기 쉬울 거라고 생각하는데 그렇지 않다. 모두 같은 방향으로 걷기 때문에 과속하여 앞사람을 추월하거나 느리게 걸어서 뒷사람에게 따라잡히지 않는 한 내내 혼자 걷는다. 귀찮더라도 옆지기 하나쯤 데리고 가는 게 낫다.

> **• TIP •**
> 올레 스탬프는 외돌개 입구와 풍림리 조트 뒤편 바닷가우체국 그리고 종점인 월평마을 송이슈퍼에 있다.

올레길에서 만난 강아지

갖가지 다른 색깔의 올레길

올레길 21코스 중 어느 곳을 가도 상관없다. 시작 지점, 끝 지점 상
관없이 내가 시작하고 싶은 곳에서 원하는 만큼 걸으면 된다. 저마
다 다른 색깔과 테마를 가진 올레길 중 두 가지만 더 소개해 본다.

힘찬 파도, 동백숲 그리고 쇠소깍을 만나는 올레 5코스 총 14.7km, 4~5시간 소요

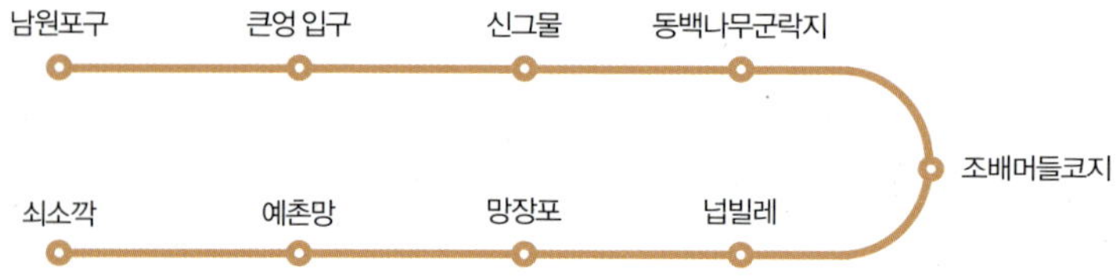

올레 5코스는 다채롭기 그지없다. 남원포구에서 얼마 가지 않아 우리나라에서 손꼽히는 해안산
책로 남원큰엉경승지가 나타난다. 큰엉 입구에서 큰 파도의 시원함을 느낀 후 2.2km의 절벽과
숲으로 어우러진 산책로를 걸어 보자. 호젓한 위미마을로 들어서면 돌담 안에 가득 숲을 이루며
울창하게 자란 동백나무군락지가 나타난다. 조용하고 깔끔한 마을을 걷는 것도 즐거운데 튼튼하
게 잘 자란 동백나무가 눈을 싱그럽게 하니 지나치기 아쉬워 자꾸 걸음이 느려진다.
부지런히 걸어야 쇠소깍에 늦지 않게 도착해 투명 카약을 탈 수 있다. 투명 카약은 늘 인기가 많
으니 한참을 기다리거나 못 타기가 일쑤이다. 쇠소깍에 놓인 나무데크를 따라 걸으며 기암절벽
과 맑은 물을 찬찬히 관찰하는 것도 좋다. 바다와 만나는 곳부터 넓은 해변이 있고 주변에 해물
탕집과 카페가 있으니 종일 걸어 노곤한 몸을 신선한 해물이나 한 잔의 커피로 달래 보자.

Must-eat

요네상회

넙빌레에서 망장포 가는 길에 있는 공천포에는
작은 바닷가 카페가 있다. 창가에 앉으면 바다와
의 거리가 이렇게 가까워도 되나 싶게 바로 앞에
바다를 두고 차나 스파게티를 즐길 수 있다.

add 제주특별자치도 서귀포시 남원읍 공
천포로 83
menu 콩카레 9,000원, 파스타 10,000원
homepage blog.naver.com/nm5m

에메랄드빛 바다가 여기도, 저기도! 올레 20코스 총 16.5km, 5~6시간 소요

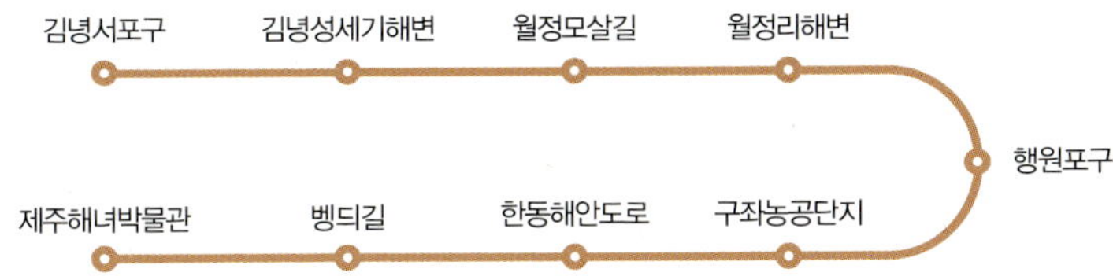

올레길 하나로 제주의 다양한 매력을 엿보고 싶다면 20코스를 추천한다. 김녕서포구를 출발하면 김녕해변이 가장 먼저 반겨 주는데, 바닷물이 맑고 청아해서 사진 찍기에 그만이다. 제주에서 손꼽히는 해변이자 카페 명소로 유명한 월정리에서 커피 한잔의 여유를 느껴 보는 것도 좋다. 월정리에 지나친 환상을 품고 간 여행자들 중에는 간혹 실망하는 사람도 있는데, 월정리가 아름답지 않아서가 아니라 다른 바다가 지나치게 아름다워서니 섭섭해 하지 말자.

월정리 해변을 지나면 아름다운 풍차마을로 유명한 행원리에 접어든다. 이곳은 한 번 다녀온 사람은 잊지 못하고 다시 찾을 정도로 바람, 나무, 집, 사람까지 특유의 고즈넉하고도 예술적인 감각이 넘치는 곳이다. 올레 20코스의 끄트머리에 있는 세화리에서는 세화민속5일장이 열리는데, 매월 5일 단위로 열리니 날짜가 들어맞는 우연히 겹친다면 꼭 들러보자. 근처 카페공작소 앞에는 매월 5일, 20일 '벨롱장'이라는 벼룩시장이 열린다. '벨롱'은 제주어로 '반짝' 또는 '깜빡'거린다는 뜻으로, 오전 11시부터 12시까지 그야말로 반짝 열리고 사라진다. 타 지방에서 제주로 이주해 온 사람들이 삼삼오오 모여 먹을거리부터 예술 작품까지 다양한 물건을 판다. 국내 관광객과 제주도민, 심지어 외국인까지 찾을 만큼 유명한 곳이니 가지 않을 이유가 없다.

 **Must-eat**

명진전복

평대해변에서 세화해변으로 가는 올레길에 있다. 전복돌솥밥은 전복내장과 단호박, 대추를 넣어 지은 밥으로 위에 전복이 얹어져 있다. 전복향이 입안에 퍼지고 야채가 어우러져 구수하고 맛있다. 쫄깃쫄깃하고 고소한 전복구이도 가끔 생각날 만큼 맛있다. 오션뷰 식당이기는 하나 손님으로 바글바글해 여유 있게 바다를 보며 호젓하게 식사하기는 어렵다.

add 제주특별자치도 제주시 구좌읍 해맞이해안로 1282
menu 전복돌솥밥 13,000원, 전복구이 30,000원
tel 064-782-9944

360개 오름 중
마음에 드는 오름 찾기

이제 제주도의 유명한 장소에 익숙해졌다면, 제주의 깊은 곳, 맨얼굴을 볼 차례
이다. 가장 제주다운 모습을 보고 싶을 때는 주저하지 말고 오름에 오르자. 중산
간의 오름들은 제주에서만 볼 수 있는 푸근함을 느낄 수 있다. 부드러운 곡선은
제주만의 아름다운 풍경을 그려 낸다. 제주에는 368개의 오름이 있다. 각 오름마
다 느낌과 형태가 다르니 오르는 재미가 있다.

오름이란

제주도를 여행하다 보면 오름을 쉽게 볼 수 있다. 우리가 잘 알고 있는 산방산, 송악산, 성산일출봉도 오름 중의 하나이다. 분화구를 가진 작은 산인 오름은 제주도에 무려 368여 곳이 있다. 비슷비슷한 오름 같지만 크기와 높이가 각양각색이다. 오름을 오르는 시간도 짧게는 10분에서 길게는 4시간 정도까지 다양하다.

오름에는 재미있는 전설이 전해진다. 제주도를 만든 설문대할망이 흙을 날라 한라산을 만들기 시작했는데 흙을 담은 옷 틈 사이로 새어 나온 흙이 제주의 오름이 되었다는 것이다. 설문대할망은 맨 위를 주먹으로 쾅 쳐서 봉우리 부분을 낮췄는데 그 부분이 분화구가 되었다는 전설이 전해진다. 오름은 이름들이 매우 특이하다. 모두 제주 방언이나 한글로 지어졌다. 생겨난 전설이나 모양에 따라 다랑쉬오름, 용눈이오름, 새별오름, 아부오름, 물찾오름 등 오름의 아름다움처럼 이름도 예쁘다.

오름의 나라 제주도

·TIP·

오름은 차를 렌트하여 가거나 택시를 이용하지 않으면 접근하기가 쉽지 않다. 도보로 가기도 어려운 경우가 많다. 요즘에는 오름 주변에 있는 게스트하우스에서는 게스트를 위해 오름 투어를 진행하는 경우도 많다. 무료로 진행하기도 하고, 일정 금액을 받고 진행하기도 한다. 대중교통을 이용하는 뚜벅이 여행자에게 반가운 소식이다.

여왕의 위엄을 느낄 수 있는 다랑쉬오름

다랑쉬오름은 동부권에서 가장 높은 오름이다. 오름의 여왕이라는 별명을 가진 오름답게 가까이 갈수록 그 위엄이 느껴진다. 다랑쉬오름은 분화구까지 올라가는 것이 생각보다 만만하지 않다. 운동화를 신지 않으면 큰 코 다치기 십상이다. 정상으로 가는 길은 경사가 제법 가파르게 이어진다. 다리가 묵직해지고 숨이 차오르기를 여러 번. 정상에 도착하면 힘들게 올라온 여행자에게 멋진 풍경을 선물한다.

다랑쉬오름의 분화구는 그 깊이가 한라산 백록담과 비슷하다. 분화구를 내려다보면 아찔한데 110m에 달할 정도로 깊다. 다랑쉬라는 이름은 분화구의 모양이 달을 닮았다 하여 붙여졌다. 또 다른 이름으로 월랑봉이라고도 불린다.

다랑쉬 분화구를 보았다면 이제 뒤돌아보자. 아끈다랑쉬오름을 시작으로 성산일출봉, 우도까지 시원하게 펼쳐진다. 그 아름다움에 감탄사를 쏟아낼 수밖에 없다.

다랑쉬오름에서 보는 풍경들은 하루 종일 바라보아도 지루하지 않을 정도로 최고이다. 아름다운 주변 풍경 외에도 화산 지형의 특징인 화산송이도 볼거리이다. 탐방로 따라 핀 꽃향유, 절굿대 등의 들꽃은 여왕의 아름다움을 더욱 빛나게 한다. 운이 좋다면 때까치, 멧새의 지저귐도 들을 수 있다.

add 제주특별자치도 제주시 구좌읍 세화리 산6
access 제주시외버스터미널에서 710번(제주, 봉개, 성산), 710-1번(교래, 송당, 선산) 시외버스를 타고 가시 남동 입구(다랑쉬오름) 버스정류장에서 내린다. 손자봉삼거리에서 도보로 약 30분 정도 소요된다. (도로 다랑쉬로 이용)

설망대할망이 주먹으로 쾅 쳐서 생겼다는 분화구

1 세 개의 분화구를 갖고 있는 용눈이오름
2 부드러운 오름의 곡선이 만들어 내는 눈부신 풍경

아름다운 용눈이오름

용눈이오름은 부드럽게 흐르는 오름의 선이 아름답기로 유명한 곳이다. 이 모습을 보기 위해 사람들의 발길이 끊이지 않는다. 용눈이오름은 이름에서도 예상할 수 있듯이 용의 모습을 닮은 오름이다. 옆모습이 용이 누운 모습을 닮아 지어졌다는 설도 있고, 하늘에서 내려다보면 분화구의 모습이 용의 눈을 닮아 지어졌다는 설도 있다.

용눈이오름 입구에서 정상까지 15분 정도면 충분하다. 완만하게 이어지는 길은 주변을 보며 걷는 여유로움도 선물한다. 햇빛이 잘 드는 곳에 돌담으로 둘러진 무덤도 볼 수 있다. 제주 사람은 오름에서 태어나 오름으로 돌아간다는 말이 있다. 그만큼 제주의 삶이 오름과 가까이 있음을 알 수 있다. 가축을 방목하는 삶의 터전이자 삶의 마지막에 편안히 잠들 수 있는 곳이 오름이다.

용눈이오름은 독특하게도 분화구가 세 개이다. 그 경계가 높지 않아 분화구가 하나인 것처럼 보이기도 한다. 이 아름다운 오름을 평생 사랑한 사진작가가 있다. 루게릭병으로 투병하면서도 사무치게 용눈이오름을 사랑했던 김영갑 작가의 시선이 이곳을 새롭게 부각시켰다. 성산읍 삼달리에 있는 김영갑갤러리 두모악에서 김영갑 작가가 담아 낸 용눈이오름 사진들을 볼 수 있다.

add 제주특별자치도 제주시 구좌읍 종달리 산28
access 제주시외버스터미널에서 710번(제주, 봉개, 성산), 710-1번(교래, 송당, 선산) 시외버스를 타고 가시남동 입구(다랑쉬오름) 버스정류장에서 내린다. 손자봉삼거리에서 도보로 약 20분 정도 소요된다. (도로 용눈이오름로 이용) 다랑쉬오름에서 용눈이오름까지 도보로 50분 정도 걸린다.

눈부신 억새의 천국, 새별오름

제주시외버스터미널에서 750번(평화로) 버스를 타고 달리다 보면 새별오름을 만날 수 있다. 넓은 벌판에 우뚝하니 서 있어 단번에 눈에 띈다. 이런 모습이 저녁 하늘에 반짝이며 홀로 외롭게 떠 있는 샛별을 닮았다 하여 새별오름이라 부른다. 커다란 오름을 보며 샛별을 떠올리기란 쉽지 않은데 이름을 붙이는 선조들의 감성이 새삼 놀랍다.

새별오름은 억새가 아름답기로 유명한 오름이다. 총 519.3m로 오르기에도 부담스럽지 않다. 새별오름에 오르면 제주도의 서쪽 모습을 만날 수 있다. 서부권 오름들의 모습과 제주의 서쪽 바다가 한눈에 들어온다. 협재 해변과 비양도까지 볼 수 있다. 새별오름 역시 대부분의 오름처럼 대중교통편으로 접근하기 쉽지 않은 편이다. 그럼에도 불구하고 억새와 아름다운 풍경 때문에 새별오름을 찾게 된다.

add 제주특별자치도 제주시 애월읍 봉성리 산59-8
access 제주시외버스터미널에서 출발하는 750-1번(광령2리, 화순, 사계), 750-3번(광령2리, 신평, 보성)를 타고 화전마을 버스정류장에서 하차한다. 정류장에서 20분 정도 도로로 이동하면 새별오름에 도착한다. 자동차 렌트 시에는 평화로를 이용하면 된다.

> **· TIP · 제주들불축제**
>
> 새별오름에서는 제주들불축제가 열린다. 매년 정월대보름을 맞아 열리던 축제가 2014년부터 봄을 알리는 절기인 경칩이 있는 주말로 옮겼다. 열리는 시기는 바뀌었지만 무사 안녕을 비는 오름의 억새 태우기는 성대하게 열린다.  다양한 행사와 함께 불꽃놀이도 즐길 수 있다. 축제 기간 동안 무료셔틀버스를 운행한다.
> **homepage** www.buriburi.go.kr

 오름을 사랑했던 사람, 김영갑

사진작가 김영갑은 우리가 제주의 아름다움을 잘 알지 못하던 1982년부터 제주도의 곳곳을 사진 속에 담았던 사람이다. 특히 용눈이오름의 다양한 모습을 많이 찍었다. 제주를 누비며 사진을 찍던 그는 2005년 루게릭병으로 세상을 떠났다. 폐교를 손수 고쳐 만든 김영갑갤러리 두모악에서 그의 작품들을 만날 수 있다.

add 제주특별자치도 서귀포시 성산읍 삼달로 137
open 3~6월, 9~10월 09:30~18:00, 7~8월 09:30~19:00,
11~2월 09:30~17:00(수요일 휴관)
fee 3,000원
tel 064-784-9907

오름 투어가 가능한 게스트하우스

게스트하우스 주인장이 안내하는 무료 투어는 게스트하우스에서만 누릴 수 있는 특혜이다. 게스트하우스 주인장들이 근처 오름이나 주민들만 아는 시크릿 여행지를 소개해 준다. 명소를 미션인듯 점령하는 여행만 해 왔다면 신선하고 새로운 여행을 떠나 보자. 특히 오름은 대중교통으로 다니기 불편하니 중산간 지역에 있는 게스트하우스에 묵으며 주인장이 안내하는 오름 투어를 이용하는 것이 좋다.

게스트하우스 주인장이 안내하는 미니 오름투어

자유 게스트하우스

'대천동 삼촌'으로 통하는 주인장이 한 땀 한 땀 지어 올린 집이다. 빨간 사다리를 타고 지붕 위로 올라갈 수도 있다. 무료 오름 투어와 별빛 투어를 진행한다.

add 제주특별자치도 제주시 구좌읍 번영로1997-4
fee 도미토리 15,000원
tel 010-5498-3060
homepage cafe.naver.com/jejufreedom

써니+허니 게스트하우스

중산간 지역인 송당리에 위치하고 있다. 6,000여 권의 책이 있는 '밍기적'은 훌륭한 휴식공간이다. 매일 아침 오름 투어를 진행한다. 그날의 상황에 맞춰 오름을 선택해 오름투어진행을 한다.

add 제주특별자치도 제주시 구좌읍 중산간동로 2234
fee 도미토리 25,000원, 조식 포함
tel 010-9996-6640
homepage sunny-hunny.blog.me

소낭 게스트하우스

월정리 근처에 있어 뚜벅이들이 찾아가기 좋다. 가정집을 개조한 곳으로 앞마당도 있어 아늑한 느낌이다. 저녁마다 열리는 바비큐 파티로 유명하고, 매일 아침 오름 투어를 무료로 진행된다.

add 제주특별자치도 제주시 구좌읍 월정1길 1
fee 도미토리 25,000원, 조식 포함
tel 010-6665-7149
homepage cafe.naver.com/jejusonang

달집 게스트하우스

올레1코스, 21코스를 걷기에 좋은 곳이다. 주말 아침 오름 투어를 한다. 음력 그믐에는 별빛 투어, 음력 보름에는 달빛 투어가 있다.

add 제주특별자치도 제주시 구좌읍 종달논길 32-3
fee 도미토리 20,000~25,000원, 2~3실 50,000~70,000원, 조식 포함
tel 010-8869-4373
homepage www.daljip.com

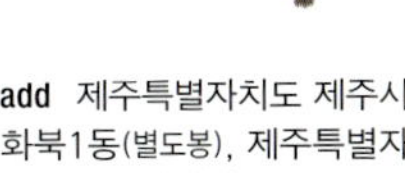

제주의 오름들

별도봉 & 사라봉

제주국립박물관 근처에 있어 대중교통으로 이용하기에 좋다. 제주 시내와도 가까워서 시민들의 산책 코스로 사랑받는 곳이다. 사라봉에서는 제주 야경을 보기에 그만이다. 별도봉은 바다를 가까이에 두고 걷는 해안길에 있다. 멀리까지 오름 투어를 가기 힘든 여행자에게 좋은 코스이다.

add 제주특별자치도 제주시 화북1동(별도봉), 제주특별자치도 제주시 건입동(사라봉)

솔오름(미악산)

서귀포에 있는 해발 557m 오름으로 아름다운 서귀포 바다를 볼 수 있다. A코스와 B코스를 이용해 정상까지 오를 수 있다. 한라산이 가깝게 보인다. 오름을 걷다 방목되어 있는 소를 만나게 될지도 모른다.

add 제주특별자치도 서귀포시 인정오름로 387-63

아끈다랑쉬오름

다랑쉬오름 바로 앞에 있는 해발 198m의 오름이다. 아끈은 작다는 의미의 제주어로 작은 다랑쉬오름이라는 뜻이다. 그 모습이 다랑쉬오름과도 많이 닮아 있다. 나란히 있는 모습이 엄마와 아기 같기도 하다.

add 제주특별자치도 제주시 구좌읍 세화리 2593

거문오름

세계자연유산으로 등재된 곳이다. 거문오름은 분화구 내에 산림 지대가 울창해 검게 보이는 것에서 유래된 이름이다. 말굽형 모양의 분화구를 가지고 있다. 하루에 450명이라는 제한된 인원만 들어갈 수 있다. 탐방 예약은 전화와 인터넷으로 가능하다.

add 제주특별자치도 제주시 조천읍 선교로 569-36
tel 1800-2002
homepage wnhcenter.jeju.go.kr(매달 1일 다음달 예약 오픈, 당일 예약 불가능)

물영아리오름

물영아리오름은 독특하게 분화구가 습지로 된 곳이다. 비가 많이 올 때면 물이 고여 '물이 있는 영아리'라는 뜻으로 물영아리라 불린다. 2006년 람사스습지로 지정되었다. 영화 〈늑대소년〉의 촬영지로도 유명하다.

add 제주특별자치도 서귀포시 남원읍 남조로 988-11

제주 동부

버스와 게스트하우스로
제주 즐기기

제주도는 섬이자 하나의 도이다. 넓다는 뜻이다. 2박 3일 일정으로 가고 싶은데
모두 갈 수가 없다. 아니 한 달을 돌아다녀도 모자라다는 생각이 들 것이다. 선택
과 집중이 필요하다. 제주 남쪽 서귀포에서 시작하여 동쪽 해안을 버스 타고 빙
둘러 돌아오는 알뜰 여행 코스를 잡아 보자.

• Point •
쇠소깍 투명카약 타기
월정리해변 '고래가 될 카페'에서 커피 마시기

Day 1 저가 항공도 시간마다 가격이 다르다

제주가 젊은 여행자들의 핫플레이스로 떠오른 데는 저가 항공이 한몫했다. 새벽 첫 비행기로 가면 부산행 무궁화열차 운임보다 쌀 수도 있다. 2박 3일 알뜰 여행의 출발은 아침 일찍 일어나서 첫 비행기를 타는 것이다. 전날 짐을 꾸려 놨다가 새벽 알람이 울리자마자 가방을 들고 뛰자. 그러면 8시도 안 되어 제주에 내릴 것이다. 공항에서 간단히 아침을 때우고 바로 서귀포까지 가면 10시 무렵이 된다. 대부분의 카페가 문을 열지 않은 이른 시각이다. 이중섭미술관을 찾으면 화가가 살았던 옛집이 있다. 자판기에서 커피 한 잔을 뽑은 뒤 옛집 마당에서 쉬자.

access 제주국제공항정류장에서 100번 등을 타고 시외버스터미널로 간다. 시외버스터미널에서 780번 등 서귀포로 가는 버스를 타고 동문로터리정류장에서 내려 이중섭미술관까지 걸어가면 된다.
course　　**day 1** 이중섭거리 ⋯▸ 칠십리시공원 ⋯▸ 쇠소깍
　　　　　　　day 2 섭지코지 ⋯▸ 성산일출봉 ⋯▸ 비자림
　　　　　　　day 3 월정리해변 ⋯▸ 용두암

화가는 이 거리에서 무엇을 생각했을까

이중섭미술관은 그리 크지 않다. 30분이면 더 둘러볼 곳도 없다. 물론 작품 감상에 빠져들면 하루 종일도 모자라겠지만 그러기에는 둘러볼 곳이 많다. 화가의 생생한 작품세계를 느끼려면 거리를 걸어야 한다. 생가 옆으로 도로가 있다. 이중섭거리라고 부르는 언덕길이다. 양쪽에 예쁜 카페가 줄줄이 있다. 슬슬 걸어 올라가며 제주 속으로 들어가자. 사실 카페는 어느 도시에든 다 있다. 하지만 느낌이 다른 건 왜일까? 그것은 투명한 공기 때문일 것이다. 맑은 공기와 햇볕 아래서 같은 색이라도 더 빛나고 깨끗하게 다가온다. 사진을 찍어 보면 확연히 그 차이를 알 수 있다.

1 감각적인 조각과 그림으로 가득한 이중섭거리
2 이중섭거리에는 아기자기한 공방들이 많다.

이중섭미술관
add 제주특별자치도 서귀포시 이중섭거리 87
open 09:00~18:00(7~9월 08:00 - 20:00)
fee 1,000원(매주 월요일, 명절 휴무)
tel 064-733-3555
homepage jslee.seogwipo.go.kr

 **Must-eat**

대우정

마가린에 밥을 비벼 먹으면 느끼할까? 오분자기돌솥밥에 마가린을 듬뿍 넣어 비벼 먹는 집이 있다. 이중섭거리 위쪽에 있는 대우정이다. 마가린을 넣고 비벼 먹는다는 특이함 때문에 많이 알려졌는데 입맛에 따라 호불호가 많이 나뉜다. 마가린을 따로 주니 싫으면 그냥 먹으면 된다.

add 제주특별자치도 서귀포시 명동로 28-1
menu 오분자기돌솥밥 12,000원
tel 064-733-0137

서귀포칠십리시공원

이중섭거리를 내려와 오른편으로 걷고 또 걷자. 칠십리교를 건너면 서귀포 칠십리시공원이 나온다. 제주만의 느낌이 물씬 나는 수목과 시비, 산책로가 어우러진 예쁜 공원이다. 중간중간 쉼터도 있고 커피 등을 사서 마실 수 있는 매점도 있다. 어지간한 유료 수목원보다 낫다. 가다 보면 천지연폭포도 나온다. 옆으로 세계조가비박물관과 기당미술관도 있다. 시간이 남는다면 기당미술관까지 올라가도 좋다. 미술관 건물 자체가 독특하고 내부 공간 또한 특이하다.

〈서귀포칠십리〉는 옛 트로트가요로 많은 사람의 사랑을 받는 노래이기도 하다. 왜 70리일까? 조선 시대 지금의 표선면 성읍마을에 정의현청이 생기면서 이 지역을 관할했다. 서귀포에서 정의현까지 총 거리가 70리이다. 용무가 생겨 현청이 있는 성읍마을까지 다녀오려면 70리 길을 왔다갔다 했을 것이다. 그 길에 담긴 애환을 노래한 것이 바로 〈서귀포칠십리〉이다.

add 제주특별자치도 서귀포시 서흥동 621(기당미술관)
open 09:00-18:00(매주 화요일 휴관)
tel 064-733-1586
homepage gidang.seogwipo.go.kr

1 서귀포칠십리시공원은 제주 특유의 수목이 가득하고 산책로와 시비들이 있어 유료 수목원 부럽지 않다.
2 서귀포칠십리시공원 맞은편에 있는 기당미술관은 제주시립미술관으로 무료 전시가 많이 이뤄진다.

쇠소깍? 대체 무슨 뜻이지?

이중섭거리와 서귀포칠십리시공원을 둘러보고 바다로 향해 보자. 버스를 갈아타며 50분 정도 가면 쇠소깍으로 갈 수 있다. 소가 누워 있는 모습 같아 쇠둔이라고 했는데 효돈천이 바다와 만나는 자리에 깊은 웅덩이가 생기며 쇠소깍이 됐다. 담수와 해수가 만나는 자리에 기암괴석과 수목이 울창하다. 숨은 비경으로 알려지며 이제는 사람들이 몰리는 핫플레이스가 됐다. 짙푸른 강물 위에 작은 뗏목을 타고 줄을 잡아당기며 유람하는 체험이 인기 있다. 쇠소깍 해변에서 저녁 바다를 보며 새벽부터 분주했던 다리를 풀자.

쇠소깍 산책로에서 본 다양한 모습의 기암절벽

add 제주특별자치도 서귀포시 과원동로

access 서귀포신시가지시외버스터미널에서 780번 버스를 타고 5분쯤 가서 상아아파트에서 내린 뒤 시외버스남조로(신서귀, 한남리, 제주) 등을 타고 효돈중학교정류장에서 내려 20분 정도 걸어간다. 버스를 타는 시간은 30분도 안 된다.

tel 064-732-9938(쇠소깍관광안내소), 064-767-1616(투명카약 체험)

Must-eat

하효어촌계식당

하효쇠소깍 해변 끝자락에 있는 식당이다. 갖가지 해물이 살아 움직여 신선함을 눈으로 직접 확인할 수 있다. 키조개, 전복 등이 냄비 위에 가득 올려져 있어 푸짐하고 국물도 담백하다. 갖가지 밑반찬도 맛깔스럽다.

add 제주특별자치도 서귀포시 쇠소깍로 151-8
menu 해물탕 소 30,000원, 대 40,000원
tel 064-767-5008

게스트하우스에서 자기

수년 전부터 제주 여행에 새로운 트렌드가 생기기 시작했다. 바로 게스트하우스에서 노는 것이다. 제주 올레길이 생기고 여행자가 많아지면서 하나둘 생기던 게스트하우스가 최근 폭발적으로 늘어났다. 게스트하우스끼리 테마 경쟁도 치열하다.

게스트하우스 주인이 주변 오름을 데려다 주거나 밤중에 별을 보는 이벤트를 제공하는 등 단순히 잠만 자는 공간이 아니라 여행 문화를 나누고 배우는 공간으로 진화하고 있다. 오죽하면 게스트하우스에서 노는 게 좋아서 제주 여행을 가는 사람이 다 있을까? 게스트하우스는 주인 자체가 여행을 좋아하거나 삶을 좀더 다른 시각에서 보는 이들이 많다. 게스트하우스를 선택하는 기준으로 시설도 시설이지만 주인의 취향을 보는 것도 좋다.

Accommodation

쿨쿨 게스트하우스

일찌감치 게스트하우스를 열어 제주 게스트하우스 문화를 만들어 간 몇몇 게스트하우스들이 있는데, 그중의 하나로 쿨쿨 게스트하우스를 꼽을 수 있다. 신대장으로 불리는 주인장은 어지간한 제주 여행 정보는 뭐든지 컨설팅해 줄 수 있을 정도이다. 비가 올 때는? 눈이 올 때는? 시간이 별로 없을 때는? 여기저기 맛집은? 무엇이든 신대장에게 질문해 보자. 저녁에는 풀 냄새 솔솔 올라오는 근사한 앞마당에서 치맥 파티가 열리기도 한다.

add 제주특별자치도 서귀포시 동홍로2번길 62
fee 도미토리 20,000원, 1인실 35,000원, 2~3인실 45,000원 ~70,000원
tel 064-767-5000
homepage cafe.naver.com/jejucoolcool

섭지코지

　　제주는 내륙보다 해안도로를 따라 둘러가는 버스 노선이 훨씬 많고 배차 시간도 짧아 이용하기 편하다. 제주 2박 3일 일정은 짧기 때문에 단거리 질주 같은 여행이 되기 쉽다. 그렇더라도 호흡 조절은 필요하다. 둘째 날은 섭지코지와 성산일출봉 위주로 여유 있게 꾸며 보자.

　　섭지코지는 드라마 〈올인〉의 무대로 이름난 곳이다. 사실 그 이전에도 드라마와 영화에서 간간히 나오는 단골 촬영지였다. 세월이 흘러 드라마는 사람들의 머릿속에서 희미하게 잊혀져 가지만 섭지코지의 아름다움은 천년 전에도 그랬듯 지금도 여전하다. 섭지라는 지명은 재주 있는 선비들이 많이 배출되는 명당이라는 뜻이다. 코지는 곳의 제주 방언이다.

　　바다로 툭 튀어 나간 절벽과 그 아래 기암괴석들, 망망대해 푸른 바다, 절벽 위의 비스듬한 푸른 초지까지 걷는 것만으로도 마음이 씻기는 곳이다. 그런데 날씨가 문제다. 제주의 변덕스러운 날씨는 유명하다. 절벽 위 초지에는 바람이 씽씽 분다. 바람막이 재킷은 꼭 챙겨 가자. 입장료는 없지만 차를 가져가면 주차비 1,000원을 내야 한다.

add 제주특별자치도 서귀포시 성산읍 섭지코지로 261
tel 064-782-0080

성산일출봉

섭지코지에서 바라보이는 또 하나의 봉우리가 성산일출봉이다. 해발 180m의 높지 않은 봉우리는 바닷속에서 폭발한 화산이다. 폭발하며 솟은 용암이 분화구 둘레에 원뿔형으로 쌓여 화산섬을 이루었다. 세월이 흐르면서 육지와의 사이에 흙과 모래가 쌓여 이제는 육지의 봉우리가 됐다. 성산일출봉 정상에서 바라본 일출은 제주십경 가운데 으뜸이다. 왼편으로 우도가 길게 누워 있고 오른편으로 섭지코지를 마주한다. 앞은 망망대해이다. 그 위에 뜨는 해는 유난히 붉고 크다. 똑같은 해가 크게 보이는 이유는 공기가 맑기 때문이다.

성산일출봉을 오르기 전에 성산포에서 점심 식사를 하자. 하루쯤 용기를 내어 푸짐하게 먹어야 한다. 제주에 와서 회 한 접시는 먹어야 하지 않을까? 고등어회 등이 맛있는 '그리운바다 성산포(064-784-2128)'가 평이 좋은 편이다. 성산포 선착장 뒤편에 있다.

add 제주특별자치도 서귀포시 성산읍 일출로 283-12
open 하절기 05:00 ~ 20:00, 동절기 06:00~19:00
fee 2,000원
tel 064-710-7923

천년의 숲, 비자림

이제 비밀의 정원 비자림을 찾아가야 한다. 동쪽 해안도로를 타고 가다 버스를 갈아타고 내륙으로 들어가자. 해안도로는 버스가 많지만 내륙으로 들어가는 버스는 배차 시간이 긴 편이다. 비자림으로 가는 버스는 비교적 시간을 정확하게 지키니 미리 확인하고 계획을 짜야 한다. 들어갔다가 나오는 버스가 없어서 걸어 나오는 사태가 벌어지면 곤란하다.

비자림은 500년이 훌쩍 넘은 비자나무 2,800여 그루가 무성한 숲이다. 수령이 820년에 이르는 천년비자나무가 이들의 시조인데, 높이가 14m 폭이 15m에 이른다. 이렇게 한 종류로 이뤄진 숲으로는 세계 최대 규모라고 한다. 비자나무숲 사이로 산책로가 나 있는데 40분짜리 코스와 1시간 20분짜리 코스가 있다. 시간에 맞춰 다니자.

비자나무는 연중 푸르며 삼림욕 효과도 뛰어나다. 숲에 풍부한 피톤치드는 몸과 마음의 피로를 씻어 주는 효과를 지니고 있다. 답답했던 마음을 숲이 풀어 준다는 뜻이다. 탁 트인 바다에서 가슴을 열고 비자림에서 삼림욕으로 다시 한 번 몸과 마음을 씻으면 원기 충전을 할 수 있을 것이다.

add 제주특별자치도 제주시 구좌읍 비자림로
access 성산리사무소에서 시외버스 700번을 타고 40분쯤 가서 세화리시장2동정류장에 내린 후 시외 900번 버스로 갈아타고 비자림정류장에서 내린다. 세화리까지 가는 버스는 대부분 20분 간격으로 오는 편이다. 갈아탈 시외버스 900번은 첫차 시간이 5시 45분, 막차 시간이 저녁 10시 21분인데 평일에는 90분 간격으로 다니니 시간을 잘 맞춰야 한다.
time 11~3월 09:00-17:00, 5~8월 08:20~18:00
fee 1,500원
tel 064-710-7911

 **Must-eat**

알이즈웰

딱새우오일파스타를 맛볼 수 있는 범상치 않은 레스토
랑이다. 제주 돌집을 그대로 이용하여 겉보기에는 파스
타와 어울리지 않을 것 같은 집이지만, 근사하고 화려한
인테리어를 넘어서는 감성 포인트가 있는 곳이다. 드립
커피 또한 훌륭하다. 리필이 가능하니 드립커피의 깊은
향기에 한껏 취해 보자.

add 제주특별자치도 제주시 구좌읍 계룡길 59
menu 딱새우오일파스타 13,000원, 드립커피 5,000원
tel 070-8803-2699
homepage cafe.naver.com/hdalliswell

 **Accommodation**

게으른 소나기 게스트하우스

깔끔한 침실과 욕실, 넓직한 침대 등이 쾌적하고 따뜻하다. 조
식으로 순두부와 나물볶음이 나오는데 간이 별로 안 된 음식
이 이렇게 맛있을 수 있다니, 평소에 자극적인 음식을 입에 달
고 살아왔던 것이 슬그머니 반성이 된다.

add 제주특별자치도 제주시 구좌읍 계룡길 45-6
fee 도미토리 30,000원, 조식 포함
tel 070-8823-2456
homepage cafe.naver.com/jejusonagi

아서의 집

커플에게 추천하고픈 동화 같은 분위기의 게스트하우스이다.
2인실만 있으며 도미토리는 없다. 아침 햇살이 넓은 창으로
들어오는 근사한 카페에서 샐러드까지 곁들인 고급스러운 주
먹밥을 즐길 수 있다. 호텔 못지않은 호사스러운 아침이다.

add 제주특별자치도 제주시 구좌읍 대수길 11
fee 2인실 60,000~70,000원, 조식 포함
tel 064-782-2119
homepage asuhasuh.blog.me

제주 바다의 메카, 월정리해변

셋째 날은 느긋하게 시작한다. 게스트하우스에 게으름을 피우며 놀다 오전에 월정리해변을 찾는다. 월정리에는 도심 한 가운데 내놔도 손색없을 예쁜 카페가 많다. 마치 홍대 거리에 온 듯, 젊은 패셔니스타들이 들끓는다. 시꺼멓거나 울긋불긋한 등산복 차림이 어색할 정도니 유의하자. 월정리해변은 김녕성세기해변으로도 이어진다.

바다를 보고 해변을 거닐고 커피를 마시고 여행의 낭만을 즐기는 시간이다. 남은 일정은 용두암을 들렀다가 공항으로 가는 것뿐이다. 욕심을 내면 가까이 있는 만장굴이나 김녕사굴, 제주당처물동굴이나 김녕미로공원을 다녀올 만한데 그리 권하고 싶지는 않다. 정히 뭔가를 하고 싶다면 월정리에서 바다를 따라 행원리까지 걷는 게 어떨까? 월정리해안도로는 이름난 드라이브코스이다. 옥빛 바다와 해안절벽, 제주의 소박한 풍경 속을 걷는 길이다.

반대 방향으로 조천까지 걸어도 좋다. 김녕에서 조천은 제주올레 19코스이다. 약 18.6km로 부지런히 걸으면 7시간 걸린다. 아침을 일찍 먹고 서둘러야 하는데 꼭 다 걸을 필요는 없다. 여유를 가지고 걸어가다가 버스를 타면 된다. 오후 시간에는 조천읍까지 가 있자. 조천읍에서 40분에서 1시간 간격으로 용두암으로 가는 버스가 있다. 38번을 타면 50분 정도 걸린다.

 Hot Place-Café

고래가될카페

담장에 액자처럼 뚫린 빈 공간으로 월정리해변을 바라보면 한 장의 멋진 그림이 되는 카페이다. 누구나 아는 월정리의 명소로, 이제는 인파로 들끓는 곳이 되었다. 외국인도 많아 마치 해외 해변에 간 듯한 느낌이 든다.

add 제주특별자치도 제주시 구좌읍 월정7길 52
menu 아메리카노 5,000원
tel 070-4409-1915

월정리LOWA

바람막이 유리가 있는 옥상에서 눈앞에 펼쳐진 바다를 바라보며 커피와 토스트를 즐길 수 있는 카페이다. 한라봉인절미토스트는 이곳의 특급 메뉴! 왜 진작 이렇게 먹어 보지 않았을까 싶을 정도로 절묘한 맛이 난다. 월정리해변에서 갖은 포즈를 취하며 사진 찍는 이들을 구경만 해도 즐거운 한 때를 보낼 수 있다.

add 제주특별자치도 제주시 구좌읍 해맞이해안로 472
menu 아메리카노 3,500원, 한라봉인절미토스트 6,000원
tel 064-783-2240

여행 길의 마지막 종착지, 용두암

여행의 마무리를 용두암에서 하자. 한라산 신령의 옥구슬을 훔쳐 승천하고자 한 이무기의 슬픈 도전이 서린 바위다. 구슬 덕분에 용으로 변신하여 하늘로 올라가려는데, 이를 안 신령이 화살을 쏘았다. 화살을 맞은 용이 바다에 떨어져 몸을 뒤틀다 바위가 됐다는 전설이 있다.

용두암은 이미 오래 전부터 잘 알려진 여행지이다. 신혼여행을 제주도로 가던 세대들의 사진에는 용두암을 배경으로 한 사진이 꼭 있다. 기념품숍과 식당, 특산물매장이 많아서 그때부터 여행사 가이드들이 꼭 들러 손님을 풀어놓는 곳이었기 때문이다. 제주 시내와 가까워 제주 사람들도 저녁에 술을 마시러 오는 거리이기도 하다.

용두암에서 제주공항까지는 버스를 타면 20여분 만에 도착한다. 비행기 시간 맞춰서 놀다가 가면 된다.

승천하지 못한 용의 전설이 어린 용두암은 제주공항과 가까워 마지막 코스로 가기에 좋다.

제주는 간식 천국

제주에서는 귤은 말할 것도 없고 천혜향, 한라봉 등 달고 향이 좋은 감귤류 과일들이 어딜 가나 있다. 제주 편의점에서 귤이나 천혜향을 찾았더니 너무 흔해서 가져다 놓지 않는다고 할 정도이다. 여행을 마무리할 무렵 제주시의 큰 시장에 들러 싸고 좋은 제주 과일을 사는 건 어떨까? 동문시장이나 제주민속오일시장은 어마어마하게 크고 물건도 싸다. 올레길을 걸으면 흔하게 보는 올레꿀빵이나 한라봉초콜릿도 제주 어느 시장에 가도 가득 쌓아 놓고 판다. 하나만 먹어도 배 부른 올레꿀빵과 감귤맛의 초콜릿은 개별 포장되어 있어 여행 선물용으로 그만이다. 팥이 잔뜩 든 오메기떡도 제주의 별미이다.

1 겉도 안도 팥이 가득! 제주 오메기떡
2 제주 명소에는 어김없이 있는 올레꿀빵
3 감귤, 녹차 등 갖가지 제주 특산물을 넣어 만든 제주 초콜릿

Must-eat

슬기식당

공항 근처의 맛집을 꼽으라면 단연 슬기식당이다. 탱탱한 동태가 가득 들어간 동태찌개로 제주도민들도 그 맛을 인정한 곳이다. 줄을 서야 하는 불편함을 감수해야 할 정도로 인기 있지만, 허름한 편이다. 영업 시간이 오후 2시까지이니, 자칫 때를 못 맞추면 문을 닫을 수도 있다.

add 제주특별자치도 제주시 사라봉7길 36
menu 동태찌개 7,000원
tel 064-757-3290

다양한 테마의
제주 게스트하우스 즐기기

제주의 대세는 이제 게스트하우스다. 게스트하우스를 중심으로 발랄하고 개성 넘치는 문화가 제주 곳곳에 자리 잡고 있다. 올레길이 지나는 구간, 이름이 알려진 여행지가 있는 곳, 제주 시내 등에 위치하고 있으니 발길 닿는 대로 여행하다 마음에 드는 게스트하우스에 머물러도 좋다. 2만 원이면 편한 잠자리와 간단한 조식, 여행자들과 이야기할 수 있는 쉼터가 있는 게스트하우스에서의 하룻밤을 즐길 수 있다.

• Point •
마음에 드는 테마의 게스트하우스 찾기
제주 곳곳을 속속들이 아는 주인장에게 여행 컨설팅 받기
게스트하우스 쉼터에서 낯선 여행자들과 밥 먹고 차 마시기

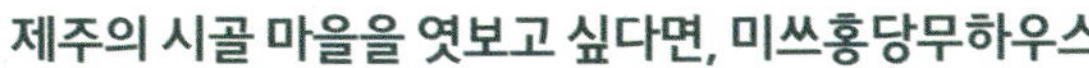

제주의 시골 마을을 엿보고 싶다면, 미쓰홍당무하우스

미쓰홍당무하우스는 평대리 작은 마을에 자리 잡고 있다. 700번(동일주) 버스를 타고 1시간 정도 달리면 구좌읍에 위치한 평대리에 도착한다. 버스에서 내리면 제주의 평온한 시골 마을이 나타난다.

옹기종기 모여 있는 나지막한 지붕들 사이에 미쓰홍당무가 있다. 정류장에서 게스트하우스까지 이어지는 마을길이 소담하니 정겹다. 지붕이 상큼한 레몬색이라 멀리서도 쉽게 찾을 수 있다. 지붕을 지표로 삼고 걸으면 어렵지 않게 게스트하우스에 도착한다.

미쓰홍당무하우스는 제주의 전통 돌집을 리모델링한 곳이다. 나지막한 건물이 총 3개로 이루어져 있어 아늑하다. 미쓰홍당무하우스는 돌집의 형태인 안거리, 밖거리, 축사를 그대로 살려 제주의 풍습을 자연스레 만날 수 있다. 그중 안거리가 게스트들이 묵는 곳이다. 게스트룸은 총 3개로 단출한 구조다. 홍방, 당방, 무방이라는 귀여운 이름을 가진 2인실 도미토리로 운영되고 있다. 만실이 되어도 게스트가 최대 6명이므로 번잡스러움이 없다. 휴식이 필요하거나 조용한 분위기를 좋아한다면 하룻밤을 포근하게 보낼 수 있다.

add 제주특별자치도 제주시 구좌읍 평대4길 20-1
fee 2인실 도미토리 30,000~35,000원, 조식 포함
tel 070-7715-7035
homepage www.misshongdangmoo.co.kr

1 물고기가 방향을 안내하는 예쁜 마당
2 여행의 흔적을 남길 수 있는 방명록

미쓰홍당무 안에는 카페가 있다. 카페 역시 새로 지은 건물이 아니라 원래 축사였던 곳을 리모델링했다. 축사의 벽은 그대로 살리고 창을 냈다. 저녁 시간이면 다른 게스트와 여행 정보를 나눌 수 있는 공간이기도 하고, 주인장과 도란도란 이야기꽃을 피울 수도 있다.

미쓰홍당무 뒤쪽으로 옛 올레길이 있어 제주의 소박한 시골길을 만날 수 있다. 나지막한 길을 따라 산책하는 것도 미쓰홍당무하우스에서 즐길 수 있는 또 다른 매력이다.

오래도록 머물고 싶은, 레인보우인제주

레인보우인제주는 제주 시내에 있어 공항에서의 접근성이 좋다. 제주 시내의 여행지인 삼성혈, 올레 18코스, 제주목관아, 동문시장 등도 걸어서 여행할 수 있다. 시외버스터미널과도 가까워 제주도 곳곳으로 출발하는 버스를 이용하기에도 편리하다. 도심에 위치한 게스트하우스답게 주변의 맛집과 편의시설 등이 많은 것도 장점이다.

레인보우인제주는 위치적인 이점만큼이나 이용 시설도 잘 갖춰져 있다. 침대마다 커튼이 설치되어 있고, 스탠드도 구비되어 있어 다른 게스트에게 피해를 주지 않고 책을 읽거나 하루 일정을 정리할 수 있다.

게스트룸이 답답하다면 1층 거실과 2층에 있는 커뮤니티룸을 이용하자.

게스트라면 누구나 이용할 수 있는 열린 공간이다. 커뮤니티룸에는 제주도 여행 책과 만화책 등으로 알차게 준비되어 있다.

레인보우인제주의 메인 이벤트인 한라산 타임은 매일 밤 7시부터 10시까지 1층 거실에서 열린다. 제주도에서 맛볼 수 있는 막걸리와 한라산 소주를 마시며 도란도란 이야기를 나누는 시간이다.

그 밖에도 게스트에 대한 배려가 담겨 있는 서비스를 제공하고 있다. 아이젠부터 보온병과 이어폰 등 미처 챙기지 못한 소소한 물건도 준비되어 있어 대여가 가능하다. 제주 여행자들의 여행이 풍성해질 수 있도록 다양한 방법으로 도움을 주고 있다.

add 제주특별자치도 제주시 광양1길 6
fee 도미토리 18,000~22,000원, 2인실 50,000원, 조식 포함
tel 070-7635-0075
homepage www.rainbowjeju.com

1 침대마다 설치된 개인 스탠드와 커튼
2 함께 공유하는 휴식 공간, 1층 거실

맛있는 커피와 빵이 있는 이레하우스

이레하우스는 제주시 이도에 있는 게스트
하우스로 이국적인 분위기로 유명하다. 게스트하우
스 안으로 들어가면 유럽 여행을 온 것 같은 착각이
든다. 맨 위층인 3층에 게스트룸이 있다. 도미토리의
경우 6인실과 2인실로 나누어져 있고 여성들만 이용
가능하다. 동반이 있을 경우 2인실을 예약하면 편하게 사용할 수 있다. 주방 겸 거실
은 다른 게스트와 함께 사용한다. 조리 도구도 비치되어 있어 간단한 음식 조리도 가
능하다. 방에서 거실까지의 동선이 짧아 이용하기가 편하다. 거실에는 정원 풍경을
볼 수 있는 베란다가 있어 매력적이다. 원룸과 패밀리룸은 성별에 상관없이 예약이
가능하다.

이레하우스는 카페와 베이커리숍도 운영하고 있다. 1층 베이커리에서 빵을 구매
해 카페에서 커피와 함께 먹을 수 있다. 이레하우스의 커피와 빵이 맛있기로 유명해
찾는 사람들이 많다. 향긋한 커피 향과 고소한 빵 냄새가 이레하우스와 잘 어울린다.

add 제주특별자치도 제주시 신설동길 45-9
open 커피하우스 10:00~22:00(매주 일요일 휴무)
fee 6인 도미토리 18,000원, 2인 도미토리 20,000원, 2인실 50,000원, 패밀리룸 90,000원(성수기 요금 별도)
tel 064-723-5150
homepage www.irehouse.co.kr

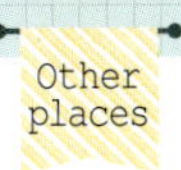

교통 편리한 제주 시내 게스트하우스

VISITOR 게스트하우스

동문수산시장 바로 앞에 있다. 간단한 취사 및 식사를 할 수 있는 다이닝룸이 갖춰져 있다.

add 제주특별자치도 제주시 오현로 85
fee 도미토리 20,000~23,000원, 싱글룸 33,000원, 2인실 55,000~65,000원, 3인실 75,000원, 성수기 요금 별도
tel 064-755-4860
homepage blog.naver.com/hellovisitor

스토리인제주

중앙로에 위치해 교통이 편하다. 제주목관아와 탑동광장 등 제주 시내 관광지와 가깝다.

add 제주특별자치도 제주시 중앙로12길 5
fee 도미토리 23,000~25,000원, 조식 포함
tel 064-757-3796
homepage www.story-guest.com

이색 테마 게스트하우스

산방산 게스트하우스

탄산 온천으로 유명한 산방산온천 옆에 위치하고 있다. 온천형 숙박을 선택하면 탄산온천 이용권을 제공한다.

add 제주특별자치도 서귀포시 안덕면 사계남로 217 다미정
fee 도미토리 15,000원, 온천형 20,000원(탄산온천 이용권)
tel 064-792-2533
homepage sanbangsanguesthouse.modoo.at

삼달재 게스트하우스

아늑한 분위기의 제주돌집 게스트하우스이다. 김영갑갤러리와 가깝다.

add 제주특별자치도 서귀포시 성산읍 삼달하동로 20
fee 도미토리 30,000원, 독방 50,000원, 2인실 60,000원~100,000원, 조식 포함
tel 010-2700-8254
homepage www.samdarl.com

올레길 게스트하우스

도로시 게스트하우스

올레길 1코스 시작하는 시흥리에 있어 짐을 맡기고 걷기에 좋다. 카페도 함께 운영한다.

add 제주특별자치도 서귀포시 성산읍 시흥상동로68번길 26-1
fee 도미토리 25,000원, 1인실 30,000원, 2인실 60,000원, 조식 포함
tel 064-782-7977
homepage dorothyhouse.co.kr

미도 호스텔

올레길 6코스가 지나는 올레시장 근처에 있다. 1977년에 시작한 여관 미도장을 개조해 만들었다.

add 제주특별자치도 서귀포시 동문동로 13-1
fee 도미토리 17,000~24,000원, 2인실 60,000원, 3인실 75,000~80,000원
tel 064-762-7627
homepage www.midohostel.com

영월

안동

부산

순천

여수

곡성

전주

통영

나주

대전

경주

단양

내일로·하나로
기차 여행

무한 자유, 내일로·하나로 티켓

무한 열차 패스로 떠나는 내일로 배낭여행

　　대한민국 구석구석을 돌아볼 수 있는 내일로 기차 여행은 대학생 버킷리스트의 단골 아이템이다. 그만큼 한 번쯤 도전해 보고 싶은 매력적인 여행이자 필수 코스인 셈이다. 만 25세 미만이라면 누구나 5일이나 7일 동안 무제한으로 기차를 이용할 수 있는 프리티켓, 내일로를 살 수 있다. 티켓 한 장으로 전국을 내 마음대로 누빌 수 있게 된 것이다. 일정을 계획하고, 열차 시간을 맞춰 보고, 예산을 정하는 준비 과정마저 하나의 훌륭한 여행이 된다. 때로는 마음에 드는 역에 즉흥적으로 내려 유유자적 여행을 즐길 수도 있다.

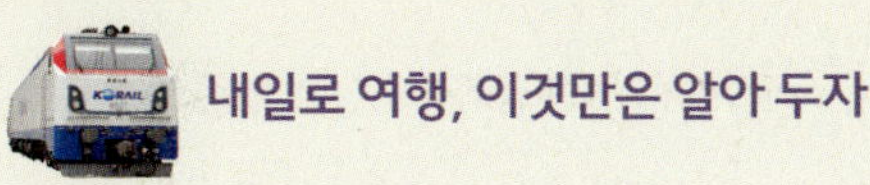

내일로 여행, 이것만은 알아 두자!

1. 여행지 정하기

대한민국에 있는 수많은 기차역 중에 갈 곳을 고르는 것은 쉬운 일이 아니다. 그럴 땐 일단 자신이 가고 싶었던 곳부터 떠올려 보자. 그동안 가 보고 싶었던 곳이나 눈여겨봤던 곳을 중심으로 리스트를 작성한다. 꼭 기간을 가득 채울 필요는 없다. 자신의 체력과 일정 등을 고려해 유연하게 잡는 것이 좋다.

2. 여행 경로

여행지가 정해졌다면 이제는 경로를 결정해 보자. 기차가 모든 지역을 지나는 것은 아니다. 연결되는 지역도 한계가 있다. 열차 지도를 보며 여행의 경로를 정하면 좋다.

3. 효율적인 이동

경로가 정해졌다면 기차 시간 확인을 해야 한다. 여행지와 여행지 사이를 운행하는 열차의 간격은 일정하지 않다. 하루에 한 대가 운행되기도 하니 열차 시간을 꼭 체크하자. 기차 환승을 해야 하는 경우, 시간 확인을 하지 않으면 기차역에서 시간을 낭비하는 경우도 생긴다. 지방 여행지는 도시보다 버스 배차 간격이 길다. 버스 시간도 미리 알아보고 이동해야 정류장에서 멍하니 기다리는 일이 없다.

4. 예산과 내일로 티켓 발권

출발 전에 미리 예산을 잡으면 불필요한 지출을 줄일 수 있다. 예산은 넉넉하게 잡는 것이 좋다. 발권하는 날짜부터 무조건 오픈되니 출발하는 날짜를 정확히 확인하고 발권하자.

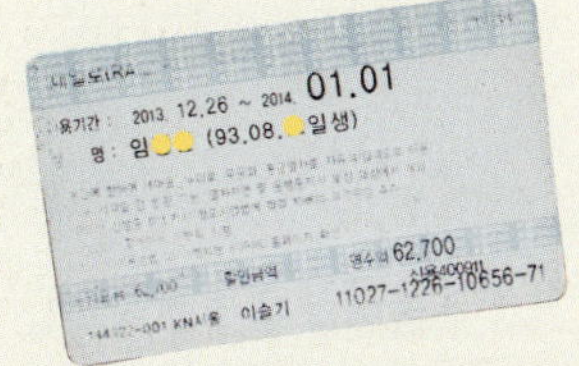

티켓은 전국 역에서 구매할 수 있다. 역마다 주어지는 제휴 혜택이 조금씩 다른데, 이러한 혜택을 통틀어 내일로플러스라고 부른다. 무료 숙박권에서 부터 숙박 할인권, 입장료 할인 등 다양한 혜택이 있으니 꼼꼼히 따져 보고 선택하는 것이 좋다.

일단 여행 경로를 스케치하고 혜택을 비교한 후 발권을 하면 더욱 알뜰한 여행을 할 수 있다. 홈페이지에서 각 역의 혜택을 확인할 수 있다.

5. 가방 챙기기

가방은 되도록 가볍게 챙기자. 무거운 가방을 메고 다니면 체력 소모가 많아져 여행에 방해가 된다. 짐을 덜 수 있는 보조 가방을 챙기는 것도 하나의 방법이다. 물품보관함이나 짐을 맡아 주는 시스템을 활용하면 가볍게 다닐 수 있다. 신발은 되도록 편한 운동화나 트래킹화를 신자.

내일로 이용 방법

- **이용 대상** 만 25세 이하
- **운영 기간** 여름·겨울 출발일 일주일 전부터 구입 가능
- **이용 기간** 티켓 발권 개시를 시작으로 5일 또는 7일간
- **요금(2017년 기준)** 56,500원(5일권), 62,700원(7일권)
- **이용 열차** ITX-청춘, ITX-새마을, 새마을, 누리로, 무궁화호, 통근 열차(자유석 및 입석, 관광 열차 및 일반 열차 좌석 지정 시 50% 할인)
- **구매처** 현장 방문, 렛츠코레일홈페이지, ARS 등
- **준비물** 신분증
- **홈페이지** www.rail-ro.net

만 25세가 지나도 OK!
하나로 패스

나이가 지나 아쉬웠던 사람들에게 희소식이 있다. 내일로
보다 기간이 짧은 3일이지만 이용 방법은 똑같은 하나로 패스가 있
다. 내일로에 비해 혜택이 적지만 발권한 날로부터 3일 동안 무제한으로
기차를 이용해 여행을 즐길 수 있다. 하나로 패스 외에도 관광 열차를 이용
할 수 있는 나드리 패스, 만 30~64세의 여성 3명 이상이 사용할 수 있는
미즈레일 패스도 있다.

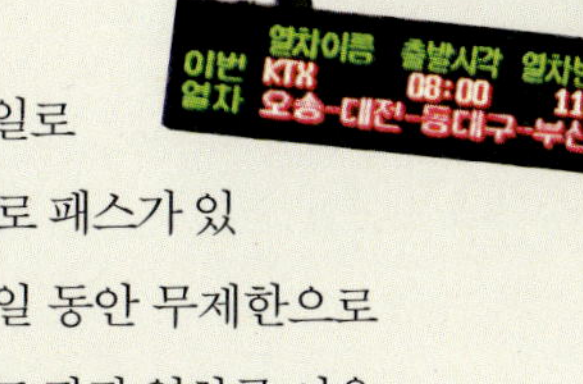

하나로 이용 방법

- **이용 대상** 만 18세 이상 누구나
- **운영 기간** 연중무휴(단, 명절과 대수송 기간에는 제한)
- **이용 기간** 티켓 발권 개시일을 시작으로 3일
- **요금** 하나로 패스 62,000원(1인권)
- **이용 열차** ITX-새마을, 새마을호, 누리호, 무궁화호
  (KTX, ITX-청춘, 관광 열차 제외)
- **이용 방법** 1일 1회 좌석 지정 가능
  (열차 이용 2일 전부터 역 창구, 여행 센터에서 발매)
- **구입처** 현장 방문, 렛츠코레일 홈페이지, ARS 등
- **홈페이지** www.rail-ro.net

영월·안동·부산·순천·여수·곡성·전주

내일로
6박 7일 기차 여행

기차는 교통 수단이라기보다는 여행에 가깝다. 군것질거리를 잔뜩 담은 간식카트, 연신 다양한 풍경들이 지나가는 넓은 창, 심장 박동 소리처럼 끊임없이 들려오는 기차 소리가 '지금은 여행 중'임을 알려 준다.

시원하게 흐르는 강이 있고, 가슴 속까지 시원해지는 바다가 있는 기차 여행. 지금부터 내일로 티켓으로 떠나는 여행이 시작된다.

Day 1	Day 2	Day 3	Day 4	Day 5	Day 6	Day 7
09:55	10:00	10:00	08:00	09:00	09:00	09:00
영월	안동	부산	순천	여수	곡성	전주

Day 1

가슴 아련한 강물 흐르는 영월

영월역 앞으로 흐르는 동강을 건너면 영월 여행이 시작된다. 영월의 산과 강이 어우러진 깊고 진한 풍경은 말 그대로 절경이다. 동강과 서강이 휘돌며 빚어 낸 풍경에 푹 빠질 때쯤 슬픈 역사와 마주하게 된다. 영월은 단종의 유배지로, 왕이었던 15살 소년의 슬픔이 곳곳에 배어 있다.

영월역 → 선돌　장릉　청령포　영월 시내　영월역

AM 10:30　소원을 들어주는 선돌

10시쯤 영월역에 도착하면 주저 없이 선돌로 향하자. 잔잔히 흐르는 서강을 배경으로 그림처럼 불쑥 솟은 선돌은 보기 드문 풍경을 만들어 낸다. 높이는 70m로 아래쪽을 훑어보면 아찔하다. 선돌은 얼핏 보기에 두 개의 바위인 것 같지만 실은 하나의 바위이다. 선돌 사이로 서강이 보여 포근한 매력을 더해 준다. 선돌은 소원을 들어준다는 전설이 전해진다. 간절하게 이루고픈 소원이 있다면 선돌에게 빌어 보자.

add 강원도 영월군 영월읍 방절리 산122

access 영월역에서 5분 거리에 있는 덕포시장정류장에서 주천, 마차, 미탄 방면의 57번, 56번, 78번 버스, 조천리 방면의 33번 버스를 타고 선돌정류장에서 하차. 택시 이용 시 시내에서 7,000원 정도 나온다.

PM 12:30　단종이 잠든 장릉

장릉은 단종이 잠든 곳이다. 어린 단종은 유배지에서 사약을 받고 17살의 나이로 세상을 떠났다. 역적으로 사약을 받은 것이라 시신을 거두려는 자도 없었다. 이를 안타깝게 여긴 영월 호장 엄흥도는 눈 내리는 밤 남몰래 시신을 거둔다. 그러던 중 노루가 앉은 자리에 눈이 쌓이지 않는 기이한 곳을 만나게 된다. 그곳에 무덤을 만들었는데 지금의 장릉이다. 이러한 이유로 장릉은 다른 왕릉과는 다른 형태를 하고 있다. 장릉으로 가려면 소나무 길을 걸어야 한다. 솔향기 가득한 길을 따라 단종을 만나러 가자. 장릉을 모두 둘러보는 데 넉넉히 1시간이면 충분하다.

add 강원도 영월군 영월읍 단종로 190

access 선돌정류장에서 33번, 50번, 52-1번, 57번, 57-1번, 70번 등 영월행 버스를 타고 장릉정류장에서 하차. 선돌에서 장릉까지는 약 3km 거리로, 걸어서 1시간 정도 걸린다. 내리막 코스이기 때문에 부담 없이 걸을 수 있다.

open 09:00~18:00

fee 2,000원

tel 033-374-4215

 아름다워서 슬픈 청령포

청령포로 가는 뱃길은 서글픈 아름다움이 있다. 청령포는 단종의 슬픔이 깃든 곳이다. 세조는 어린 조카인 단종을 폐위시켜 영월까지 유배를 보냈지만 안심이 되지 않자 청령포에 살게 한다. 청령포는 삼면으로 서강이 흐르고 뒤쪽으로 험한 산으로 막혀 있어 섬과 같은 곳이다. 창살 없는 감옥에 갇힌 단종은 겨우 15살이었다. 교통이 발달한 지금도 쉽지 않은 길인데 그 길이 얼마나 험했을지 짐작만 해 볼 뿐이다. 청령포에는 단종의 울음소리를 기억하고 있는 커다란 관음송이 있다. 목이 뻐근하게 올려다보아야 소나무의 끝이 보일 만큼 높다. 청령포에는 단종이 근심을 담아 하나씩 쌓아 올린 망향탑, 당시의 모습을 재현한 단종어소 등이 있다. 눈길이 닿는 곳마다 아름답지만 왠지 마음을 처연하게 한다.

add 강원도 영월군 남면 광천리 산67-1
access 장릉에서 청령포까지 한 번에 가는 버스는 없다. 영월 시내로 나와서 시외버스터미널정류장에서 광천이나 선돌행 버스를 타고 청령포주차장에서 내린다. 택시를 이용하면 4,000원 정도 나온다. 도보로는 1시간 정도 걸린다.
open 09:00~18:00
fee 3,000원

 영월 시내 & 서부시장

영월 시내를 걷다 보면 정겨운 모습들을 만나게 된다. 영화 〈라디오스타〉의 촬영 장소인 청록다방, 곰세탁소가 이곳에 있다. 금방이라도 안성기와 박중훈이 문을 열고 나올 것만 같다. 청록다방에서 시작해 영월초등학교 방향으로 벽화 거리가 이어진다. 요리 골목이라는 주제로 벽화가 그려져 볼거리가 더욱 풍성해졌다. 구석구석 스토리가 있는 벽화를 보며 걷는 즐거움을 놓치지 말자.
먹을거리가 가득한 서부시장으로 발걸음을 옮기면 강원도의 토속 음식들을 저렴하게 먹을 수 있다. 영월의 맛과 정을 듬뿍 느낄 수 있는 곳이다.

add 강원도 영월군 영월읍 서부시장길 15-5(서부시장)
access 선돌에서 출발하는 버스가 청령포를 들러 영월 시내로 간다. 택시 이용 시 요금이 3,000~4,000원 정도고, 걸어가면 40분 정도 걸린다.

·TIP·
영월역에서 내일로 티켓을 발권하면 제휴된 숙박 시설을 무료로 사용할 수 있다. 인근 지역인 제천, 단양 등에서 이용할 수 있고, 할인 혜택도 제공된다. 숙박 이외에 패러글라이딩, 래프팅 등도 저렴한 가격에 이용 가능하다.

Day 2

600년 세월 간직한 안동

600년이라는 긴 세월을 간직하고 있는 안동은 우리에게 많은 것을 이야기한다. 앞만 보고 정신없이 달리느라 지친 이들을 포근하게 감싸며 마음의 속도를 잠시 늦추라고 하는 듯하다.

안동역 → 병산서원 부용대 하회마을(하회별신굿) 안동역

AM 11:30 글 읽는 소리 들리는 듯, 병산서원

병산서원으로 가면 아름다운 만대루가 가장 먼저 반긴다. 나무를 애써 다듬지 않고 그대로 사용한 것이 특징이다. 기둥 하나도 멋을 살려 만들어 내는 선조들의 지혜가 돋보인다. 만대루 기둥 사이사이로 빼어난 풍경까지 더해지니 멋스러움이 배가된다. 서원 밖에는 달팽이처럼 생긴 곳이 있는데, 하늘을 지붕으로 삼은 화장실이다. 병산서원에서 빼놓지 말고 봐야 할 것 중의 하나다. 문은 없지만 안과 밖이 보이지 않는다.

add 경상북도 안동시 풍천면 병산길 386
access 안동역에서 병산서원으로 가려면 안동버스터미널 건너편에서 46번 버스(버스 시간 07:50, 10 : 30, 14 : 50)를 이용하면 1시간 정도 걸린다.
tel 054-858-5929
homepage www.byeongsan.net

PM 1:00 하회마을이 연꽃이 되는 곳, 부용대

부용대는 깎아지른 절벽을 일컫는 말로 태백산맥의 마지막 부분에 해당된다. 부용은 연꽃을 뜻하는데 낙동강이 감싸 흐르는 하회마을이 마치 물에 떠 있는 연꽃과 같아 그렇게 부르게 되었다. 부용대는 연꽃을 보는 곳, 즉 하회마을을 보는 곳이다. 낙동강이 흐르는 모습과 어우러진 하회마을의 아름다움을 한눈에 볼 수 있다.

add 경상북도 안동시 풍천면 광덕솔밭길 72
access 병산서원에서 부용대에 가려면 하회마을로 가는 46번 버스(버스 시간 09:10, 11:50, 16:00)를 이용한다. 걸어가면 1시간 정도 걸린다. 나룻배를 이용하면 부용대로 갈 수 있다.
fee 나룻배 왕복 요금 3,000원
tel 010-4154-1315(나룻배)

 유네스코세계유산 하회마을

하회(河回)는 낙동강이 감싸며 돌고 있는 모습에서 붙여진 이름이다. 마을 앞에는 낙동강이 흐르고 마을 뒤편으로는 산이 병풍처럼 감싸고 있는 독특한 지형을 하고 있다. 하회마을은 풍산 류 씨의 집성촌으로 600년의 역사를 이어 가고 있다. 기와집과 초가집 등 지금도 127개의 가옥이 있고 주민이 살고 있는 마을이기 때문에 가치가 더욱 높다. 2010년 유네스코세계유산에 등재되어 한국의 미와 전통을 상징하는 마을로 자리 잡았다.

보물로 지정된 충효당과 양진당의 고가가 보존되고 있으며, 중요무형문화재 69호인 하회별신굿탈놀이가 전해진다. 전통적인 것이 고리타분하고 재미없다는 편견을 단번에 깰 공연이다.

add 경상북도 안동시 풍천면 하회리
access 안동시외버스터미널 건너편 정류장에서 46번, 11번 버스를 이용하면 1시간 정도 걸린다.
open 하절기 09:00~19:00 , 동절기 09:00~18:00
fee 3,000원
tel 054-853-0109
homepage www.hahoe.or.kr(하회마을), www.hahoemask.co.kr(별신굿)

젊음의 도시 부산

여름 여행에서 바다 여행이 빠지면 앙꼬 없는 찐빵과 같다. 부산에는 고운 모래사장과 시원하게 펼쳐진 바다가 있고, 맛있는 먹을거리가 가득하다. 부산에 도착하자마자 행복한 고민이 시작된다. 맛있는 먹을거리가 유혹하고, 시원하게 펼쳐지는 바다가 설레게 한다. 부산의 뜨거운 여름이 즐거운 이유다.

부산역 → 태종대 → 남포동깡통시장 → 보수동책방골목 → 감천문화마을 → 해운대 → 부전역

AM 10:00 부산 바다를 보고 싶다면, 태종대

태종대는 부산 바다의 매력을 듬뿍 느낄 수 있는 곳이다. 신선이 살던 곳이라 하여 신선대라고도 불렸을 정도로 절경을 자랑한다. 입구에서 태종대까지 이어지는 길은 바다를 옆에 두고 걷는 길이라 운치가 있어 찬찬히 풍경을 감상하며 걷기에 좋다. 30분 정도 걷는 것이 부담스럽다면 다누비열차를 이용해 보자. 승하차가 자유로워 내리고 싶은 곳에 내렸다 다시 타면 된다. 통일신라 태종 무열왕이 이곳에서 무술을 연마했다는 설과 유희를 즐겼다는 설이 전해지고 있다. 태종 무열왕에서 유래되어 태종대라 불리게 되었다.

add 부산광역시 영도구 전망로 24
access 부산역에서 88A번, 101번 버스를 타면 40분 정도 걸린다.
open 04:00~24:00
fee 다누비열차 요금 3,000원

PM 1:00 볼거리, 먹을거리 가득한 남포동

남포동에는 부평시장(깡통시장), 국제시장, 자갈치시장 등 큰 시장들이 모여 있다. 빈티지한 아이템이 가득한 국제시장은 아이쇼핑을 즐기기에도 그만이다. 또 하나의 큰 매력은 맛있는 먹을거리가 가득하다는 점이다. 깡통시장은 국제시장 맞은편에 있다. 수입 상품이나 인테리어 소품, 일본 식재료 등이 다양하다. 자갈치시장은 부산의 명물인 대형 수산시장이다. 회센터 1층에서 회를 골라 2층에 올라가면 1인당 4,000원에 양념 및 채소, 밑반찬을 차려 주는 일명 초장집이 있다. 근처 수변공원에서 정취를 만끽하며 먹어도 좋다.

access 태종대에서 남포동 먹자골목으로 가려면 8, 30번 버스를 타고 남포동정류장에서 하차한다.

책 냄새 가득한 보수동책방골목

보수동책방골목에는 책 냄새가 가득하다. 이곳은 누군가의 손때가 묻어 있고, 시간이 담겨 있는 책들이 가득하다. 어릴 적 교과서부터 소설책, 사진집, 철 지난 잡지 등 없는 것 빼고 다 있다. 그렇다고 헌책만 있는 것은 아니다. 신간도 할인된 가격으로 구매할 수 있다. 1950년에 시작되어 지금까지 이어지고 있는 골목을 거닐며 정겨운 책 냄새를 가득 맡아 보자.

add 부산광역시 중구 책방골목길 8
access 부산역에서 40번, 81번, 103번 버스를 타고 보수동책방골목 정류장이나 부평시장 정류장에서 하차 / 지하철 중앙역 7번 출구에서 도보 10분
open 매월 첫째·셋째 일요일 휴무
homepage www.bosubook.com

이색적인 감천문화마을

감천문화마을은 동화 속 마을처럼 알록달록하다. 층층이 집들이 다닥다닥 모여 있는 모습이 페루의 마추픽추를 닮았다 하여 '한국의 마추픽추'라고 부른다. 이렇게 예쁜 마을이 사실은 부산의 달동네이다. 1950년대 피난민과 태극도라는 신흥 종교를 믿는 사람들이 모여 살았다. 2009년 좁은 골목길과 빽빽한 집 사이에 벽화가 그려지기 시작하면서 마을 전체는 하나의 예술이 되었고 아름다운 이야기가 곳곳에 새겨졌다. 다른 벽화마을에 비해 규모가 상당히 크다. 돌아보려면 넉넉히 2시간 정도는 잡아야 한다. 마을 벽에 있는 물고기 화살표가 길을 안내해 준다. 마을의 빈집은 예술 작품이 전시되는 공간으로 사용하고 있어 볼거리가 풍성하다.

add 부산광역시 사하구 감내2로 203
access 지하철 토성역 6번 출구로 나와 부산대학병원 암센터 앞에서 마을버스 1-1, 2, 2-2번을 타고 감정초등학교 공영주차장 앞에서 하차
open 시설물 개방 시간 3~10월 09:00~18:00, 11~2월 09:00~17:00
tel 051-204-1444
homepage www.gamcheon.or.kr

PM 6:00 **부산 하면 해운대**

부산에서 가장 대표적인 곳을 한 곳만 골라야만 한다면 단연 해운대일 것이다. 고운 모래사장이 펼쳐지고, 파도가 넘실대는 푸른 바다는 보기만 해도 시원하다. 바다에 빠져 해수욕을 즐기면 더위는 싹 달아난다. 젊음의 열정을 느낄 수 있는 해변이기도 하다.

해운대라는 이름은 신라 말기 최치원에 의해 생겨났다. 이곳의 아름다움에 반한 최치원은 자신의 호인 '해운(海雲)'을 따서 '해운대(海雲臺)'라 이름 붙였다. 시원하게 펼쳐지는 해안선을 따라 늘어선 고층 빌딩도 색다른 볼거리다. 도시와 바다의 매력을 한 번에 만날 수 있다.

add 부산광역시 해운대구 달맞이길62번길 47
access 해운대역에서 하차, 도보 10분. 또는 부산역에서 40, 139, 1001, 1003번 버스 이용
tel 051-749-7614
homepage sunnfun.haeundae.go.kr

· TIP ·

부산역 근처에서 저렴하게 묵을 수 있는 곳으로 모닝듀 게스트하우스(010-3473-8680), 큐브 게스트하우스(070-7717-8582), 찜질방 발리 아쿠아랜드(051-442-1551)가 있다.

추천 맛집으로는 부산역 근처의 초량밀면(051-462-1575), 남포동 먹자골목에 있는 18번완당집(051-245-0018)이 있다. 먹자골목의 씨앗호떡, 잡채만두, 부산어묵, 단팥죽 등도 맛있다.

내일러들의 베스트 여행지 순천

　　내일러라면 한 번쯤 거쳐 가는 곳이 있다. 바로 순천이다. 볼거리가 많고 이야기가 풍성하니 내일로 여행의 필수 코스일 수밖에 없다. 또한 순천만이라는, 어디서도 볼 수 없는 풍경이 있다. 1970, 80년대만 해도 쓰레기장을 방불케 한 갈대숲이 있었는데 자연환경을 복원하여 지금은 생태의 보고로 불린다. 갈대숲을 내려다볼 수 있는 용산전망대에서 찍는 일몰 사진은 여행자라면 한 장씩은 간직하고 있어야 할 필수 컷! 하루밖에 머물 수 없다는 게 분하지만 그래도 재빠르게 돌아다녀 보자.

순천역　　드라마세트장　　낙안읍성　　순천만정원　　순천만　　순천역

AM 9:00　순천드라마촬영장

1960년대부터 80년대까지 서민들의 애환을 담은 공간이다. 아버지, 어머니 세대가 유년 시절을 보냈던 모습을 볼 수 있다. 60년대 순천읍내거리에서 신발이며 옷가지며 갖가지 잡다한 상품을 올망졸망 벌여 놓은 걸 구경해 보자. 언덕배기에는 70년대 서울 봉천동의 달동네가 있다. 반대 쪽으로 돌아가면 80년대 번화가가 나온다. 어딘가 모르게 촌스럽겠지만 그때는 그게 강남스타일(?)이었다. 구석구석 사진을 찍어 부모님께 보내 드리자.

add 전라남도 순천시 비례골길 24
access 순천역에서 77번, 9901번 버스를 타고 드라마촬영장에서 하차
open 09:00~18:00(연중무휴)
fee 3,000원 | **tel** 061-749-4003
homepage tours.suncheon.go.kr/tour/thema/0003/0007/0001

AM 11:30　낙안읍성

성문을 들어서는 순간 조선으로 훌쩍 건너간다. 초가가 이어지는 마을길을 따라 걸으며 옛날에 이런 마을에서 살았다면 어땠을까 상상해 보자. 전국에 민속마을은 많지만 이렇듯 초가집으로 이어진 곳은 낙안읍성뿐이다. 그만큼 옛 읍성의 모습을 거의 완벽하게 보존하고 있다. 사람이 살아야 마을의 참맛을 느낄 수 있는데, 낙안읍성은 지금도 120여 가구가 살고 있다. 이 덕분에 베스트 여행지로 꼽히면서 외국인들도 많이 찾는다.

add 전라남도 순천시 낙안면 충만길 30
access 순천역에서 63번 시내버스 이용
fee 4,000원 | **tel** 061-749-8831
homepage nagan.suncheon.go.kr

PM 3:30　순천만국가정원

2013년에 순천만국제정원박람회를 개최했었는데 그 후 박람회장을 새롭게 단장하여 순천만국가정원을 꾸몄다. 순천만갈대숲으로 이어지는 자리에 있어 가기 전에 들르는 새로운 여행 명소로 떠올랐다. 순천만으로 흐르는 동천 양 옆으로 너른 호수와 습지가 있으며, 그 주위로 각양각색의 테마를 담은 정원을 조성하였다. 정원이 워낙 넓어 제대로 누리려면 하루 온종일 돌아다녀야 한다. 다행히 관람차(3,000원)가 있다. 한국정원과 편백숲, 초지원 등을 다니며 순천의 자연을 누려 보자.

add 전라남도 순천시 국가정원1호길 47
access 순천역에서 66번 버스 이용
open 3~4월·10월 08:30~19:00, 5~9월 08:30~20:00, 11~2월 08:30~18:00
fee 8,000원(순천만과 순천만국가정원을 함께 볼 수 있다.)
tel 1577-2013 | homepage www.scgardens.or.kr

PM 5:30　순천만

순천만 너른 습지에 갈대가 무성하다. 갈대 습지 사이로 강이 흘러 바다로 간다. 갈대 습지를 보호하기 위해 나무데크로 길을 냈다. 그 길을 따라가면 언덕 용산 밑까지 간다. 20분 정도 걸어 올라가면 순천만을 한눈에 볼 수 있는 용산전망대에 오를 수 있다. 거기서 일몰을 기다려도 좋다. 다만 해가 진 다음 어두컴컴한 길을 걸어 내려올 생각을 해야 한다. 나무데크 길에서 사진도 찍고 짱뚱어도 관찰하며 노는 것도 좋다. 한해살이 갈대도 봄·여름에는 푸르다. 낙엽 지는 가을에야 노랗게 물든다. 드넓은 갈대숲에서 찍는 사진들은 어디를 배경으로 해도 그림 같다.

add 전라남도 순천시 대대동 순천만길 513-25
access 순천역에서 67번 버스 이용 / 낙안읍성에서 갈 경우 63번 버스를 타고 청암대정류장에서 하차하여 67번 버스로 환승
open 08:00~일몰 시간
fee 8,000원(순천만과 순천만국가정원을 함께 볼 수 있다.)
tel 061-749-6052
homepage www.suncheonbay.go.kr

· TIP ·

순천역을 중심으로 게스트하우스가 많이 분포하고 있다. 추천 게스트하우스로는 순천역 바로 앞에 있는 순천역 게스트하우스(010-7710-9655), 순천역에서 5분 거리에 있는 게스트하우스 느림(010-9229-8917)이 있다. 순천역 근처 찜질방으로는 순천지오스파(061-741-5765)가 있고, 내일러의 성지라 불릴 정도로 유명한 워터피아(061-722-2660, 내일러 할인)는 순천역에서 버스로 20분 정도 거리에 있다.

남쪽 끝 낭만 도시 여수

여수는 여름과 잘 어울린다. 여수에 도착하면 바다가 언제든 함께한다. 향일암에서나, 오동도를 산책할 때나, 시내에 위치한 진남관에 올라서나 바다는 밤이면 밤대로 낮이면 낮대로 아름다운 모습 그대로 있다. 〈여수 밤바다〉라는 노래가 그냥 나온 게 아니다.

여수역 → 향일암 — 오동도 — 진남관 — 고소동벽화골목 — 여수역

AM 9:00 바다를 바라보고 있는 향일암

향일암은 깎아지른 절벽에 자리 잡고 있다. 향일암은 해를 바라본다는 뜻으로, 뜨거운 태양을 정면으로 바라보는 곳에 위치하고 있다. 일출이 아름답기로 유명하니 절대 늦잠을 자지 말자. 아름다운 여수 바다에서 떠오르는 태양을 바라보며 또 하나의 추억을 만들어 보자. 꼭 일출을 보지 않더라도 향일암은 가 볼 만한 곳이다. 향일암에서 바라보는 탁 트인 바다 경관이 절경이다.

add 전라남도 여수시 돌산읍 향일암로 60
access 여수엑스포역에서 111번 버스 이용하면 1시간 정도 걸린다.
fee 2,000원 | **tel** 061-644-4742

PM 1:00 바다와 숲이 함께 있는 오동도

오동도는 동백섬이라 불릴 정도로 동백나무가 많이 자라는 섬이다. 붉은 동백꽃이 필 때도 좋지만 여름의 싱그러움이 가득 담긴 동백숲도 매력적이다. 동백나무 외에도 시누대, 후박나무 등 190종의 나무가 있다. 숲길을 따라 걷다 보면 저절로 마음이 편안해진다. 오동도 정상에는 전망대가 있는 하얀 등대가 있다.

오동도는 섬이지만 방파제가 있어 걸어서 들어갈 수 있다. 육지와 오동도를 잇는 방파제는 바다를 양쪽으로 두고 있어 걷는 즐거움이 있다. 걷기가 부담스럽다면 동백열차를 이용하면 된다.

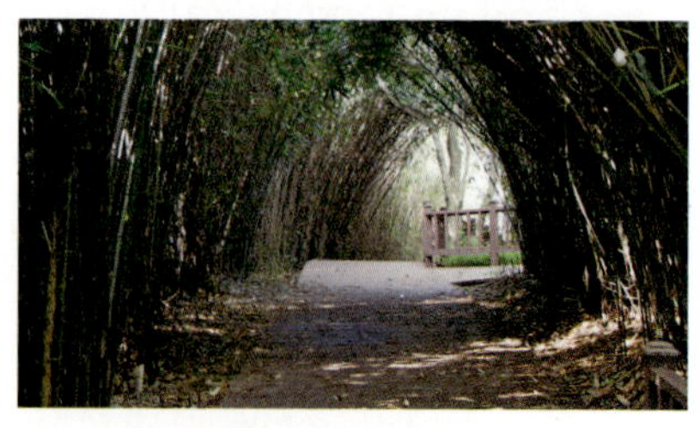

add 전라남도 여수시 수정동 산1-11
access 여수엑스포역에서 도보로 30분 정도 소요 / 향일암에서 111번 버스를 타고 여수농협농부지점에서 하차 후 도보로 20분 정도 소요
tel 061-659-1821
homepage www.odongdo.go.kr

PM 3:00 　기둥의 크기만큼 넉넉한 진남관

진남관은 우리나라 최대 크기를 자랑하는 조선 시대 목조 단층 건물이다. 국보 제304호로 지정되어 있다. 75칸으로 이루어진 진남관을 지지하는 기둥은 어른이 안기에도 힘들 만큼 크다.

진남관은 일제강점기에 교실로 사용되었는데, 공간을 나누며 생긴 홈들이 아직까지 남아 있다. 아픈 상처를 안고 있는 모습이 역사를 다시 들여다보게 한다.

진남관에 서면 여수의 아름다운 바다가 한눈에 내려다보인다. 진남관에 있는 석인상은 임진왜란 때 이순신 장군이 적들의 눈을 속이기 위해 만들어 세웠다고 한다. 7개의 석인상 중 하나만 남았다.

add 전라남도 여수시 동문로 11
access 여수엑스포역정류장에서 2번, 7번 버스 이용 / 오동도에서 가려면 61번 버스 이용(약 15분 소요)
tel 061-659-5711

PM 3:30 　고소동천사벽화마을

진남관 옆에 고소동천사벽화마을이 있다. 좌수영다리만 건너면 쉽게 찾을 수 있다. 여수에서도 가장 오래된 산동네로 좁다란 골목길을 따라 다양한 벽화를 만날 수 있다. 그 길이가 1,400m라서 이름을 천사벽화마을이라 부른다. 벽화를 구경하며 걷다 보면 골목길 사이로 여수 바다도 볼 수 있다. 벽화 외에도 이순신 장군이 임진왜란 당시 작전 계획과 군령을 내렸던 고소대가 있다.

add 전라남도 여수시 고소3길 55 천사벽화마을
access 진남관을 나와 좌수영다리를 건너면 고소동벽화마을로 이어진다. 여수구항 해양공원 인근에 위치하고 있다.

> • TIP •
> 머물 곳으로 여수 시내에 있는 게스트하우스 플라잉피그(061-666-1122)와 게스트하우스 올리브(010-4607-7596)가 있다. 여수의 대표적인 먹을거리인 게장백반을 잘하는 집으로 황소식당(061-642-8007)과 두꺼비식당(061-643-1881), 진남식당(061-663-6965)이 있다.

기차의 낭만 가득한 곡성

곡성은 다양한 기차 경험을 할 수 있다는 점에서 기차 여행의 종합세트라고 할 수 있다. 내일로 여행을 하는 동안 지겹게 기차를 타는데 또 기차를 탄다고 실망할 필요가 없다. 지금은 사라진 추억의 증기기관차와 신나는 레일바이크를 타는 시간이니까.

섬진강기차마을 → 섬진강레일바이크　곡성청소년야영장에서 래프팅　가정역 증기기관차

AM 9:30 섬진강기차마을

곡성역에 도착하면 구 곡성역으로 가자. 전라선이 이동하며 폐역이 된 구 곡성역을 중심으로 섬진강 기차마을이 꾸며져 있다. 지금은 보기 힘든 옛 기차역의 풍경을 볼 수 있다.

곡성은 전국에서 가장 많은 장미를 볼 수 있는 곳이기도 하다. 장미공원에는 세계 각국의 다양한 장미가 피어 있다. 장미공원 외에도 드림랜드, 장미공원생태관 등이 있다. 섬진강 레일바이크가 부담스럽다면 기차마을 레일바이크를 이용해 보자. 기차마을 둘레를 도는 코스로 선착순으로 운영하고 있다. 기차마을에서 가정역까지 운행하는 증기기관차도 섬진강 기차마을에서 출발한다.

add 전라남도 곡성군 오곡면 기차마을로 232
access 곡성역에서 곡성기차 마을까지 도보로 10분 정도 걸린다. 곡성역에서 다리만 건너면 쉽게 찾을 수 있다.
open 09:00~18:00(연중무휴)
fee 입장료 4~10월 3,000원, 11~3월 2,000원 / 기차마을 레일바이크 4인승 5,000원
tel 061-363-9900
homepage www.gstrain.co.kr

AM 11:00 섬진강 따라 레일바이크 타기

침곡역에서 가정역까지 운행되는 곡성 레일바이크는 섬진강을 따라 달린다. 5.1km의 철길을 달리며 섬진강의 아름다움과 자연을 온몸으로 느낄 수 있다. 페달을 저을 때 느껴지는 덜컹거림이 재미있다. 침곡역에서 가정역까지 대체로 내리막 코스로 이루어져 있어 크게 걱정하지 않아도 된다. 하지만 종착역에서 내릴 때 다리가 후들거리는 것은 어쩔 수 없다. 인터넷으로 예매하는 것이 좋고, 하루 5회 운행한다.

add 전라남도 곡성군 오곡면 침곡리 45-1(침곡역)
access 곡성역에서 10시 40분에 침곡역으로 운행하는 무료 셔틀버스가 있다. 10분 정도 걸린다. 오후 12시 40분, 2시 40분, 4시 40분 버스는 섬진강기차마을 역사 앞에서 출발한다.
open 9:00, 11:00, 13:00, 15:00, 17:00(17:00 출발 기차는 12~2월에 운행하지 않음)
fee 2인승 20,000원, 4인승 30,000원
tel 061-362-7717

PM 2:00 신나는 섬진강 래프팅

여름에는 물에서 노는 것만큼 신나는 것도 없다. 여름 시즌에 맞춰 섬진강에서도 래프팅 체험이 가능하다. 레일바이크가 도착하는 가정역 근처에 있는 곡성군청소년야영장에서 진행한다. 가정역에서 섬진강 출렁다리만 건너면 되니 찾기도 쉽다. 소수 인원으로도 래프팅을 즐길 수 있다. 1시간 30분~2시간 정도 진행되며, 미리 시간 예약을 하는 것이 좋다. 내일로 기간에는 래프팅 외에도 숙박과 암벽 등반 등과 함께 저렴하게 이용할 수 있다.

add 전라남도 곡성군 고달면 가정마을길 51
fee 30,000원(내일로 기간 패키지 프로그램 이용 시 할인 혜택)
tel 061-362-4186
homepage www.gokseongcamp.com

> **·TIP· 곡성섬진강천문대**
> 날씨가 좋지 않다면 곡성섬진강천문대를 둘러보자. 가정역에서 섬진강 출렁다리만 건너면 도착한다. 낮에는 태양을, 밤이 되면 별을 볼 수 있다.

PM 4:00 추억의 증기기관차

이제는 사라져 책에서나 볼 수 있는 증기기관차를 곡성에서 만날 수 있다. 곡성기차마을에서 출발해 가정역을 지나는 코스다. 까만 철마는 기적소리와 함께 출발한다. 증기기관차 내부는 옛 모습 그대로 남아 있다. 열차 칸마다 각기 다른 내부 모습이 인상적이다. 큼직큼직한 창문으로 시원한 풍경이 펼쳐진다. 레일바이크를 타고 달릴 때와 또 다른 느낌을 준다. 가정역에서 곡성기차마을까지는 30분 정도 걸린다. 증기기관차도 레일바이크만큼 인기가 높다. 가정역에 도착해 미리 표를 사거나 인터넷 예매를 하는 것이 좋다. 좌석이 매진이 되는 경우에는 입석표를 판매하지만 이조차도 매진되는 경우가 허다하다.

add 전라남도 곡성군 오곡면 섬진강로 1465(가정역)
fee 편도 4,500원, 왕복 7,000원
open 가정역 10:30, 12:30, 14:30, 16:30, 18:30(10시 30분 출발차는 12~2월 운행하지 않음. 18시 30분 출발차는 11~3월 운행하지 않음)
tel 061-363-9900
homepage www.gstrain.co.kr

> **·TIP·**
> 곡성군청소년야영장에서 온돌방 및 텐트 숙박 시설을 저렴한 가격으로 이용할 수 있다. 가정녹색농촌체험마을(061-363-1637)과 곡성 고달면에 위치한 고달면안개마을 게스트하우스(061-363-3231)에서도 숙박이 가능하다.

고풍스러운 한옥 정취가 가득한 전주

전주는 여행 초보자들도 쉽게 떠날 수 있는 여행지다. 전주한옥마을에는 볼거리, 즐길 거리, 먹을거리가 다 모여 있다. 여행의 최대 고민거리인 무엇을 할지, 무엇을 먹을지, 무엇을 볼지가 한 번에 해결되는 기특한 곳이다.

풍남문 → 전동성당 경기전 전주한옥마을 오목대 전주향교

AM 9:00 전주성의 남문, 풍남문

풍남문은 전주성의 남문이다. 풍남문을 제외한 나머지 출입문과 전주성 성곽은 현재 남아 있지 않다. 전주 남부시장으로 가는 길에 덩그러니 풍남문만 남아 있을 뿐이다. 고려 시대에 처음 만들어진 풍남문은 정유재란 때 화재로 불탔다. 이후 영조 44년에 다시 남문을 세우면서 이름을 풍남문이라 붙이기 시작했다. 화려한 모습에 비해 외로운 문화재다.

add 전라북도 전주시 완산구 풍남문3길 1
access 전주역에서 79, 105, 119, 551번 버스를 타고 풍남문정류장이나 전동성당, 한옥마을정류장에서 하차

AM 9:10 마음까지 차분해지는 전동성당

천주교 신자의 순교지가 있던 자리에 1908년 프와넬 신부가 설계를 시작하여 1931년에 완공됐다. 우리나라에서 최고로 아름다운 성당으로 손꼽힌다. 호남 지역에 있는 가장 오래된 서양 건축물 중 하나로 명동성당과 같은 로마네스크 양식으로 지어졌다. 영화 〈약속〉과 〈전우치〉 등의 배경이 된 곳으로도 유명하다.

add 전라북도 전주시 완산구 태조로 51
access 풍남문에서 도보 3분
tel 063-284-3222

`AM 10:00` 어진을 모시고 있는 경기전

한옥마을로 들어가는 입구에 경기전이 있다. 경기
전에는 태조의 어진, 즉 왕의 초상화와 조선의 여
러 실록을 보관했던 전주사고가 있다. 태종 10년
에 전주, 계림, 평양에 어진을 모시는 어용전을 설
치했다. 이후 세종은 지역에 따라 이름을 달리하였
고 전주 어용전을 경기전으로 불렀다. 임진왜란을
겪으며 나머지는 불탔고, 유일하게 경기전의 어진
만 남았다. 정전 건물에는 불로부터 지켜 주는 거
북이 두 마리가 조각되어 있다. 경기전에는 어진
외에도 실록을 보관하던 사고가 있어 그 가치가 더
높다. 그 외에도 어진박물관·어정·수복청·예종대
왕태실비 등이 있다. 아름드리 나무들도 경기전의
보물이다.

add 전라북도 전주시 완산구 풍남동3가 102
access 전동성당 맞은편에 있다.
open 09:00~19:00
fee 3,000원
tel 063-287-1330

`PM 12:00` 전주의 필수 코스, 전주한옥마을

전주 여행 하면 전주한옥마을이 가장 먼저 떠오를
것이다. 전주한옥마을에는 조선 시대의 한옥에서
부터 현대의 한옥까지 다양한 시대의 한옥이 공존
한다. 전통 문화를 체험하거나 한옥에서 숙박을 하
는 등 한옥을 깊숙이 느껴 보는 것도 좋다. 먹을거
리까지 풍부하니 여행하는 즐거움이 배가된다.

add 전라북도 전주시 완산구 교동
access 경기전에서부터 한옥마을이 시작된다.
tel 063-282-1330

· TIP ·
전주는 먹을거리 천국이다. 콩나물국밥집으로 삼
백집(063-284-2227)과 남부시장의 그때그집(063-
231-6387)이 유명하다. 백반집은 전라도 밥상을 받
아 볼 수 있는 한국식당(063-284-6932)이 먹을 만
하다.

PM 3:00 **쉬어가기 좋은 곳, 오목대**

한옥마을을 걷다 보면 제법 높은 언덕을 만나게 된
다. 나무들 사이로 난 오솔길을 따라 언덕을 오르
면 오목대에 도착한다. 오솔길에는 한옥마을 전경
을 한눈에 볼 수 있는 포토존이 있다. 오목대로 바
로 올라가기 보다는 한옥마을의 전경을 보고 발걸
음을 옮기는 것이 좋다. 언덕에 도착하면 제법 평
평하고 넓은 공간이 나오는데, 이곳에 오목대가 있
다. 오목대 또한 태조 이성계와의 인연이 닿은 곳
이다. 이성계가 고려 시대 황산에서 왜구를 물리치
고 돌아가던 길에 이 언덕에서 승전 잔치를 열었고
이후 오목대라는 이름의 정자를 지었다. 오목대 누
각은 열려 있는 공간으로 잠시 쉬어가기에 좋다.

add 전라북도 전주시 완산구 교동 1-3
access 전주한옥마을 전시관 건너편에 오목대로 가는
길이 있다.
tel 063-281-2114

PM 3:30 **배움의 공간, 전주향교**

전주향교는 조선 시대 지방 유생들이 학구열을 불
태우던 곳이다. 처음에는 경기전 근처에 있었으나
시끄럽다는 이유로 전주성 서쪽 황화대 아래로 옮
겼다. 이후 임진왜란과 정류재란을 겪으면서 이곳
에 자리 잡았다. 향교에는 수령이 오래된 은행나무
가 곳곳에 있다. 가을이면 향교를 노랗게 물들여
아름다움이 더해진다. 드라마 〈성균관스캔들〉의
촬영지로도 유명하다. 꽃도령들이 어디선가 불쑥
나타날 것만 같다.

add 전라북도 전주시 완산구 향교길 145-20
access 오목대에서 도보 10분
tel 063-288-4544

· TIP ·
경기전 근처에 백희 게스트하우스(010-3706-6748)와 톡 게스트하
우스(010-5258-9477)도 있다. 전주에는 한옥에서 하룻밤 잘 수 있
는 한옥 게스트하우스도 많다. 기와지붕아래 여누(010-6258-3133)
은 소담하게 꾸며진 게스트룸과 다실을 자유롭게 이용할 수 있다.

이런 내일로 코스도 있어요

Course 1 시원한 바다를 즐기는 동해 여행

Day 1	Day 2	Day 3	Day 4	Day 5	Day 6	Day7
영월	강릉	정동진	묵호	안동	대구	부산

Course 2 전통과 자연을 만끽하는 강원도 & 경상도 여행

Day 1	Day 2	Day 3	Day 4	Day 5	Day 6	Day7
태백	강릉	안동	부산	진주	통영	순천

Course 3 남쪽의 여름을 만나는 남해 여행

Day 1	Day 2	Day 3	Day 4	Day 5	Day 6	Day7
목포	광주	순천	여수	진주	통영	부산

1 푸르른 강릉 바다
2 오랜 역사를 간직한 통영 세병관
3 뜨거운 여름의 순천만

나주·대전·경주·단양

하나로 2박 3일
기차 여행

하나로 패스는 3일 동안 무제한 기차 여행을 즐길 수 있다. 어떻게 하면 3일 동안 기차를 최대한 이용할 수 있을까? 그렇다고 기차만 타고 다닐 수는 없다. 여행도 즐겨야 한다. 고르고 고른 2박 3일 베스트 코스를 소개한다.

Day 1		Day 2	Day 3
11:22	17:45	08:41	12:35
나주	서대전	경주	단양

하나로 패스

25세 이하 젊은 사람들에게는 내일로가 있다. 25세가 넘는 여행자로서는 7일 또는 9일 동안 무제한 기차 여행을 즐길 수 있는 내일로패스가 부럽기만 하다. 하지만 실망하기는 이르다. 26세 이상에게는 하나로라는 3일간의 무제한 패스가 있다. 18세 이상이면 누구나 3일간 무제한으로 이용할 수 있는 패스다. 요금은 62,000원이고, ITX-새마을, 새마을호, 누리로, 무궁화호 등 일반 열차를 이용할 수 있으며 KTX와 ITXC-청춘, 관광 열차는 제외된다. 하루에 한 번 좌석을 지정할 수 있으며 그 다음부터는 자유석이다. 문제는 기차 시간이다.

역에서 하염없이 기다리지 않으려면 기차 시간을 잘 맞춰야 한다. KTX를 이용할 수 없다는 게 큰 함정이다. 환승을 해야 하는데 환승 열차는 대개 KTX로 안내해 준다. 그럼 뭐하러 하나로 패스를 끊나 싶을 것이다. 결국 무궁화와 새마을호를 이용해서 여행 일정을 짜는 노하우가 필요하다.

하나 더 고려할 점이 있다. 자유석만 이용할 수 있기 때문에 붐비는 노선을 탔다가는 앉아서 갈 수 없다는 점이다. 기차 여행이 아니라 고행이 될 수도 있다. 하나로 패스는 좋지만 잘 써먹으려면 연구가 필요하다. 게다가 기차 시간이 조금씩 바뀌기도 하니 여행 전에 꼭 확인해야 한다.

Day 1 천년 고도 나주

하나로 패스 여행의 한계는 역에서 멀리 떨어진 곳을 다녀오기가 쉽지 않다는 것이다. 한 지역에서 1박 2일 머무른다면 굳이 하나로 패스를 이용할 필요가 있을까? 그런 점에서 나주는 딱 맞는 기차 여행지이다. 나주역에 내려서 걸어가면 바로 나주 시내가 나온다. 천년 고도 나주는 시내에 문화 유적과 먹을거리가 몰려 있다. 나주목사내아와 관아, 남고문과 동점문 등을 모두 걸어 다닐 수 있다.

용산역에서 7시 5분 무궁화호 기차를 타면 11시 22분에 도착한다. 목사내아까지 걸어도 되지만 처음부터 힘을 빼지는 말자. 나주역 앞 버스 6개 노선이 나주목사내아를 지나간다. 버스를 타고 나주목사내아로 내려가다 보면 유명한 나주곰탕집들을 만날 수 있다. 일단 따끈한 곰탕 한 그릇으로 배를 채우자. 곰탕집들이 몰려 있는 곳에 나주목사내아와 금성관, 정수루 등 나주목 관아의 흔적들이 남아 있다. 이를 둘러보고 동점문과 남고문까지 다녀오면 된다. 옛날 나주성의 자취인데 성이 크지 않아 20~30분이면 다닐 수 있다. 한적한 지방 도시의 정취를 느끼며 다니는 여행이다. 남고문에서 이어지는 중앙로는 나주시의 중심가다. 패션 숍과 카페 등이 몰려 있어 커피 한잔 마시기에 좋다.

시내 걷기를 마치면 나주 남파고택을 돌아보고 고려 태조 왕건과 나주부인이 처음 만났던 완사천으로 가자. 완사천 앞에서 버스를 타고 20분이면 영산포터미널에 도착한다. 영산포터미널에서 영산강 쪽으로 걸어가면 알싸한 냄새가 코를 찌른다. 그 유명한 영산포홍어거리다. 홍어거리 옆으로 일제강점기 때 일본인들이 살았던 마을이 있다. 잠시 둘러보고 영산강 영산교를 지나 나주역까지 걸어오면 된다. 나주역에서 오후 5시 30분에 서대전으로 가는 무궁화호를 타야 한다. 시간이 부족할 것 같으면 영산포터미널에서 택시를 타고 나주역으로 가면 기본 요금이 나온다.

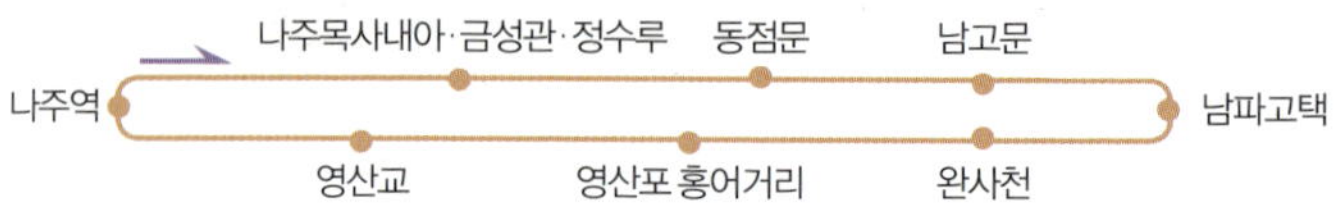

조선 시대 나주를 찾아온 관리들이 묵던 객사 금성관

금성관과 정수루

PM 12:30 나주목사내아 · 나주금성관 · 정수루

조선 시대 나주목사가 묵던 집이다. 관아에 딸려 있던 집이라
내아라 부른다. 금성관은 나주에 공무 수행차 온 관리들이 머
물던 객사다. 조선 시대 임금을 상징하는 궐패를 모시고 매월
초하루와 보름에 고을 관리와 선비들이 모여 망궐례를 하던
곳이기도 하다. 정수루는 나주 동헌을 드나드는 관문이었다.
조선 시대 나주목의 문화를 알 수 있는 나주목문화관과 함께
붙어 있는 곳이라 한꺼번에 둘러볼 수 있다. 금성관 맞은편으
로 나주곰탕집들이 즐비하다. 곰탕부터 한 그릇 먹고 산책 삼
아 둘러보면 된다.

add 전라남도 나주시 금성관길 13-8(나주목사내아), 나주시 금성관길
8(나주금성관), 나주시 금계동 13-18(정수루)
tel 061-332-6565(나주목사내아)
homepage www.najumoksanaea.com(나주목사내아)

PM 2:00 나주읍성의 동쪽 문, 동점문

서울로 치면 동대문인 셈이다. 일제강점기 나주읍성 대부분이
허물어지고 해체되었을 때 사라졌던 동문을 최근 복원하였다.
동점문은 '나주천 물이 동쪽으로 흘러 바다로 들어간다'라는
뜻으로《서경》하서 우공편에서 유래되었다. 나주 사람의 정
신이 작은 개울에서 시작되어 큰 바다에 이른다는 뜻을 담고
있다.

add 전라남도 나주시 중앙동 100-1
tel 061-330-7823

미리 예약을 하면 나주목사내아에서 하룻밤 잘 수 있다.

 나주읍성의 남문, 남고문

남쪽을 살핀다는 뜻에서 남고문이라 부른다. 나주읍성의 사대
문 가운데 가장 먼저 복원한 문으로 마치 서울의 남대문을 보
는 듯 하다. 남고문 주위로 로터리가 있는데 북쪽 큰길이 중앙
로다. 중앙로는 나주 시내에서 가장 번화한 곳으로 패션 숍과
카페 등이 모여 있다.

add 전라남도 나주시 남내동 2-20
tel 061-330-7823

 남파고택

조선 말기 고종 때 지은 집으로 남도 지방 상류층 가옥의 구조
와 멋을 살펴볼 수 있다. 안채와 초당, 바깥사랑채, 아래채와
헛간채 등 7동으로 나뉘어 있다. 지금도 종손이 살고 있기 때
문에 미리 허락을 받아야만 관람을 할 수 있다. 아래채와 문간
채, 별채 등을 한옥 스테이로 운영하고 있다.

add 전라남도 나주시 금성길 13
tel 061-332-6100

 왕건의 사랑 머문 곳, 완사천

원래는 작은 올달샘이었는데 택지 조성으로 현재의 모습을 갖
추었다. 고려 태조 왕건과 관련된 전설로 유명하다. 왕건이 후
백제 세력과 겨루기 위해 이곳을 지나가다 목이 말라 물을 찾
았다. 마침 샘에서 물을 기르던 오 씨 성의 처녀가 버들잎을 띄
워 바가지에 물을 담아 주었다. 후일 왕건은 이 처녀를 아내로
맞아들였다.

add 전라남도 나주시 송월동 1096-7
tel 061-330-8107

PM 4:30 영산포홍어거리

조선 말기에 섬을 비우는 공도 정책을 폄에 따라 전남 지방 섬 주민들이 목포와 영산포까지 올라와 정착하였다. 흑산도에서 온 이주민들이 멀리 고향 바다까지 가서 홍어를 잡아 왔는데 오면서 발효가 되어 '삭힌 홍어'라는 독특한 맛이 탄생했다. 이후로 영산포에서 삭힌 홍어를 취급하면서 홍어거리를 이뤘다.

add 전라남도 나주시 영산동 영산포 선창

문화의 거리에서 신 나는 밤을, 서대전

대전은 경주로 가기 위한 경유지다. 경주로 가는 기차는 대전역에서 타야 한다. 이튿날 새벽 5시에 첫차를 타야 하니 최대한 대전역 가까이에서 묵자. 서대전역에서 간선612번 등 10개 노선이 10분이면 대전역까지 직통으로 간다. 여행지의 밤을 그냥 보내고 싶지 않다면 대전역이 보이는 중앙로 은행동에서 내린다. 문화의 거리라는 별칭이 있을 만큼 불야성을 이룬다. 튀김소보로로 유명한 성심당과 대전의 명물 스카이로드를 구경하고 포장마차에서 주전부리를 맛보자.

•TIP• 대전 으능정이문화의 거리 스카이로드
대전시에서 중앙로 은행동 일대를 으능정이문화의 거리로 지정하고 광장의 하늘을 가로지르는 스카이로드를 설치하였다. 하늘을 뒤덮는 대형 LED패널에 영상물이 밤마다 상영된다. 오후 6시부터 저녁 10시까지 30분 상영하고 1시간 휴식하는 패턴으로 진행된다.

Day 2 신라 천년 수도, 경주

대전에서 경주까지는 직통 기차가 없다. 물론 KTX는 있지만 우리가 가진 패스로는 불가능하다. 그래도 방법은 있다. 먼저 대전역에서 오전 5시 첫차를 타고 동대구까지 간다. 동대구에서 6시 55분 기차로 환승하면 경주에 8시 41분에 도착한다. 경주는 신라 천년의 흔적이 고스란히 남아 있는 도시이다. 그만큼 둘러볼 곳도 많다. 대체 이 도시를 어떻게 해야 하루 만에 알짜로 누릴 수 있을까? 답은 시티투어버스를 타는 것이다.

경주 시티투어버스는 모두 5코스로 운행한다. 그중에 본인 취향에 맞는 것을 고르면 된다. 시티투어버스는 KTX 승객과 고속버스 승객을 염두에 두고 운행하기 때문에 신경주역과 경주터미널을 지난다. 경주역에서 경주터미널까지 버스로 10분 정도면 갈 수 있다. 경주역 삼거리에서 역을 등지고 맞은편 우측 길을 지나는 11번 등 10개 노선이 경주터미널로 간다.

시티투어버스는 코스에 따라 시간이 다른데 동해안권이 10시 20분에 신경주역을 출발하여 10시 30분에 터미널로 온다. 그러므로 8시 40분에 도착한 후 가볍게 아침을 먹고 커피 한잔 마시며 기다렸다 타면 된다. 버스는 보문단지, 불국사, 석굴암 등 경주의 대표 명소를 들르고 터미널을 거쳐 신경주역으로 간다. 동해의 드넓은 바다를 볼 수 있는 코스라는 점에서 매력적이다.

경주시티투어버스는 한 번 타면 계속 그 차를 타야 하는 패키지 형식이다. 짧은 시간에 여러 곳을 저렴하게 다닐 수 있는 장점과 내 마음대로 다닐 수 없는 단점이 있다. 시티투어버스를 이용하여 여행지를 돌다가 오후 5시에 보문단지에서 내려서 보문호 주변을 산책하자. 다음날 일정이 빡빡하므로 경주에서 푹 자는 일정으로 잡자.

시티투어버스 2코스 동해안권

보문단지	불국사	경주전통명주전시관	양남주상절리	문무대왕릉	감은사지	골굴사	보문단지
11:20							17:00

AM 11:20 불국사·석굴암

신라 불교 문화의 진수를 보여 주는 곳이다. 불국사는 석가탑과 다보탑은 물론 사찰 자체가 하나의 예술 작품처럼 아름다워 일찌감치 1995년에 세계문화유산 목록에 등재되었다. 토함산 석굴에 세운 석굴암은 원래 석불사라 불렀다. 석굴암 또한 유네스코세계문화유산으로 지정된 세계적인 석조 미술품이다.

add 경상북도 경주시 불국로 385
tel 054-746-9913(불국사 종무소)
homepage www.bulguksa.or.kr(불국사)
www.sukgulam.org(석굴암)

PM 3:30 신비로운 수중릉, 문무대왕릉

삼국 통일을 이룬 문무왕이 세상을 떠나며 죽어서도 왜구를 막을 것이니 동해에 장례를 지내 달라 하였다. 화장한 유골을 동해 큰 바위 위에 장사 지내고 이를 대왕암 또는 대왕바위라 하였다. 바위 한가운데 바닷물이 들어오는 공간에 널따란 돌이 놓여 있는데 이 돌 밑에 유골을 보관한 것으로 추정하고 수중릉이라 부른다. 문무왕이 용이 되어 동해를 지킨다는 전설 때문에 새벽마다 치성을 드리는 인파가 붐빈다.

add 경상북도 경주시 양북면 봉길리 26
tel 054-779-8743

PM 5:00 산책하기 좋은 보문관광단지

보문호 둘레에 있는 경주 보문단지는 각종 호텔과 카페, 산책로가 있는 휴양 단지이다. 시티 투어 마지막 코스로 저녁 시간을 보내기에 알맞다. 보문호 한쪽 편으로 호텔과 콘도가 즐비하고 부대시설로 레스토랑과 카페가 있다. 산책을 하고 보문호의 야경을 즐기며 여행의 피로를 풀자.

add 경상북도 경주시 신평동
tel 054-745-7601

자연 · 생태 · 문화의 고장, 단양

경주에서 단양으로 가려면 영천역에서 환승을 해야 한다. 경주역에서 9시 16분 기차를 타면 9시 52분에 도착한다. 영천역에서 단양으로 가는 기차는 9시 53분에 출발한다. 1분 사이에 맞은편 기차를 타야 한다는 말이다. 너무 숨 가쁜가? 그렇다면 7시 57분 기차를 타고 영천역에 8시 31분에 내려서 1시간 넘게 배회하는 수밖에 없다. 이도 저도 싫다? 그럼 서경주역으로 가야 한다. 서경주역에서 8시 35분에 새마을호를 타면 영천역에 9시 4분에 도착한다. 이 방법이 제일 낫다. 영천역에서 9시 53분 기차를 타면 12시 35분에 단양에 도착한다. 단양역에서 단양시외버스 공영터미널까지 농어촌버스 7개 노선이 있다. 대부분 하루 4회 정도로 배차 간격이 드문드문 있다. 일단 단양 시내로 가는 버스는 무조건 타고 볼 일이다. 단양시외버스 공영버스터미널에서 도담삼봉으로 가는 버스는 10개 노선이 있다. 노선은 많은데 하루 1회만 운행하는 버스도 있다. 거리가 짧아 택시를 타면 8분(약 5,000원) 정도 걸린다.

도담삼봉의 수려한 경치를 보고 단양 시내로 들어와서 시외버스터미널 근처에 있는 다누리아쿠아리움을 관람하자. 이 산골에 이만한 규모의 아쿠아리움이 있다는 것 자체가 신기하고 믿기지 않는다. 아쿠아리움을 둘러본 다음 바로 옆에 있는 단양구경시장을 돌아다니자. 재래시장의 풍물을 구경하고 맛있는 닭강정을 먹으면서 놀다가 6시 25분 단양역에서 출발하는 청량리행 기차를 탄다.

 단양팔경 중 으뜸! 도담삼봉

맑고 푸른 강 한 가운데 불쑥 솟은 세 봉우리가 주변 산세와 어우러진 모습에 일찌감치 단양의 대표적인 관광지로 개발됐다. 장군봉과 처봉, 첩봉이 나란한데 본처는 남편과 첩의 꼴이 보기 싫어 등을 돌리고 있는 모양새이다. 원래 정선에 있던 봉우리가 떠내려왔다 하여 정선군에 세금을 냈었다고 한다. 조선 개국의 주역이었던 삼봉 정도전이 "우리가 가져온 것도 아니니 다시 가져가라."라고 한 이후로 세금을 내지 않았다는 재밌는 일화가 전해진다. 도담삼봉을 바라보는 광장 언덕으로 20분 정도 걸어오르면 절벽에 자연석이 마치 돌문을 이룬 듯 뻥 뚫려 있는 석문도 있다.

add 충청북도 단양군 매포읍 삼봉로 644-13
tel 043-420-3544
homepage tour2.dy21.net/home(단양군문화관광)

 다누리아쿠아리움

단양 군민의 문화 공간인 다누리센터에 있는 국내 최대의 민물고기생태관이다. 현대적인 건축물과 아쿠아리움 시설이 볼만하다. 수조가 118개에 이르며 총 145종, 1만 5,000여 마리의 물고기가 있다. 아마존의 거대어 피라루크 등 형형색색의 다양한 민물고기들을 만날 수 있다. 단양시외버스터미널에서 걸어가는 거리에 있기 때문에 서울에서 단양까지 가는 고속버스를 타고 와서 이용할 수도 있다.

add 충청북도 단양군 단양읍 수변로11
open 12~2월 09:00~17:00, 3~11월 09:00~18:00,
7~8월 09:00~21:00(매월 둘째·넷째 월요일 휴관)
fee 8,000원
tel 043-420-2971
homepage aqua.danuri.go.kr/home

 단양구경시장

단양장이 열리던 시장이다. 단양인정시장이라고도 한다. 갖가지 생활물품과 식재료 등이 즐비해서 돌아다니는 것만으로도 풍성한 느낌을 받는다. 시장 안의 음식점들은 2대째 잇는 집들이 많다. 단양의 특산물인 마늘을 넣어 만든 마늘순대가 단양구경시장의 새로운 마스코트가 되고 있다.

add 충청북도 단양군 단양읍 도전5길 31
tel 043-422-1706

청춘여행
버킷리스트